工业和信息化职业教育"十二五"规划教材

金 工 实 训

主　编　潘爱民　朱海燕

副主编　曹祥慧　王进芝

U0216771

电子工业出版社

Publishing House of Electronics Industry

北京·BEIJING

内 容 简 介

　　本书是根据高等职业院校教学实际情况和特点以及高职高专教育人才培养目标的要求，参照职业技能鉴定规范及中、高级技术工人等级考核标准而编写的金工实习教材，主要内容有钢的热处理、铸造、锻压、焊接、钳工、车工、铣工、刨工、磨工和数控机床加工、电火花线切割加工等部分，内容上尽量做到布局合理、丰富、难度适中，逻辑性、系统性和实践性强，并与理论教学具有互补性。

　　本书适合职业院校机械类、近机械类专业使用，也可作为职业技术培训教材或供有关技术人员参考。

图书在版编目（CIP）数据

金工实训 / 潘爱民，朱海燕主编. —北京：电子工业出版社，2016.2
ISBN 978-7-121-27963-8

I. ①金…　II. ①潘… ②朱…　III. ①金属加工－实习－高等职业教育－教材　IV. ①TG-45

中国版本图书馆 CIP 数据核字（2015）第 317973 号

策划编辑：白　楠
责任编辑：郝黎明
印　　刷：北京虎彩文化传播有限公司
装　　订：北京虎彩文化传播有限公司
出版发行：电子工业出版社
　　　　　北京市海淀区万寿路 173 信箱　　邮编：100036
开　　本：787×1092　1/16　印张：15　字数：384 千字
版　　次：2016 年 2 月第 1 版
印　　次：2022 年 7 月第 9 次印刷
定　　价：34.00 元

凡所购买电子工业出版社图书有缺损问题，请向购买书店调换。若书店售缺，请与本社发行部联系，联系及邮购电话：（010）88254888，88258888。

质量投诉请发邮件至 zlts@phei.com.cn，盗版侵权举报请发邮件至 dbqq@phei.com.cn。

本书咨询联系方式：（010）88254592，bain@phei.com.cn。

前　　言

本书是根据高等职业院校教学实际情况和特点以及高职高专教育人才培养目标的要求，参照职业技能鉴定规范及中、高级技术工人等级考核标准而编写的金工实习教材，主要内容有钢的热处理、铸造、锻压、焊接、钳工、车工、铣工、刨工、磨工和数控机床加工、电火花线切割加工等部分，内容上尽量做到布局合理、丰富、难度适中，逻辑性、系统性和实践性强，并且与理论教学具有互补性。

本书由郑州电力职业技术学院机电工程系和金工实习中心教师合作编写。全书由潘爱民统稿，由机电工程系主任祁建中教授、一级实习指导教师郝天才主审。参与编写的有朱海燕、薛慧、王进芝、景红芹、赵磊、姚铎军、马小潭、曹祥慧、刘光定、张剑。在编写过程中，我们简化了理论知识介绍，突出了技能和工艺过程的培养，注重理论与实践的相互结合和渗透，做到重点内容突出、文字叙述精炼、插图形象生动，以便于学生自学和实习指导教师示范讲解。为了方便学生复习，培养分析和解决实际问题的能力，每章附有能力测试题，供学生练习。

本书适合高等职业院校机械类、近机械类专业使用，也可作为职业技术培训教材或供有关技术人员参考。

通过本书的学习，主要实现以下教学目标。

（1）引导学生了解企业的状况，使学生具有一定的感性认识和实践经验。

（2）培养学生吃苦耐劳、爱岗的敬业精神。

（3）突出强化实践技能的培养，提高学生的动手能力和实践技能。

（4）培养综合应用能力和分析能力，引导学生通过自学掌握一些简单技能，学会应用所学理论知识对实习中的一些实际问题和工艺过程进行分析。

（5）强化学生的安全意识、质量意识、效益意识和环境保护意识，培养和造就素质高、知识面宽的应用型人才。

本书在编写过程中，参阅了大量的文献资料，在此表示衷心的感谢。

编　者

目　录

第1章 金工实训基础知识

1.1 概　　述

1.1.1 金工实训的目的和要求

《金工实训》是学生进行工程训练、培养工程意识、学习工艺知识、提高工程实践能力的重要的实践性教学环节，是学生学习机械制造系列课程必不可少的先修课程，也是建立机械制造生产过程的概念、获得机械制造基础知识的奠基课程和必修课程。其目的如下。

（1）建立起对机械制造生产基本过程的感性认识，学习机械制造的基础工艺知识，了解机械制造生产的主要设备。

在金工实训中，学生要学习机械制造的各种主要加工方法及其所用主要设备的基本结构、工作原理和操作方法，并正确使用各类工具、夹具、量具，熟悉各种加工方法、工艺技术、图纸文件和安全技术，了解加工工艺过程和工程术语，使学生对工程问题从感性认识上升到理性认识。这些实践知识为以后学习有关专业技术基础课、专业课及毕业设计等打下良好的基础。

（2）培养实践动手能力，进行基本训练。

学生通过直接参加生产实践，操作各种设备，使用各类工具、夹具、量具，独立完成简单零件的加工制造全过程，以培养学生对简单零件具有初步选择加工方法和分析工艺过程的能力，并具有操作主要设备和加工作业的技能，初步奠定技能型、应用型人才应具备的基础知识和基本技能。

（3）全面开展素质教育，树立实践观点、劳动观点和团队协作观点，培养高质量人才。

工程实践与训练一般在学校工程培训中心的现场进行。实训现场不同于教室，它是生产、教学、科研三结合的基地，教学内容丰富，实习环境多变，接触面宽广。这样一个特定的教学环境正是对学生进行思想作风教育的好场所、好时机。

金工实训对学好后续课程有着重要意义，特别是技术基础课和专业课，都与金工实训有着重要联系。金工实训场地是校内的工业环境，学生在实训时置身于工业环境中，接受实训指导人员思想品德教育，培养工程技术人员的全面素质。因此，金工实训是强化学生工程意识教育的良好教学手段。

本课程的主要要求是：①使学生掌握现代制造的一般过程和基本知识，熟悉机械零件的常用加工方法及其所用的主要设备和工具，了解新工艺、新技术、新材料在现代机械制造中的应用。②使学生对简单零件初步具有选择加工方法和进行工艺分析的能力，在主要工种方面应能独立完成简单零件的加工制造并培养一定的工艺实验和工程实践能力。③培养学生生产质量和经济观念，理论联系实际，一丝不苟的科学作风，热爱劳动、热爱公物的基本素质。

金工实训的基本内容分为铸、锻、焊、钳工、车、铣、刨、磨、数控加工等工种。通过实际操作、现场教学、专题讲座、电化教学、综合训练、实验、参观、演示、实训报告或作业以及考核等方式和手段,丰富教学内容,完成实践教学任务。

1.1.2　实训安全技术

在实训劳动中要进行各种操作,制作各种不同规格的零件,因此,常要开动各种生产设备,接触到焊机、机床、砂轮机等。为了避免触电、机械伤害、爆炸、烫伤和中毒等工伤事故,实训人员必须严格遵守工艺操作规程。只有施行文明生产实习,才能确保实训人员的安全和保障。

（1）实训中做到专心听讲,仔细观察,做好笔记,尊重各位指导教师,独立操作,努力完成各项实训作业。

（2）严格执行安全制度,进车间必须穿好工作服。女生戴好工作帽,将长发放入帽内,不得穿高跟鞋、凉鞋。

（3）机床操作时不准戴手套,严禁身体、衣袖与转动部位接触;正确使用砂轮机,严格按安全规程操作,注意人身安全。

（4）遵守设备操作规程,爱护设备,未经教师允许不得随意乱动车间设备,更不准乱动开关和按钮。

（5）遵守劳动纪律,不迟到,不早退,不打闹,不串车间,不随地而坐,不擅离工作岗位,更不能到车间外玩,有事请假。

（6）交接班时认真清点工具、夹具、量具,做好保养保管,如有损坏、丢失按价赔偿。

（7）实训时,要不怕苦、不怕累、不怕脏,热爱劳动。

（8）每天下班擦拭机床,清整用具、工件,打扫工作场地,保持环境卫生。

（9）爱护公物,节约材料、水、电,不践踏花木、绿地。

（10）爱护劳动保护品,实训结束时及时交还工作服,损坏、丢失按价赔偿。

1.2　金属材料的性能

1.2.1　工艺性能与使用性能

金属材料的性能一般分为工艺性能和使用性能两类。

所谓工艺性能,是指机械零件在加工制造过程中,金属材料在所定的冷、热加工条件下表现出来的性能。金属材料工艺性能的好坏决定了它在制造过程中加工成型的适应能力。由于加工条件不同,要求的工艺性能也就不同,如铸造性能、可焊性、可锻性、热处理性能、切削加工性等。

所谓使用性能,是指机械零件在使用条件下,金属材料表现出来的性能,它包括力学性能、物理性能、化学性能等。金属材料使用性能的好坏,决定了它的使用范围与使用寿命。

1.2.2　金属材料力学性能

在机械制造业中,一般机械零件都是在常温、常压和非强烈腐蚀性介质中使用的,且在使用过程中各机械零件都将承受不同载荷的作用。金属材料在载荷作用下抵抗破坏的性能,称为力学性能。

金属材料的力学性能是零件的设计和选材时的主要依据。外加载荷性质不同（如拉伸、压缩、扭转、冲击、循环载荷等），对金属材料要求的力学性能也将不同。常用的力学性能包括强度、塑性、硬度、冲击韧性、多次冲击抗力和疲劳极限等。下面将分别讨论各种力学性能。

1. 强度

强度是指金属材料在静荷作用下抵抗破坏（过量塑性变形或断裂）的性能。由于载荷的作用方式有拉伸、压缩、弯曲、剪切等形式，因此强度也分为抗拉强度、抗压强度、抗弯强度、抗剪强度等。各种强度间常有一定的联系，使用中一般较多以抗拉强度作为最基本的强度指标。

2. 塑性

塑性是指金属材料在载荷作用下，产生塑性变形（永久变形）而不被破坏的能力。

3. 硬度

硬度是衡量金属材料软硬程度的指标。目前生产中测定硬度方法最常用的是压入硬度法，它是用一定几何形状的压头在一定载荷下压入被测试的金属材料表面，根据被压入程度来测定其硬度值。常用的方法有布氏硬度（HBW）、洛氏硬度（HR）和维氏硬度（HV）等方法。

4. 冲击韧性

以很大速度作用于机件上的载荷称为冲击载荷，金属在冲击载荷作用下抵抗破坏的能力称为冲击韧性。

5. 疲劳强度

前面所讨论的强度、塑性、硬度都是金属在静载荷作用下的力学性能指标。实际上，许多机器零件都是在交变载荷下工作的，在这种条件下零件会产生疲劳。材料在交变载荷作用下而不被破坏的能力，称为疲劳强度。

1.2.3　常用金属材料

工业上将碳的质量分数小于 2.11% 的铁碳合金称为钢。钢具有良好的使用性能和工艺性能，因此获得了广泛的应用。

1. 钢的分类

钢的分类方法很多，常用的分类方法有以下几种。

（1）按化学成分分类：碳素钢可分为低碳钢（碳质量分数 <0.25%）、中碳钢（碳质量分数 0.25%~0.6%）、高碳钢（碳质量分数 >0.6%）；合金钢可以分为低合金钢（合金元素总含量 <5%）、中合金钢（合金元素总含量 5%~10%）、高合金钢（合金元素总含量 >10%）。

（2）按用途分类：可分为结构钢（主要用于制造各种机械零件和工程构件）、工具钢（主要用于制造各种刀具、量具和模具等）、特殊性能钢（具有特殊的物理、化学性能的钢，可分为不锈钢、耐热钢、耐磨钢等）。

（3）按品质分类：可分为普通碳素钢（P≤0.045%、S≤0.05%）、优质碳素钢（P≤0.035%、S≤0.035%）、高级优质碳素钢（P≤0.025%、S≤0.025%）。

2. 碳素钢的牌号、性能及用途

常见碳素结构钢的牌号用"Q+数字"表示，其中"Q"为屈服强度的"屈"字的汉语拼音字首，数字表示屈服强度的数值。若牌号后标注字母，则表示钢材质量等级不同。

优质碳素结构钢的牌号用两位数字表示钢的平均含碳量的质量分数的万分数，例如，20钢的平均碳质量分数为0.2%。常见的碳素结构钢的牌号、力学性能及其用途如表1-1所示。

表 1-1　常见碳素结构钢的牌号、力学性能及其用途

类别	常用牌号	力学性能			用途
		屈服强度 σ_s/MPa	抗拉强度 σ_b/MPa	伸长率 δ/%	
碳素结构钢	Q195	195	315～390	33	塑性较好，有一定的强度，通常轧制成钢筋、钢板、钢管等。可作为桥梁、建筑物等的构件，也可用做螺钉、螺帽、铆钉等
	Q215	215	335～410	31	
	Q235A	235	375～460	26	
	Q235B				
	Q235C				可用于重要的焊接件
	Q235D				强度较高，可轧制成型钢、钢板，可作构件用
	Q255	255	410～510	24	
	Q275	275	490～610	20	
优质碳素结构钢	08F	175	295	35	塑性好，可制造冷冲压零件
	10	205	335	31	冷冲压性与焊接性能良好，可用做冲压件及焊接件，经过热处理也可以制造轴、销等零件
	20	245	410	25	
	35	315	530	20	经调质处理后，可获得良好的综合力学性能，用来制造齿轮、轴类、套筒等零件
	40	335	570	19	
	45	355	600	16	
	50	375	630	14	
	60	400	675	12	主要用来制造弹簧
	65	410	695	10	

3. 合金钢的牌号、性能及用途

为了提高钢的性能，在碳素钢基础上特意加入合金元素所获得的钢种称为合金钢。

合金结构钢的牌号用"两位数（平均碳质量分数的万分之几）＋元素符号＋数字（该合金元素质量分数，小于1.5%不标出；1.5%～2.5%标2；2.5%～3.5%标3，以此类推）"表示。常见的合金钢牌号、力学性能及其用途如表1-2所示。

表 1-2　常见合金钢的牌号、力学性能及其用途

类别	常用牌号	力学性能			用途
		屈服强度 σ_s/MPa	抗拉强度 σ_b/MPa	伸长率 δ/%	
低合金高强度结构钢	Q295	≥295	390～570	23	具有高强度、高韧性、良好的焊接性能和冷成型性能。主要用于制造桥梁、船舶、车辆、锅炉、高压容器、输油输气管道、大型钢结构等
	Q345	≥345	470～630	21～22	
	Q390	≥390	490～650	19～20	
	Q420	≥420	520～680	18～19	
	Q460	≥460	550～720	17	
合金渗碳钢	20Cr	540	835	10	主要用于制造汽车、拖拉机中的变速齿轮、内燃机上的凸轮轴、活塞销等机器零件
	20CrMnTi	835	1080	10	
	20Cr2Ni4	1080	1175	10	
合金调质钢	40Cr	785	980	9	主要用于汽车和机床上的轴、齿轮等
	30CrMnTi	—	1470	9	
	38CrMoAl	835	980	14	

对合金工具钢的牌号而言，当碳的质量分数小于 1%，用"一位数（表示碳质量分数的千分之几）+元素符号+数字"表示；当碳的质量分数大于 1%时，用"元素符号+数字"表示。

注意：高速钢碳的质量分数小于 1%，其含碳量也不标出。

4．铸钢的牌号、性能及用途

铸钢主要用于制造形状复杂，具有一定强度、塑性和韧性的零件。碳是影响铸钢性能的主要元素，随着碳质量分数的增加，屈服强度和抗拉强度均增加，而且抗拉强度比屈服强度增加得更快，但当碳的质量分数大于 0.45%时，屈服强度很少增加，而塑性、韧性却显著下降。所以，在生产中使用最多的是 ZG230-450、ZG270-500、ZG310-570 三种。常见碳素铸钢的成份、力学性能及其用途如表 1-3 所示。

表 1-3　常见碳素铸钢的成分、力学性能及其用途

钢号	化学成分			力学性能					应用举例
	C	Mn	Si	σ_s	σ_b	δ	ψ	α_k	
ZG200-400	0.20	0.80	0.50	200	400	25	40	600	机座、变速箱壳
ZG230-450	0.30	0.90	0.50	230	450	22	32	450	机座、锤轮、箱体
ZG270-500	0.40	0.90	0.50	270	500	18	25	350	飞轮、机架、蒸汽锤、水压机、工作缸、横梁
ZG310-570	0.50	0.90	0.60	310	570	15	21	300	联轴器、汽缸、齿轮、齿轮圈
ZG340-640	0.60	0.90	0.60	340	640	10	18	200	起重运输机中齿轮、联轴器等

5．铸铁的牌号、性能及用途

铸铁是碳质量分数大于 2.11%，并含有较多 Si、Mn、S、P 等元素的铁碳合金。铸铁的生产工艺和生产设备简单，价格便宜，具有许多优良的使用性能和工艺性能，所以应用非常广泛，是工程上最常用的金属材料之一。常见的灰铸铁的牌号、力学性能及其用途如表 1-4 所示。

铸铁按照碳存在的形式可以分为白口铸铁、灰口铸铁、麻口铸铁；按铸铁中石墨的形态可以分为灰铸铁、可锻铸铁、球墨铸铁、蠕墨铸铁。

表 1-4　常见灰铸铁的牌号、力学性能及其用途

牌号	铸件壁厚	力学性能		用途举例
		σ_b/MPa	HBS	
HT100	2.5～10	130	110～166	适用于载荷小、对摩擦和磨损无特殊要求的不重要的零件，如防护罩、盖、油盘、手轮、支架、底板、重锤等
	10～20	100	93～140	
	20～30	90	87～131	
HT150	2.5～10	175	137～205	适用于承受中等载荷的零件，如机座、支架、箱体、刀架、床身、轴承座、工作台、带轮、阀体、飞轮、电动机座等
	10～20	145	119～179	
	20～30	130	110～166	
HT200	2.5～10	220	157～236	适用于承受较大载荷和要求一定气密性或耐腐蚀性等较重要的零件，如汽缸、齿轮、机座、飞轮、床身、汽缸体、活塞、齿轮箱、刹车轮、联轴器盘、中等压力阀体、泵体、液压缸、阀门等
	10～20	195	148～222	
	20～30	170	134～200	
HT250	4.0～10	270	175～262	
	10～20	240	164～247	
	20～30	220	157～236	
HT300	10～20	290	182～272	适用于承受高载荷、耐磨和高气密性的重要零件，如重型机床、剪床、压力机、自动机床的床身、机座、机架、高压液压件、活塞环、齿轮、凸轮、车床卡盘、衬套、大型发动机的汽缸体、缸套等
	20～30	250	168～251	
	30～50	230	161～241	
HT350	10～20	340	199～298	
	20～30	290+	182～272	
	30～50	260	171～257	

1.3　常 用 量 具

在工艺过程中，必须应用一定精度的量具来测量和检验各种零件尺寸、形状和位置精度。

1.3.1　常用量具及其使用方法

1. 钢直尺

钢直尺是最简单的长度量具，用不锈钢片制成，可直接用来测工件尺寸，如图 1-1 所示。它的测量长度规格有 150mm、200mm、300mm、500mm 几种。测量工件的外径和内径尺寸时，常与卡钳配合使用。测量精度一般只能达到 0.2～0.5mm。

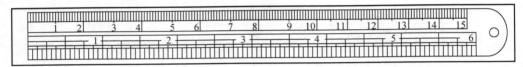

图 1-1　钢直尺

2. 卡钳

卡钳是一种间接度量工具，常与钢直尺配合使用，用来测量工件的外径和内径。卡钳分内卡钳和外卡钳两种，如图 1-2 所示，其使用方法如图 1-3 所示。

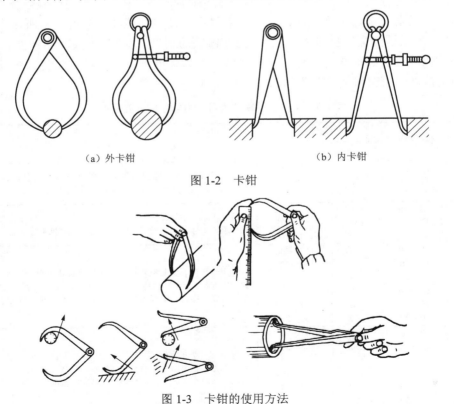

　　（a）外卡钳　　　　　　　　　　　　　　　（b）内卡钳

图 1-2　卡钳

图 1-3　卡钳的使用方法

3．游标卡尺

游标卡尺是一种中等精度的量具，可直接测量工件的外径、内径、长度、宽度和深度等尺寸。按用途不同，游标卡尺可分为普通游标卡尺、游标深度尺、游标高度尺等几种。游标卡尺的测量精度有 0.05、0.1、0.2mm 三种，测量范围有 0～125mm、0～150mm、0～200mm、0～300mm 等。

图 1-4 所示为一普通游标卡尺，它主要由尺身和游标组成，尺身上刻有以 1mm 为一格间距的刻度，并刻有尺寸数字，其刻度全长即为游标卡尺的规格。游标上的刻度间距，随测量精度而定。现以精度值为 0.02mm 的游标卡尺的刻线原理和读数方法为例进行介绍。

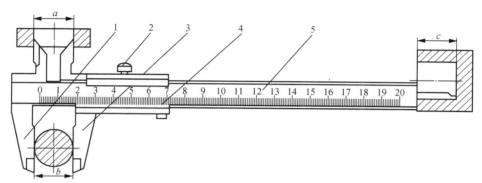

a—测量外表面尺寸；b—测量内表面尺寸；c—测量深度尺寸；
1—尺框；2—紧定螺钉；3—内外量爪；4—游标；5—尺身

图 1-4　游标卡尺

尺身一格为 1mm，游标一格为 0.98mm，共 50 格。尺身和游标每格之差为 1–0.98=0.02mm，如图 1-5 所示。读数方法是游标零位指示的尺身整数，加上游标刻线与尺身线重合处的游标刻线乘以精度值之和，如图 1-6 所示。

图 1-5　0.02 游标卡尺的刻线原理

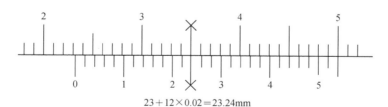

$23+12\times0.02=23.24mm$

图 1-6　0.02 游标卡尺的读数方法

用游标卡尺测量工件的方法如图 1-7 所示，使用时应注意下列事项。

（1）检查零线。使用前应首先检查量具是否在检定周期内，然后擦净卡尺，使量爪闭合，检查尺身与游标的零线是否对齐。若未对其，则在测量后应根据原始误差修正读出值。

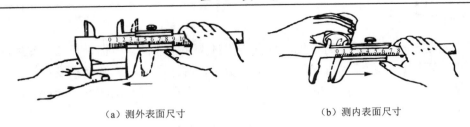

（a）测外表面尺寸　　　　　　　　　　（b）测内表面尺寸

图 1-7　游标卡尺的使用方法

（2）放正卡尺。测量内外圆直径时，尺身应垂直于轴线；测量内外孔直径时，应使两量爪处于直径处。

（3）用力适当。测量时应使量爪逐渐与工件被测量表面靠近，最后达到轻微接触，不能把量爪用力抵紧工件，以免变形和磨损，影响测量精度。读数时为防止游标移动，可锁紧游标；视线应垂直于尺身。

（4）测量毛坯面。游标卡尺仅用于测量已加工的表面，表面粗糙的毛坯件不能用游标卡尺测量。图 1-8 所示为游标深度尺和游标高度尺，分别用于测量深度和高度。游标高度尺还可以用做精密划线。

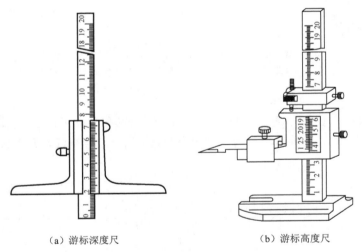

（a）游标深度尺　　　　　　　　　　（b）游标高度尺

图 1-8　游标深度尺和游标高度尺

4．千分尺

千分尺（又称分厘卡）是一种比游标卡尺更精密的量具，测量精度为 0.01mm，测量范围有 0～25mm、25～50mm、50～75mm 等规格。常用的千分尺分为外径千分尺和内径千分尺。

外径千分尺的构造如图 1-9 所示。

千分尺的测微螺杆 3 和微分筒 7 连在一起，当转动微分筒时，测微螺杆和微分筒一起沿轴向移动。内部的测力装置是使测微螺杆与被测工件接触时保持恒定的测量力，以便测出正确尺寸。当转动测力装置时，千分尺两测量面接触工件。超过一定的压力时。棘轮 10 沿着内部棘爪的斜面滑动，发出"嗒嗒"的响声，这时可读出工件尺寸。测量时为防止尺寸变动，可转动锁紧装置 4 通过偏心锁测微螺杆 3。

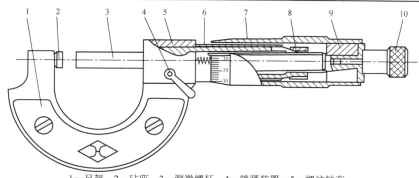

1—尺架；2—砧座；3—测微螺杆；4—锁紧装置；5—螺纹轴套；
6—固定套管；7—微分筒；8—螺母；9—接头；10—棘轮

图 1-9　外径千分尺

千分尺的读数机构由固定套管和微分筒组成（图 1-10），固定套管在轴线方向上有一条中线，中线上、下方都有刻线，相互错开 0.5mm；在微分筒左侧锥形圆周上有 50 等份的刻度线。因测微螺杆的螺距为 0.5mm，即螺杆转一周，同时轴向移动 0.5mm，故微分筒上每一小格的读数为 0.5/50=0.01mm，所以千分尺的测量精度为 0.01mm。

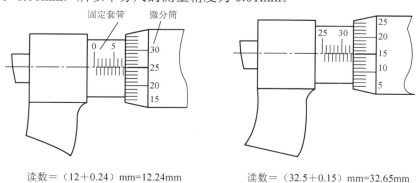

读数＝（12＋0.24）mm=12.24mm　　　　读数＝（32.5＋0.15）mm=32.65mm

图 1-10　千分尺的刻线原理与读数方法

测量时，读数方法分为以下三步。

（1）先读出固定套管上露出刻线的整毫米数和半毫米数（0.5mm），注意看清露出的是上方刻线还是下方刻线，以免错读 0.5mm。

（2）看准微分筒上哪一格与固定套管纵向刻线对准，将刻线的序号乘以 0.01mm，即为小数部分的数值。

（3）上述两部分读数相加，即为被测工件的尺寸。

使用千分尺应注意以下事项。

（1）校对零点。将砧座与螺杆接触，查看圆周刻度零线是否与纵向中线对齐，且微分筒左侧棱边与尺身的零线重合，如有误差修正读数。

（2）合理操作。手握尺架，先转动微分筒，当测微螺杆快要接触工件时，必须使用端部棘轮，严禁再拧微分筒。当棘轮发出"嗒嗒"声时应停止转动。

（3）擦净工件测量面。测量前应将工件测量表面擦净，以免影响测量精度。

（4）不偏不斜。测量时应使千分尺的砧座与测微螺杆两侧面准确放在被测工件的直径处，不能偏斜。

图 1-11 所示是用来测量内孔直径及槽宽等尺寸的内径千分尺。其内部结构与外径千分尺相同。

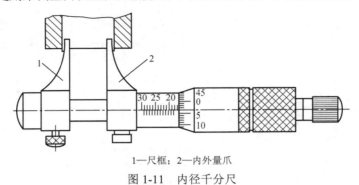

1—尺框；2—内外量爪

图 1-11　内径千分尺

5. 百分表

百分表是一种指示量具，主要用于校正工件的装夹位置、检查工件的形状和位置误差及测量工件内径等。百分表的刻度值为 0.01mm，刻度值为 0.001mm 的称为千分表。

钟式百分表的结构原理如图 1-12 所示。当测量杆 1 向上或向下移动 1mm 时，通过齿轮传动系统带动大指针 5 转一圈，小指针 7 转一格。刻度盘在圆周上有 100 个等分格，每格的读数值为 0.01mm，小指针每格读数为 1mm。测量时指针读数的变动量即为尺寸变化量。小指针处的刻度范围为百分表的测量范围。钟式百分表装在专用的表架上使用（图 1-13）。

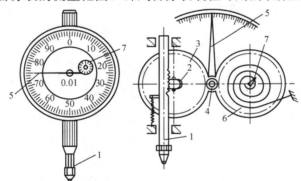

1—测量杆；2、4—小齿轮；3、6—大齿轮；5—大指针；7—小指针

图 1-12　钟式百分表的结构原理

图 1-14 所示为杠杆式百分表，图 1-15 所示为测量内孔尺寸的内径百分表。

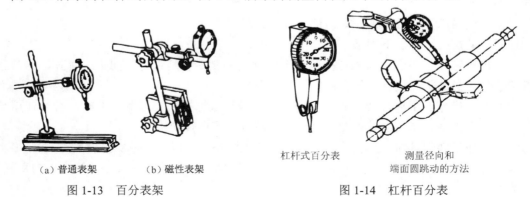

（a）普通表架　　　（b）磁性表架　　　　　　杠杆式百分表　　　　测量径向和
　　　　　　　　　　　　　　　　　　　　　　　　　　　　　　端面圆跳动的方法

图 1-13　百分表架　　　　　　　　图 1-14　杠杆百分表

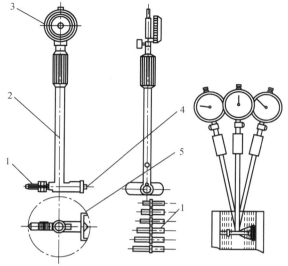

1—可换侧头；2—接管；3—百分表；4—活动测头；5—定心桥

图 1-15　内径百分表

1.3.2　量具维护与保养

量具是用来测量工件尺寸的工具，在使用过程中应加以精心的维护与保养，才能保证零件测量精度，延长量具的使用寿命。因此，必须做到以下几点。

（1）在使用前应擦干净，用完后必须拭洗干净、涂油并放入专用量具盒内。

（2）不能随便乱放、乱扔，应放在规定的地方。

（3）不能用精密量具去测量毛坯尺寸、运动着的工件或温度过高的工件，测量时用力适当，不能过猛、过大。

（4）量具如有问题，不能私自拆卸修理，应交实习指导教师处理。精密量具必须定期送计量部门鉴定。

能力测试题

1. 什么是材料的力学性能？常用的力学性能指标有哪些？

2. 何谓强度？衡量强度的常用指标有哪些？什么是塑性？塑性好的材料有什么实用意义？

3. 碳素结构钢、优质碳素结构钢、碳素工具钢及铸造碳钢的牌号如何表示？

4. 简述合金结构钢和合金工具钢的牌号编制原则。

5. 什么是铸铁？铸铁分哪几类？

6. 灰铸铁有何特点？为何机床床身常用灰铸铁制造？

7. 分别用游标卡尺、千分尺和百分表做测量试验。

第2章 铸造实习

2.1 概 述

铸造是将液态金属浇注到铸型型腔中，待其冷却凝固后，获得一定形状的毛坯或零件的方法。

铸造是机械制造业中应用极其广泛，在机器设备中铸件占有相当大的比重，是常用的制造方法。

铸造的优点如下。

（1）可以铸出内腔、外形很复杂的毛坯和零件。

（2）工艺灵活性大。几乎各种合金、各种尺寸、形状、重量和数量的铸件都能生产。

（3）成本较低。原材料来源广泛，价格低廉。

铸造的缺点如下。

（1）铸造组织疏松、晶粒粗大，内部易产生缩孔、缩松、气孔等缺陷。

（2）铸件的机械性能较低。

（3）铸造工序多，难以精确控制，使得铸件质量不够稳定。

（4）劳动条件较差，劳动强度较大。

我国铸造技术历史悠久，早在 3000 多年前，青铜器已有应用；2500 年前，铸铁工具已经相当普遍。泥型、金属型和失蜡型是我国创造的三大铸造技术。

2.1.1 铸造历史

在材料成型工艺发展过程中，铸造是历史上最悠久的一种工艺，在我国已有 6000 多年历史了。从殷商时期就有灿烂的青铜器铸造技术。河南安阳出土的商代祭器司母戊鼎，重达 800 多公斤，长、高都超过 1m，四周饰有精美的蟠龙纹及饕餮（古代传说中的一种野兽）。北京明代永乐青铜大钟重达 46.5t，钟高 6.75m，钟唇厚 22cm，外径 3.3m，钟体内遍铸经文 22.7 万字，击钟时尾音长达 2min 以上，传距 20km。外形和内腔如此复杂、重量如此巨大、质量要求如此高的青铜大钟，若不采用铸造方法和具有精湛的铸造技术，是难以用其他任何方法制造的。

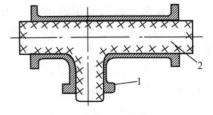

1—铸件；2—型芯

图 2-1 型芯形成内型的三通铸件示意图

图 2-1 所示为型芯形成内型的三通铸件示意图，难以用机械加工的方法成批制造，当采用了型芯形成三通的内腔后，三通铸件的大批量生产问题便迎刃而解了。

铸造生产是机械制造业中一项重要的毛坯制造工艺过程，其质量和产量以及精度等直接影响到机械产品的质量、产量和成本。铸造生产的现代化程度，反映了机械工业的水平，反映了清洁生产和节能省材的工艺水准。

2.1.2　铸造的分类

铸造的成型方法主要分为砂型铸造和特种铸造。砂型铸造是利用砂型生产铸件或零件的方法，在各种铸造中占有的比例大约在 90%以上，是目前最基本的应用最广的铸造方法。特种铸造是有别于砂型铸造的其他铸造方法。随着科学技术的发展，对铸造的更高要求，高精度、高性能、效率高低成本铸件而发明的许多新的铸造方法，包括金属型铸造、熔模铸造、压力铸造、离心铸造、壳型铸造等。

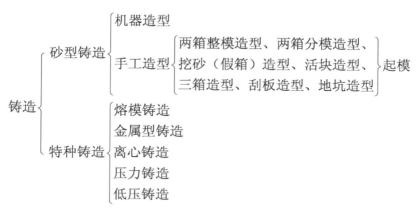

2.2　型砂和芯砂

砂型铸造是以砂为主要造型材料制备铸型的一种铸造方法。

主要工序为：制作模样及型芯盒，配制型砂、芯砂，造型、造芯及合箱，熔化与浇注，铸件的清理与检查等。

2.2.1　型砂和芯砂的制备

砂型铸造用的造型材料主要是用于制造砂型的型砂和用于制造砂芯的芯砂。通常型砂是由原砂（山砂或河砂）、黏土和水按一定比例混合而成的，其中黏土约为 9%，水约为 6%，其余为原砂。有时还加入少量如煤粉、植物油、木屑等附加物以提高型砂和芯砂的性能。紧实后的型砂结构如图 2-2 所示。

砂芯是为了解决铸件的内腔及外形难于出砂的部位而设置的。芯砂由于需求量少，一般用手工配制。型芯所处的环境恶劣，所以芯砂性能要求比型砂高，同时芯砂的黏结剂（黏土、油类等）比型砂中的黏结剂的密度要大一些，所以其透气性不及型砂，制芯时要做出透气道（孔）；

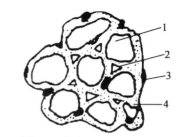

1—砂粒；2—空隙；3—附加物；4—黏土膜

图 2-2　型砂结构

为改善型芯的退让性，要加入木屑等附加物。有些要求高的小型铸件往往采用油砂芯（桐油＋砂子，经烘烤至黄褐色而成）。型（芯）砂是由原砂、黏结剂、水和附加物按一定比例混合制成的。

（1）原砂。原砂（即新砂）的主要成分是石英（SiO_2）。铸造用砂，要求原砂中二氧化硅含量为 85%～97%。砂的颗粒以圆形、大小均匀为佳。为了降低成本，对于已用过的旧砂，经过适当处理后，还可以掺在型砂中使用。对一般手工生产的小型铸造车间，则往往只将旧砂过筛一下以去除砂团、铁块、铁钉、木片等杂物。

（2）黏结剂。能使砂粒相互黏结的物质称为黏结剂，黏结剂有黏土、水玻璃、桐油、合脂等，应用最广的是价廉而丰富的黏土。用黏土作为黏结剂的型（芯）砂称为黏土砂。用其他黏结剂的型（芯）砂则分别称为水玻璃砂、油砂、合脂砂。黏土主要分为普通黏土和膨润土两类。湿型（造型后砂型不烘干）型砂普遍采用黏结性能较好的膨润土，而干型（造型后将砂型烘干）型砂多用普通黏土。

（3）附加物。为了改善型（芯）砂性能而加入的物质称为附加物。常用的附加物有煤粉、木屑等。加入煤粉能防止铸件粘砂，使铸件表面光洁，加入木屑可改善铸型和芯的透气性。

（4）水。通过水使黏土和原砂混成一体，并具有一定的强度和透气性。水分过多，易使型砂湿度过大，强度低，造型时易粘模，使造型操作困难；水分过少，型砂则干而脆，造型、起模困难。因此，水分要适当，当黏土和水分的重量比为 3∶1 时，强度可达最大值。此外，为防止铸件表面粘砂并使铸件表面光滑，常在铸型型腔表面覆盖一层耐火材料，称为扑料。通常在铸铁件的湿型表面，扑撒一层石墨粉或滑石粉，铸钢件的湿型表面，扑撒石英粉。对于干型和芯的表面，则可以刷一层涂料，而铸铁件可用石墨粉加黏土水剂，铸钢件则常用石英粉加黏土水剂。

2.2.2　型砂的性能

型砂的质量直接影响铸件的质量，型砂质量差会使铸件产生气孔、砂眼、粘砂、夹砂等缺陷。良好的型砂应具备下列性能。

（1）透气性。型砂能让气体透过的性能称为透气性。高温金属液浇入铸型后，型内充满大量气体，这些气体必须由铸型内顺利排出去，否则将使铸件产生气孔、浇不足等缺陷。

铸型的透气性受砂的粒度、黏土含量、水分含量及砂型紧实度等因素的影响。砂的粒度越细，黏土及水分含量越高，砂型紧实度越高，透气性则越差。

（2）强度。型砂抵抗外力破坏的能力称为强度。型砂必须具备足够高的强度才能在造型、搬运、合箱过程中不引起塌陷，浇注时也不会破坏铸型表面。型砂的强度也不宜过高，否则会因透气性、退让性的下降使铸件产生缺陷。

（3）耐火性。指型砂抵抗高温热作用的能力。耐火性差，铸件易产生粘砂。型砂中 $SiO2$ 含量越多，型砂颗粒就越大，耐火性越好。

（4）可塑性。指型砂在外力作用下变形，去除外力后能完整地保持已有形状的能力。可塑性好，造型操作方便，制成的砂型形状准确、轮廓清晰。

（5）退让性。指铸件在冷凝时，型砂可被压缩的能力。退让性不好，铸件易产生内应力或开裂。型砂越紧实，退让性越差。在型砂中加入木屑等物可以提高退让性。

在单件小批生产的铸造车间里，常用手捏法来粗略判断型砂的某些性能，如用手抓起一把型砂，紧捏时感到柔软容易变形；放开后砂团不松散、不粘手，并且手印清晰；把它折断时，断面平整均匀并没有碎裂现象，同时感到具有一定强度，就认为型砂具有了合适的性能要求，如图 2-3 所示。

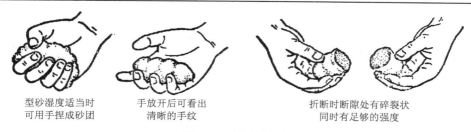

型砂湿度适当时　　　手放开后可看出　　　　折断时断隙处有碎裂状
可用手捏成砂团　　　清晰的手纹　　　　　　同时有足够的强度

图 2-3　手捏法检验型砂

2.2.3　铸型的组成

铸型是根据零件形状用造型材料制成的，铸型可以是砂型，也可以是金属型。砂型是由型砂（型芯砂）做造型材料制成的。它是用于浇注金属液，以获得形状、尺寸和质量符合要求的铸件。

铸型一般由上型、下型、型芯、型腔和浇注系统组成，如图 2-4 所示。铸型组元间的接合面称为分型面。铸型中造型材料所包围的空腔部分，即形成铸件本体的空腔称为型腔。液态金属通过浇注系统流入并充满型腔，产生的气体从出气口等处排出砂型。

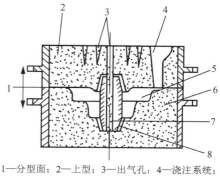

1—分型面；2—上型；3—出气孔；4—浇注系统；
5—型腔；6—下型；7—型芯；8—芯头芯座

图 2-4　铸型装配图

2.3　整模造型和造芯

用型砂及模样等工艺装备制造砂（铸）型的工艺过程称为造型；制造砂芯的工艺过程称为制芯，也称为造芯。造型和造芯是铸造生产中最重要工艺过程之一。选择合适的造型（芯）方法和正确地进行造型（芯）工艺操作，对提高铸件质量、节省成本，提高生产率有极重要的意义。

砂型铸造方法主要有手工造型和机器造型两大类。

整模造型是铸造中最常用的一种手工造型方法。砂型是由上砂型、下砂型、型腔（形成铸件形状的空腔）、砂芯、浇注系统和砂箱等部分组成的。上、下砂型的结合面称为分型面。整模造型的特点是：方便灵活，适应性强；由于模样是一个整体，只有一个分型面，整模造型的型腔全在一个砂箱里，能避免错箱等缺陷。

2.3.1　手工造型

手工造型操作灵活，按砂箱特征可分为两箱造型、三箱造型、地坑造型等；按铸型特点可分为整模造型、分模造型、活块造型、挖砂造型、假箱造型和刮板造型等。使用图 2-5 所示的造型工具可进行整模两箱造型、分模造型、活块造型、挖砂造型、假箱造型、刮板造型及三箱造型等，可以完成紧砂、起模、修型的工序。根据铸件的形状、大小和生产批量选择造型方法。

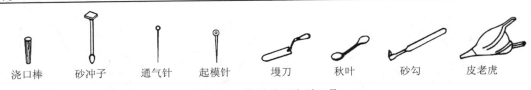

浇口棒　　砂冲子　　通气针　　起模针　　墁刀　　秋叶　　砂勾　　皮老虎

图 2-5　常用手工造型工具

手工造型的特点如下。

（1）操作灵活，可按铸件尺寸、形状、批量与现场生产条件灵活地选用具体的造型方法。

（2）工艺适应性强。

（3）生产准备周期短。

（4）生产效率低。

（5）质量稳定性差，铸件尺寸精度、表面质量较差。

（6）对工人技术要求高，劳动强度大。主要应用于单件、小批生产或难以用造型机械生产的形状复杂的大型铸件生产中。

2.3.2　造型的基本操作

造型方法很多，但每种造型方法大都包括春砂、起模、修型、合箱工序。

整模造型过程如图 2-6 所示。模样是一个整体，通常型腔全部放在一个砂箱内，分型面为平面，特点为：往往存在一最大截面，可供做上、下砂箱的分模面。适用于形状简单、最大截面在端面且为平面的铸件，如轴承、齿轮坯等。

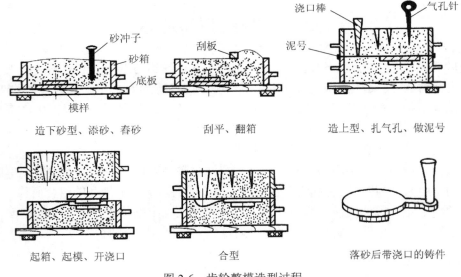

造下砂型、添砂、春砂　　　　刮平、翻箱　　　　造上型、扎气孔、做泥号

起箱、起模、开浇口　　　　　合型　　　　落砂后带浇口的铸件

图 2-6　齿轮整模造型过程

整模造型（当铸件的最大截面在其一端时，可采用整模造型）的步骤如下。

1. 造型模样

用木材、金属或其他材料制成的铸件原形统称为模样，它是用来形成铸型的型腔。用木材制作的模样称为木模，用金属或塑料制成的模样称为金属模或塑料模。目前大多数工厂使用的是木模。模样的外形与铸件的外形相似，不同的是铸件上如有孔穴，在模样上不仅实心无孔，而且要在相应位置制作出芯头。

2．制作下箱（又称下砂型）

砂箱的作用是便于舂实砂型，方便砂型的搬运，防止金属液体将砂型冲垮。

（1）准备造型工具，选择平整的底板和大小适应的砂箱。砂箱选择过大，不仅消耗过多的型砂，而且浪费舂砂工时。砂箱选择过小，则木模周围的型砂舂不紧，在浇注的时候金属液容易从分型面即交界面间流出。通常，木模与砂箱内壁及顶部之间须留有 30～100mm 的距离，此距离称为吃砂量。吃砂量的具体数值视木模大小而定。

（2）擦净木模，以免造型时型砂粘在木模上，造成起模时损坏型腔。

（3）安放木模时，应注意木模上的斜度方向，不要把它放错。

模样要正确安排在造型的砂箱中，必须考虑好造型后能否在砂箱中将母模顺利取出，应考虑铸件的加工要求，特别是铸件的重要加工面朝下放置，或者在垂直面的位置上，不能紧靠砂箱边缘，必须使母模的边缘与砂箱内侧保持一定的距离，以防止浇注时发生金属液跑箱（又称跑火）现象。

（4）模样放入砂箱内之后，下一道工序就要分批向砂箱内填入型砂，然后再用专用的砂舂工具舂紧。

面砂是贴近模型的一层型砂，浇注时直接与高温金属液体接触，因此性能要求比背砂高，用量随铸件的壁厚而定，一般舂实后以 20～50mm 为宜。

（5）舂砂。舂砂的目的是使砂型具有一定强度，在搬运、起模和浇注时不致损坏，更重要的砂型能承受金属液的压力和冲击，不致变形和损坏。

为防止砂型在搬移或浇注金属液时损坏，必须保证砂型具有一定的紧实度，既不能太硬也不能太松。可按一定的顺序进行舂砂操作，先把填入母模周围的型砂舂实，达到模具固定的位置。舂砂时，应正确使用砂舂锤。舂砂过程中应分层填砂，分层舂砂。为了不使分型面处的型砂黏结在一起，必须在分型面处撒上一层分型砂，使其隔离，如果是倾斜的分型面可用纸来隔离。

① 舂砂时必须分次加入型砂。对小砂箱每次加砂厚为 50～70mm。加砂过多舂不紧，而加砂过少又费用工时。第一次加砂时须用手将木模周围的型砂按紧，以免木模在砂箱内的位置移动。然后用舂砂锤的尖头分次舂紧，最后改用舂砂锤的平头舂紧型砂的最上层。

② 舂砂应按一定的路线进行。切不可东一下、西一下乱舂，以免各部分松紧不一。

③ 舂砂用力大小应该适当，不要过大或过小。用力过大，砂型太紧，浇注时型腔内的气体跑不出来。用力过小，砂型太松易塌箱。同一砂型各部分的松紧是不同的，靠近砂箱内壁应舂紧，以免塌箱。靠近型腔部分，砂型应稍紧些，以承受液体金属的压力。远离型腔的砂层应适当松些，以利透气。

④ 舂砂时应避免舂砂锤撞击木模。一般舂砂锤与木模相距 20～40mm，否则易损坏木模。

3．制作上箱（又称上砂型）

分型面的作用是便于产品成型与脱模。有多种形式，按形状可分为平面、斜面、阶梯面和曲面分型面等。

（1）撒分型砂。在造上砂型之前，应在分型面上撒一层细粒无黏土的干砂（即分型砂），以防止上、下砂箱粘在一起开不了箱。撒分型砂时，手应距砂箱稍高，一边转圈、一边摆动，使分型砂经指缝缓慢而均匀散落下来，薄薄地覆盖在分型面上。最后应将木模上的分型砂吹掉，以免在造上砂型时，分型砂粘到上砂型表面，而在浇注时被液体金属冲下来落入铸件中，使其产生缺陷。

（2）扎通气孔。除了保证型砂有良好的透气性外，还要在已春紧和刮平的型砂上，用通气针扎出通气孔，以便浇注时气体易于逸出。通气孔要垂直而且均匀分布。

（3）开外浇口。外浇口应挖成 60°的锥形，大端直径为 60～80mm。浇口面应修光，与直浇道连接处应修成圆弧过渡，以引导液体金属平稳流入砂型。若外浇口挖得太浅而成碟形，则浇注液体金属时会四处飞溅伤人。

4．开箱、取模及修型

（1）做合箱线。如果上、下砂箱没有定位销，则应在上、下砂型打开之前，在砂箱壁上作出合箱线。最简单的方法是在箱壁上涂上粉笔灰，然后用划针画出细线。需进炉烘烤的砂箱，则用砂泥粘敷在砂箱壁上，用墁刀抹平后，再刻出线条，称为打泥号。合箱线应位于砂箱壁上两直角边最远处，以保证 x 和 y 方向均能定位，并可限制砂型转动。两处合箱线的线数应不相等，以免合箱时弄错。做线完毕，即可开箱起模。

（2）起模。

① 起模前要用水笔蘸些水，刷在木模周围的型砂上，以防止起模时损坏砂型型腔。刷水时应一刷而过，不要使水笔停留在某一处，以免局部水分过多而在浇注时产生大量水蒸气，使铸件产生气孔缺陷。

② 起模针位置要尽量与木模的重心铅锤线重合。起模前，要用小锤轻轻敲打起模针的下部，使木模松动，便于起模。

③ 起模时，慢慢将木模垂直提起，待木模即将全部起出时，然后快速取出。起模时注意不要偏斜和摆动。

（3）修型。起模后，型腔如有损坏，应根据型腔形状和损坏程度，正确使用各种修型工具进行修补。如果型腔损坏较大，可将木模重新放入型腔进行修补，然后再起出。

5．合箱

将上型、下型、型芯、浇口盆等组合成一个完整铸型的操作过程称为合型，又称为合箱。合箱是造型的最后一道工序，它对砂型的质量起着重要的作用，即使铸型和型芯的质量很好，若合型操作不当，也会引起气孔、砂眼、错箱、偏芯、飞边和跑火等缺陷。合箱前，应仔细检查砂型有无损坏和散砂，浇口是否修光等。如果要下型芯，应先检查型芯是否烘干，有无破损及通气孔是否堵塞等。型芯在砂型中的位置应该准确稳固，以免影响铸件准确度，并避免浇注时被液体金属冲偏。合箱时应注意使上砂箱保持水平下降，并应对准合箱线，防止错箱。合箱后最好用纸或木片盖住浇口，以免砂子或杂物落入浇口中。

2.3.3 造芯

为获得铸件的内腔或局部外形，用芯砂或其他材料制成的、安放在型腔内部的铸型组元称为型芯。绝大部分型芯是用芯砂制成的。砂芯的质量主要依靠配制合格的芯砂及采用正确的造芯工艺来保证。

　　浇注时砂芯受高温液体金属的冲击和包围，因此除要求砂芯具有铸件内腔相应的形状外，还应具有较好的透气性、耐火性、退让性、强度等性能，故要选用杂质少的石英砂和用植物油、水玻璃等黏结剂来配制芯砂，并在砂芯内放入金属芯骨和扎出通气孔以提高强度和透气性。

　　形状简单的大、中型型芯，可用黏土砂来制造。但对形状复杂和性能要求很高的型芯来说，必须采用特殊黏结剂来配制，如采用油砂、合脂砂和树脂砂等。

　　另外，型芯砂还应具有一些特殊的性能，如吸湿性要低（以防止合箱后型芯返潮）；发气要少（金属浇注后，型芯材料受热而产生的气体应尽量少）；出砂性要好（以便于清理时取出型芯）。

　　型芯一般是用芯盒制成的，其开式芯盒制芯是常用的手工制芯方法，适用于圆形截面的较复杂型芯。其制芯过程如图 2-7 所示。

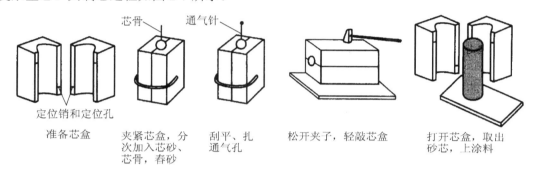

图 2-7　对开式芯盒制芯

2.4　分 模 造 型

1．分模造型的特点应用

　　分模造型的特点是：模样是分开的，模样的分开面（称为分型面）必须是模样的最大截面，以利于起模。这类零件的最大截面不在端部，如果做成整体模造型后就会取不出来。分模造型过程与整模造型基本相似，不同的是造上型时增加放上模样和取上半模样两个操作。这里用套筒模型为范例，其分模造型过程如图 2-8 所示，其分模面（分开模的平面）也是分型面。分模造型适用于形状复杂的铸件，如套筒、管子和阀体等。

2．分型面的确定原则

　　（1）分型面应选择在模样的最大截面处，以便于取模，挖砂造型时尤其要注意。

　　（2）应尽量减少分型面数目，成批量生产时应避免采用三箱造型。

　　（3）应使铸件中重要的机加工面朝下或垂直于分型面，便于保证铸件的质量。因为，浇注时液体金属中的渣子、气泡总是浮在上面，铸件的上表面缺陷较多，铸件的下表面和侧面质量较好。

3．套筒分模造型工艺过程

　　具体操作步骤同整模造型法，其工艺过程：造下砂型→造上砂型→开箱→起模→修型→开浇口→下型芯→合箱。

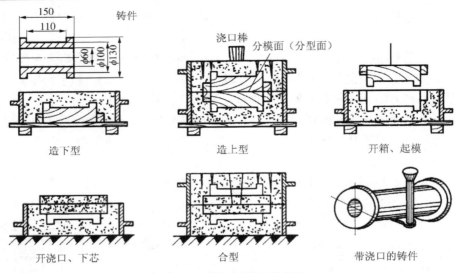

图 2-8　套筒分模造型过程

4．浇注系统

浇注系统是液体金属注入型腔中所经过的通道，其作用如下。

（1）能平稳、迅速地注入液体金属。

（2）挡渣、防止渣子、砂粒等进入型腔。

（3）调节铸件各部位温度，起"补缩"作用。

正确地设置浇注系统，对保证铸件质量，降低金属消耗量有重要意义。若浇注系统的设计不合理，铸件易产生砂眼、渣孔、浇不足、气孔、缩孔和裂纹等缺陷。

5．冒口的位置和作用

常在铸件型腔顶部也就是最高、最厚部位开设出气冒口，以便补缩、排出型腔气体，上浮熔渣和观察浇注情况。

6．造型芯

型芯主要的作用是用来形成铸件的内腔、孔穴。有时也用于形状凹陷部分铸件的外形和很复杂零件的细小部位。

由于型芯的四面被高温金属液所包围，冲刷及烘烤比砂型要历害，因此型芯砂必须具有比型砂更高的强度、耐火性、透气性及退让性等性能。

（1）芯砂常用配方。

黏土芯砂组成：旧砂 70%～80%，新砂 20%～30%，黏土 3%～4%，膨润土 2%～4%、水 7%～10%。

合脂砂的组成：黄砂 100%，合脂 3.0%～3.2%，糊精 1.3%～1.5%，膨润土 1.0%～1.5%，水 2.7%～3.4%。

（2）型芯制造过程。型芯可用手工制造，也可用机器制造，这里主要介绍手工制造型芯过程。型芯盒是最大截面分开，称为对开式型芯盒，将两半型盒合上，用工具夹紧，放芯骨，竖着分数次装型砂并反复压紧。再用气孔针在型芯的中间扎道气孔，取下夹具，轻轻地震动几下型砂盒，使型芯盒与型芯分开，修光刷上涂料并烘干（铸钢件涂料多用石墨粉，铸钢件则用石英粉等调成糊状刷在型芯的表面）。

2.5 其他手工造型方法

1. 活块模造型

模样上可拆卸或能活动的部分称为活块。当模样上有妨碍起模的侧面伸出部分（如小凸台）时，常将该部分做成活块。起模时，先将模样主体取出，再将留在铸型内的活块单独取出，这种方法称为活块模造型。用钉子连接的活块模造型时（图 2-9），应注意先将活块四周的型砂塞紧，然后拔出钉子。

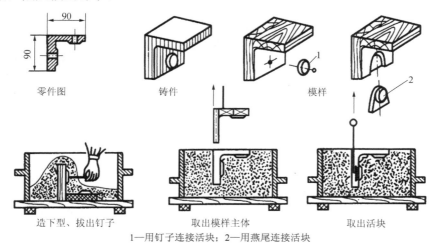

零件图   铸件   模样

造下型、拔出钉子   取出模样主体   取出活块

1—用钉子连接活块；2—用燕尾连接活块

图 2-9 活块造型

2. 挖砂造型

当铸件按结构特点需要采用分模造型，但由于条件限制（如模样太薄，制模困难）仍做成整模时，为便于起模，下型分型面需挖成曲面或有高低变化的阶梯形状（称为不平分型面），这种方法称为挖砂造型。手轮的挖砂造型过程如图 2-10 所示。

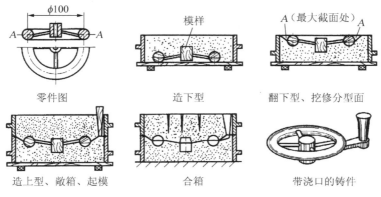

零件图   造下型   翻下型、挖修分型面

造上型、敞箱、起模   合箱   带浇口的铸件

图 2-10 手轮的挖砂造型过程

3．三箱造型

用三个砂箱制造铸型的过程称为三箱造型。前述各种造型方法都是使用两个砂箱，操作简便、应用广泛。但有些铸件如两端截面尺寸大于中间截面时，需要用三个砂箱，从两个方向分别起模。图 2-11 为带轮的三箱造型过程。

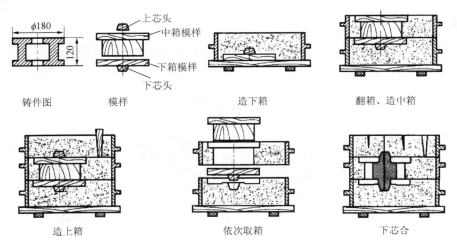

图 2-11　带轮的三箱造型过程

4．刮板造型

尺寸大于 500mm 的旋转体铸件，如带轮、飞轮、大齿轮等单件生产时，为节省木材、模样加工时间及费用，可以采用刮板造型。刮板是一块和铸件截面形状相适应的木板。造型时将刮板绕着固定的中心轴旋转，在砂型中刮制出所需的型腔，如图 2-12 所示。

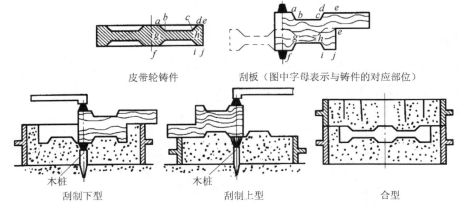

图 2-12　皮带轮铸件的刮板造型过程

5．假箱造型

假箱造型是利用预制的成形底板或假箱来代替挖砂造型中所挖去的型砂，如图 2-13 所示。

6．地坑造型

直接在铸造车间的砂地上或砂坑内造型的方法称为地坑造型。大型铸件单件生产时，为节省砂箱，降低铸型高度，便于浇注操作，多采用地坑造型。图 2-14 为地坑造型结构，造型时需考虑浇注时能顺利将地坑中的气体引出地面，常以焦炭、炉渣等透气物料垫底，并用铁管引出气体。

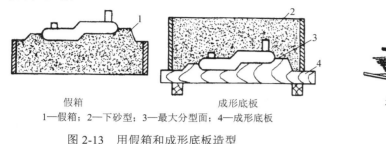

图 2-13　用假箱和成形底板造型
1—假箱；2—下砂型；3—最大分型面；4—成形底板

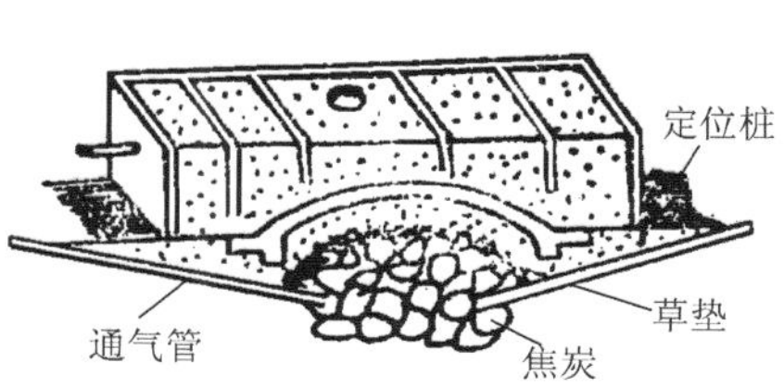

图 2-14　地坑造型结构

各种手工造型方法的特点及应用如表 2-1 所示。

表 2-1　常用手工造型方法的特点及应用

造型方法	主要特点	适用范围
整模造型	整体模，平面分型面，型腔在一个砂箱内；造型简单，铸件精度表面质量较好	最大截面位于一端并为平面的简单铸件的单件、小批生产
分模造型	模样沿最大截面分为两半，型腔位于上、下两个砂箱，造型简便	最大截面在中部，一般为对称性铸件，如套、管、阀类零件单件、小批生产
挖砂造型	模样为整体，但分型面不是平面，造型时手工挖去阻碍取模的型砂生产率低，技术水平高	分型面不是平面的铸件的单件、小批生产
假箱造型	为省却挖砂操作，在造型前特制一个底胎，然后在底胎上造下箱；底胎可多次使用，不参与浇注	分型面不是平面的铸件的成批生产
活块造型	对铸件上妨碍起模的小部分做成活动部分，起模时先取出主体部分，再取出活动部分	用于妨碍起模部分的铸件的单件、小批生产
刮板造型	用刮板代替模样造型。节约木材，缩短生产周期，生产率低，技术水平高，精度较差	用于等截面或回转体大中型铸件的单件、小批生产
两箱造型	铸型由上型和下型构成，各类模样，操作方便	最基本的造型方法。各种铸型，各种批量
三箱造型	铸件两端截面尺寸比中间大，必须有两个分型面	主要用于手工造型，具有两个分型面的铸件的单件、小批生产
脱箱造型	采用活动砂箱造型，合型后脱出砂箱	用于小铸件的生产
地坑造型	在地面砂床中造型，不用砂箱或只用上箱	用于要求不高的中、大型铸件的单件、小批生产

2.6　铸铁的熔炼与浇注

2.6.1　铸铁的熔炼

铁水的熔炼和浇注是生产铸铁件的主要工序之一，对铸件质量有很大影响，若控制不当，会使铸件因成分和机械性能不合格而报废。在铸造生产中，铸铁件占铸件总重量的 70%～75%，其中绝大多数采用灰铸铁。为获得高质量的铸铁件，首先要熔化出优质铁水。

1．铸件的熔炼基本要求

（1）优质：铁水温度高、化学成分合格、非金属夹杂物和气体含量少。

（2）低耗：燃料、电力、熔炼原材料耗费少，金属烧损少。

（3）高效：熔化速度快。

2. 铸件的熔炼设备

熔炼铸铁的炉子有冲天炉、电弧炉和感应电炉等。目前冲天炉仍是主要的熔炼设备。虽然冲天炉熔炼的铁水质量不如电炉好，但冲天炉操作方便，可连续熔炼，生产率高，投资少，其成本仅为电炉的1/10。

（1）冲天炉的构造。冲天炉是铸铁熔炼的设备，如图2-15所示。它由以下5个部分组成：

① 炉体：外形是一个直立的圆筒，包括烟囱、加料口、炉身、炉缸、炉底和支撑等部分。它主要的作用是完成炉料的预热、熔化和铁水的过热。

自加料口下沿至第一排风口中心线之间的炉体高度称为有效高度，即炉身的高度，是冲天炉的主要工作区域。有效高度一般为炉膛直径的5～8倍（大炉子取小值）。炉身的内腔称为炉膛。第一排的风口中心线至炉底称为炉缸，其作用是汇聚铁水。

② 前炉：起储存铁水的作用，有过道与炉缸连通。上面有出铁口、出渣口和窥视口。

③ 火花捕集器：又称为火花罩，为炉顶部分，起除尘作用。废气中的烟灰和有害气体聚集于火花捕集器底部，由管道排出。

④ 加料系统：包括加料机和加料桶，它的作用是把炉料按配比、依次、分批地从加料口送进炉内。

⑤ 送风系统：包括进风管、风带、风口

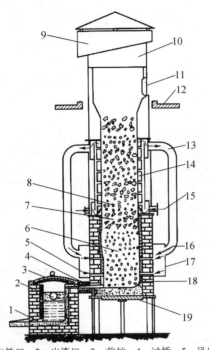

1—出铁口；2—出渣口；3—前炉；4—过桥；5—风口；
6—底焦；7—金属料；8—层焦；9—火花罩；10—烟囱；
11—加料口；12—加料台；13—热风管；14—热风胆；
15—进风口；16—热风；17—风带；18—炉缸；19—炉底门

图 2-15　冲天炉的构造

及鼓风机的输出管道，其作用是将一定量空气送入炉内，供底焦燃烧用。风带的作用是使空气均匀、平稳地进入各风口。冲天炉广泛应用多排风口，每排设4～6个小风口，沿炉膛截面均匀分布。

炉身是用钢板弯成的圆筒形，内砌以耐火砖炉衬。炉身上部有加料口、烟囱、火花罩，中部有热风胆，下部有热风带，风带通过风口与炉内相通。从鼓风机送来的空气，通过热风胆加热后经风带进入炉内，供燃烧用。风口以下为炉缸，熔化的铁液及炉渣从炉缸底部流入前炉。

冲天炉的大小以每小时熔化多少吨铁水来表示，称为熔化率。常见的冲天炉熔化率为1.5～10t/h。

（2）冲天炉炉料及其作用。

① 金属料：金属料包括生铁、回炉铁、废钢和铁合金等。生铁是对铁矿石经高炉冶炼后

的铁碳合金块，是生产铸铁件的主要材料；回炉铁如浇口、冒口和废铸件等，利用回炉铁可节约生铁用量，降低铸件成本；废钢是机加工车间的钢料头及钢切屑等，加入废钢可降低铁液碳的含量，提高铸件的力学性能；铁合金如硅铁、锰铁、铬铁以及稀土合金等，用于调整铁液化学成分。

② 燃料：冲天炉熔炼多用焦炭作燃料。通常焦炭的加入量一般为金属料的 1/12～1/8，这一数值称为焦铁比。

③ 熔剂：熔剂主要起稀释熔渣的作用。在炉料中加入石灰石（$CaCO_3$）和萤石（CaF_2）等矿石，会使熔渣与铁液容易分离，便于把熔渣清除。熔剂的加入量为焦炭的 25%～30%。

（3）冲天炉的熔炼原理。在冲天炉熔炼过程中，炉料从加料口加入，自上而下运动，被上升的高温炉气预热，温度升高；鼓风机鼓入炉内的空气使底焦燃烧，产生大量的热。当炉料下落到底焦顶面时，开始熔化。铁水在下落过程中被高温炉气和灼热焦炭进一步加热（过热），过热的铁水温度可达 1600℃左右，然后经过过桥流入前炉。此后铁水温度稍有下降，最后出铁温度为 1380～1430℃。

冲天炉内铸铁熔炼的过程并不是金属炉料简单重熔的过程，而是包含一系列物理、化学变化的复杂过程。熔炼后的铁水成分与金属炉料相比较，含碳量有所增加；硅、锰等合金元素含量因烧损会降低；硫含量升高，这是焦炭中的硫进入铁水中所引起的。

2.6.2 铸铁的浇注

把液体合金浇入铸型的过程称为浇注。浇注是铸造生产中的一个重要环节。浇注工艺是否合理，不仅影响铸件质量，还涉及工人的安全。

1. 浇注工具

浇注常用工具有浇包（图 2-16）、挡渣钩等。浇注前应根据铸件大小、批量选择合适的浇包，并对浇包和挡渣钩等工具进行烘干，以免降低金属液温度及引起液体金属的飞溅。

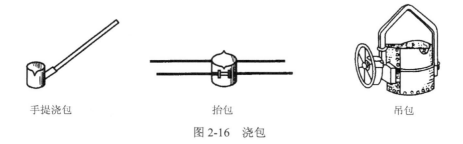

手提浇包　　　　　　　抬包　　　　　　　　吊包

图 2-16 浇包

2. 浇注工艺

（1）浇注温度。浇注温度过高，铁液在铸型中收缩量增大，易产生缩孔、裂纹及粘砂等缺陷；温度过低则铁液流动性差，又容易出现浇不足、冷隔和气孔等缺陷。合适的浇注温度应根据合金种类和铸件的大小、形状及壁厚来确定。对形状复杂的薄壁灰铸铁件，浇注温度为 1400℃左右；对形状较简单的厚壁灰铸铁件，浇注温度为 1300℃左右即可；而铝合金的浇注温度一般在 700℃左右。

（2）浇注速度。浇注速度太慢，铁液冷却快，易产生浇不足、冷隔以及夹渣等缺陷；浇注速度太快，则会使铸型中的气体来不及排出而产生气孔，同时易造成冲砂、抬箱和跑火等缺陷。铝合金液浇注时勿断流，以防铝液氧化。

（3）浇注的操作。浇注前应估算好每个铸型需要的金属液量，安排好浇注路线，浇注时应注意挡渣。浇注过程中应保持外浇口始终充满，这样可防止熔渣和气体进入铸型。

浇注结束后，应将浇包中剩余的金属液倾倒到指定地点。

（4）浇注时应注意事项。

① 浇注是高温操作，必须注意安全，必须穿着白帆布工作服和工作皮鞋。

② 浇注前，必须清理浇注时行起的通道，预防意外跌撞。

③ 必须烘干烘透浇包，检查砂型是否紧固。

④ 浇包中金属液不能盛装太满，吊包液面应低于包口 100mm 左右，抬包和端包液面应低于包口 60mm 左右。

2.7 铸件落砂、清理及缺陷分析

2.7.1 落砂

从砂型中取出铸件的工作称为落砂。落砂时应注意铸件的温度。落砂过早，铸件温度过高，暴露于空气中急速冷却，易产生过硬的白口组织及形成铸造应力、裂纹等缺陷。但落砂过晚，将过长地占用生产场地和砂箱，使生产率降低。一般来说，应在保证铸件质量的前提下尽早落砂，一般铸件落砂温度为 400~500℃。铸件在砂型中合适的停留时间与铸件形状、大小、壁厚及合金种类等有关。形状简单、小于 10kg 的铸铁件，可在浇注后 20~40min 落砂；10~30kg 的铸铁件可在浇注后 30~60min 落砂。

落砂的方法有手工落砂和机械落砂两种。大量生产中采用各种落砂机落砂。

2.7.2 清理

落砂后的铸件必须经过清理工序，才能使铸件外表面达到要求。清理工作主要包括下列内容。

1．切除浇冒口

铸铁件可用铁锤敲掉浇冒口，铸钢件要用气割切除，有色合金铸件则用锯割切除。大量生产时，可用专用剪床切除。

2．清除粘砂

铸件内腔的砂芯和芯骨可用手工、震动出芯机或水力清砂装置去除。水力清砂方法适用于大、中型铸件砂芯的清理，可保持芯骨的完整，便于回用。

3．清砂设备

铸件表面往往黏结着一层被烧焦的砂子，需要清除干净。小型铸件广泛采用滚筒清理、喷丸清理，大、中型铸件可用抛丸室、抛丸转台等设备清理，生产量不大时也可用手工清理。常用的清砂设备介绍如下。

（1）清理滚筒：将铸件和白口铸铁制的星形铁同时装入滚筒内，关闭加料门，转动滚筒。装入其中的铸件和小星形铁不断翻滚，相互碰撞与摩擦，使铸件表面清理干净。

（2）抛丸清理滚筒：图 2-17 所示为抛丸清理滚筒工作示意图，抛丸器内高速旋转的叶轮以 60～80m/s 的速度抛射到铸件表面上，滚筒低速旋转，使铸件不断地翻滚，表面被均匀地清理干净。

（3）抛丸清理转台：如图 2-18 所示，铸件放在转台上，边旋转边被抛丸器抛出的铁丸清理干净。

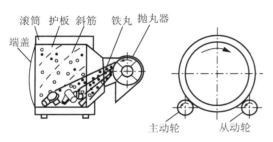

图 2-17 抛丸清理滚筒工作示意图

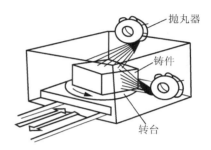

图 2-18 抛丸转台示意图

4．铸件的修整

最后，去掉在分型面或在芯头处产生的飞边、毛刺和残留的浇、冒口痕迹，可用砂轮机、手凿和风铲等工具修整。

2.7.3 铸件常见缺陷的分析

清理完的铸件要进行质量检验。合格铸件验收入库，次品酌情修补，废品挑出回炉。检验后，应对铸件缺陷进行分析，找出主要原因，提出预防措施。

在实际生产中，常需对铸件缺陷进行分析，其目的是找出产生缺陷的原因，以便采取措施加以防止。对于铸件设计人员来说，了解铸件缺陷及产生原因，有助于正确地设计铸件结构，并结合铸造生产时的实际条件，恰如其分地拟定技术要求。

铸件的缺陷很多，常见的铸件缺陷名称、特征及产生的主要原因如表 2-2 所示。分析铸件缺陷及其产生原因是很复杂的，有时可见到在同一个铸件上出现多种不同原因引起的缺陷，或同一原因在生产条件不同时会引起多种缺陷。

表 2-2 常见的铸件缺陷及产生原因

缺陷名称	特征	产生的主要原因
气孔	在铸件内部或表面有大小不等的光滑孔洞	型砂含水过多，透气性差；起模和修型时刷水过多；砂芯烘干不良或砂芯通气孔堵塞；浇注温度过低或浇注速度太快等
缩孔 补缩冒口	缩孔多分布在铸件厚断面处，形状不规则，孔内粗糙	铸件结构不合理，如壁厚相差过大，造成局部金属积聚；浇注系统和冒口的位置不对，或冒口过小；浇注温度太高，或金属化学成分不合格，收缩过大

缺陷名称	特征	产生的主要原因
砂眼	在铸件内部或表面有充塞砂粒的孔眼	型砂和芯砂的强度不够；砂型和砂芯的紧实度不够；合箱时铸型局部损坏浇注系统不合理，冲坏了铸型
粘砂	铸件表面粗糙,粘有砂粒	型砂和芯砂的耐火性不够；浇注温度太高；未刷涂料或涂料太薄
错箱	铸件在分型面有错移	模样的上半模和下半模未对好；合箱时，上、下砂箱未对准
裂缝	铸件开裂,开裂处金属表面氧化	铸件的结构不合理，壁厚相差太大；砂型和砂芯的退让性差；落砂过早
冷隔	铸件上有未完全融合的缝隙或洼坑,其交接处是圆滑的	浇注温度太低；浇注速度太慢或浇注过程曾有中断；浇注系统位置开设不当或浇道太小
浇不足	铸件不完整	浇注时金属量不够；浇注时液体金属从分型面流出；铸件太薄；浇注温度太低；浇注速度太慢

　　具有缺陷的铸件是否定为废品，必须按铸件的用途和要求以及缺陷产生的部位和严重程度来决定。一般情况下，铸件有轻微缺陷，可以直接使用；铸件有中等缺陷，可允许修补后使用；铸件有严重缺陷，则只能报废。

2.8　机器造型简介

　　机器造型是用机器全部或至少完成紧砂操作的造型。生产效率高，劳动条件好，砂型质量好（紧实度高而均匀，型腔轮廓清晰，铸件质量也好）。但设备和工艺装备费用高，生产准备时间较长，适于中小铸件的成批或大量生产。

　　手工造型生产率低，铸件表面质量差，要求工人技术水平高，劳动强度大，因此在批量生产中，一般均采用机器造型。

　　机器造型是把造型过程中的主要操作——紧砂与起模实现机械化。根据紧砂和起模方式不同，有气动微振压实造型、射压造型、高压造型、抛砂造型。

1．基本原理

　　气动微振压实造型机是采用"振击（频率150～500次/分，振幅25～80mm）—压实—微振（频率 700～1000 次/分，振幅 5～10mm）"紧实型砂的。这种造型机噪声较小，型砂紧实度均匀，生产率高。气动微振压实造型机紧砂原理如图 2-19 所示。工作过程为：填砂→振击紧砂→辅助压实→起模。

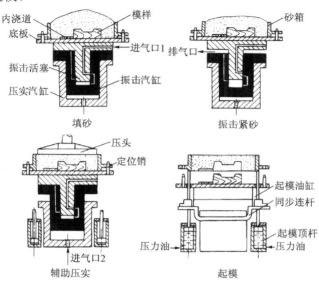

图 2-19　振压造型机的工作过程

2．工艺特点

机器造型工艺是采用模底板进行两箱造型。

模底板是将模样、浇注系统沿分型面与底板连接成一个整体的专用模具。造型后，底板形成分型面，模样形成铸型空腔。

能力测试题

C6140 车床进给箱体制造如图 2-20 所示。

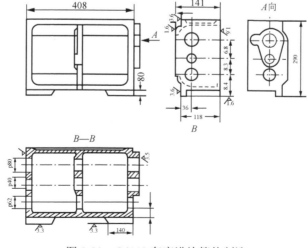

图 2-20　C6140 车床进给箱体制造

（1）生产性质：批量生产。

（2）材质：灰铸铁 HT150，勿需考虑补缩。

（3）铸件重约 35kg。

该零件没有特殊质量要求的表面，仅要求尽量保证基准面 D 不得有明显铸造缺陷，以便进行定位。

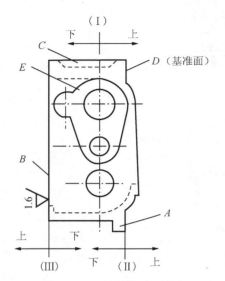

图 2-21　进给箱体分型方案

在制订铸造工艺方案时，主要应着眼于工艺上的简化。

（1）分型面的选择。选择进给箱的分型面有三种方案，如图 2-21 所示。

方案 I　分型面在轴孔中心线上。此时，凸台 A 因距分型面较近，又处于上箱，若采用活块型砂易脱落，故只能用型芯来形成，但槽 C 可用型芯或活块制出。本方案的主要优点是适于铸出轴孔，铸后轴孔的飞边少，便于清理。同时，下芯头尺寸较大，芯子稳定性好，不容易产生偏芯缺陷。其主要缺点是基准面 D 朝上，使该面较易产生缺陷，且型芯的数量较多。

方案 II　从基准面 D 分型，铸件绝大部分位于下箱。此时，凸台 A 不妨碍起模，但凸台 E 和槽 C 妨碍起模，也需采用活块或型芯。它的缺点除基准面朝上外，其轴孔难以直接铸出。轴孔若铸出，因无法制出芯头，必须加大型芯与型壁的间隙，致使飞边清理困难。

方案 III　从 B 面分型，铸件全部位于下箱。其优点是铸件不会产生错箱缺陷；基准面朝下，其质量容易保证；同时，铸件最薄处在铸型下部，金属液易于填充。缺点是凸台 E、A 和槽 C 都需采用活块或型芯，而内腔芯上大下小稳定性差；若拟铸出轴孔，其缺点与方案 II 相同。

上述方案虽各有其优缺点，但结合具体生产条件，深入分析，仍可找到最佳方案。

大批量生产：只能按照方案 I 从轴孔中心线处分型单件。

小批生产：因采用手工造型，故活块较芯更为经济，同时，因铸件的尺寸偏差较大，9 个孔不必铸出，留待直接切削加工而成，此外，应尽量降低上箱高度，以便利用现有砂箱，显然，在单件生产条件下，宜采用方案 II 或方案 III；小批生产时，三种方案均可考虑。

（2）铸造工艺图。采用分型方案 I 时的铸造工艺如图 2-22 所示。

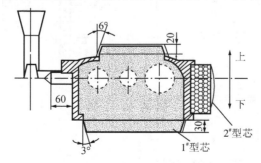

图 2-22　车床进给箱体铸造工艺图（局部）

（3）确定工艺参数。包括机械加工余量、起模斜度、铸造圆角、铸造收缩率等。

第3章 锻压实习

3.1 概　述

在锻压工艺中仅以锻造而言，是机械制造生产中不可缺少的重要加工工艺之一，是人类最早兴起的手工加工技术之一，在我国有着悠久的历史。机械加工中切削加工方法是用去除材料改变工件的形状和尺寸，而锻压是通过变形来改变工件的形状并且改善金属内部组织结构提高其力学性能。工业生产中的机器设备如车床、铣床、钻床、发电机等都是锻压制作的，尤其是一些要求高转速、高受力的零件，都离不开锻压，锻压在社会生活中具有很大的重要性。

锻压是在外力作用下使金属材料产生塑性变形，从而获得具有一定形状和尺寸的毛坯或零件的加工方法。它是机械制造中的重要加工方法，锻压包括锻造和冲压。锻造又可分为自由锻造和模型锻造两种方式，自由锻造还可分为手工锻造和机器锻造两种。

用于锻压的材料应具有良好的塑性，以便锻压时产生较大的塑性变形而不致被破坏。在常用的金属材料中，铸铁无论是在常温或加热状态下，其塑性都很差，不能锻压。低中碳钢、铝、铜等有良好的塑性，可以锻压。

在生产中，不同成分的钢材应分别存放，以防用错。在锻压车间里，常用火花鉴别法来确定钢的大致成分。

锻造生产的工艺过程为：下料→加热→锻造→热处理→检验。

在锻造中、小型锻件时，常以经过轧制的圆钢或方钢为原材料，用锯床、剪床或其他切割方法将原材料切成一定长度，送至加热炉中加热到一定温度后，在锻锤或压力机进行锻造。塑性好、尺寸小的锻件，锻后可堆放在干燥的地面冷却；塑性差、尺寸大的锻件，应在灰砂或一定温度的炉子中缓慢冷却，以防变形或裂缝。多数锻件锻后要进行退火或正火热处理，以消除锻件中的内应力和改善金属组织。热处理后的锻件，有的要进行清理，去除表面油垢及氧化皮，以便检查表面缺陷。锻件毛坯经质量检查合格后要进行机械加工。

冲压多以薄板金属材料为原材料，经下料冲压制成所需要的冲压件。冲压件具有强度高、刚性大、结构轻等优点。在汽车、拖拉机、航空、仪表及日用品等工业的生产中占有极为重要的地位。

3.2　自　由　锻　造

自由锻造是将加热状态的毛坯在锻造设施的上、下砧铁之间施加外力进行塑性变形，金属在变形时可朝各个方向自由流动不受约束。

锻造的目的如下。

（1）改善金属材料的内部组织结构，提高其力学性能。

（2）通过锻造能使金属内部的组织缺陷（气孔、疏松、晶粒粗大）得以改善，形成良好的热变形纤维组织，提高零件的塑性和冲击韧性，可承受更大的冲击力和载荷。如发电机主轴、内燃机曲轴、车辆传动轮轴等。可最大限度地节省原材料。

自由锻造分手工自由锻造和机器自由锻造两种。

3.2.1　自由锻造的特点

（1）应用设备和工具有很大的通用性，且工具简单，所以只能锻造形状简单的锻件，操作强度大，生产率低。

（2）自由锻造可以锻出质量从不到 1kg 到 200～300t 的锻件。对大型锻件，自由锻造是唯一的加工方法，因此自由锻造在重型机械制造中有特别重要的意义。

（3）自由锻造依靠操作者控制其形状和尺寸，锻件精度低，表面质量差，金属消耗也较多。所以自由锻造主要用于品种多、产量不大的单件小批量生产，也可用于模锻前的制坯工序。

工序是指在一个工作地点对一个工件所连续完成的那部分工艺过程。

无论是手工自由锻造、锤上自由锻造及水压机上自由锻造，其工艺过程都是由一些锻造工序所组成的。根据变形的性质和程度不同，自由锻造工序可分为：基本工序，如镦粗、拔长、冲孔、扩孔、芯轴拔长、切割、弯曲、扭转、错移、锻接等，其中镦粗、拔长和冲孔三个工序应用得最多；辅助工序，如切肩、压痕等；精整工序，如平整、整形等。

3.2.2　自由锻造的基本工序

1. 镦粗

镦粗是使坯料的截面增大，高度减小的锻造工序。镦粗（图 3-1）有完全镦粗、局部镦粗和垫环镦粗三种方式。局部镦粗按其镦粗的位置不同又可分为端部镦粗和中间镦粗两种。

镦粗主要用来锻造圆盘类（如齿轮坯）及法兰等锻件，在锻造空心锻件时，可作为冲孔前的预备工序，镦粗可作为提高锻造比的预备工序。

镦粗的一般规则、操作方法及注意事项如下。

（1）被镦粗坯料的高度与直径（或边长）之比应小于 3，否则会镦弯 [图 3-2（a）]。工件镦弯后应将其放平，轻轻锤击矫正 [图 3-2（b）]。局部镦粗时，镦粗部分坯料的高度与直径之比也应小于 3。

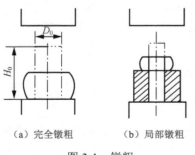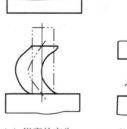

　　（a）完全镦粗　　　　（b）局部镦粗　　　　　　（a）镦弯的产生　　　（b）镦弯的矫正

　　　　图 3-1　镦粗　　　　　　　　　　　　图 3-2　镦弯的产生和矫正

（2）镦粗的始锻温度采用坯料允许的最高始锻温度，并应烧透。坯料的加热要均匀，否则镦粗时工件变形不均匀，对某些材料还可能锻裂。

（3）镦粗的两端面要平整且与轴线垂直，否则可能会产生镦歪现象。矫正镦歪的方法是将坯料斜立，轻打镦歪的斜角，然后放正，继续锻打（图 3-3）。如果锤头或砧铁的工作面因磨损而变得不平直时，则锻打时要不断将坯料旋转，以便获得均匀的变形而不致镦歪。

（4）锤击应力量足够，否则就可能产生细腰形，如图 3-4（a）所示。若不及时纠正，继续锻打下去，则可能产生夹层，使工件报废，如图 3-4（b）所示。

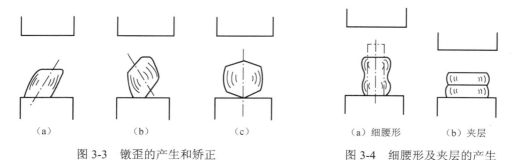

（a）　（b）　（c）

图 3-3　镦歪的产生和矫正

（a）细腰形　（b）夹层

图 3-4　细腰形及夹层的产生

2．拔长

拔长是使坯料长度增加，横截面减少的锻造工序，又称为延伸或引伸，如图 3-5 所示。拔长用于锻制长而截面小的工件，如轴类、杆类和长筒形零件。

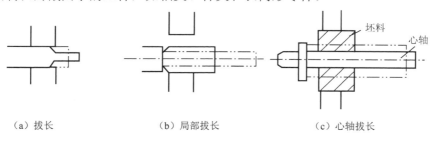

（a）拔长　　　　　　　　（b）局部拔长　　　　　　　　（c）心轴拔长

图 3-5　拔长

拔长的一般规则，操作方法及注意事项如下。

（1）拔长过程中要将毛坯料不断反复地翻转 90°，并沿轴向送进操作，如图 3-6（a）所示。螺旋式翻转拔长如图 3-6（b）所示，是将毛坯沿一个方向作 90° 翻转，并沿轴向送进操作。单面顺序拔长如图 3-6（c）所示，是将毛坯沿整个长度方向锻打一遍后，再翻转 90°，同样依次沿轴向送进操作。用这种方法拔长时，应注意工件的宽度和厚度之比不要超过 2.5，否则再次翻转继续拔长时容易产生折叠。

（a）反复翻转拔长　　　　（b）螺旋式翻转拔长　　　　（c）单面顺序拔长

图 3-6　拔长时锻件的翻转方法

（2）拔长时，坯料应沿砧铁的宽度方向送进，每次的送进量应为砧铁宽度的 3/10～7/10

（图 3-7（a））。送进量太大，金属主要向宽度方向流动，反而降低延伸效率（图 3-7（b））。送进量太小，又容易产生夹层（图 3-7（c））。另外，每次压下量也不要太大，压下量应等于或小于送进量，否则也容易产生夹层。

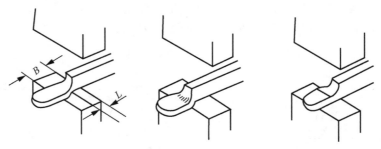

（a）送进量合适　　（b）送进量太大、拔长率降低　　（c）送进量太小、产生夹层

图 3-7　拔长时的送进方向和进给量

（3）由大直径的坯料拔长到小直径的锻件时，应把坯料先锻成正方形，在正方形的截面下拔长，到接近锻件的直径时，再倒棱，滚打成圆形，这样锻造效率高，质量好，如图 3-8 所示。

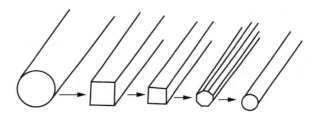

图 3-8　大直径坯料拔长时的变形过程

（4）锻制台阶轴或带台阶的方形、矩形截面的锻件时，在拔长前应先压肩。压肩后对一端进行局部拔长即可锻出台阶，如图 3-9 所示。

（5）锻件拔长后须进行修整，修整方形或矩形锻件时，应沿下砧铁的长度方向送进，如图 3-10（a）所示，以增加工件与砧铁的接触长度。拔长过程中若产生翘曲应及时翻转 180° 轻打校平。圆形截面的锻件用型锤或摔子修整，如图 3-10（b）所示。

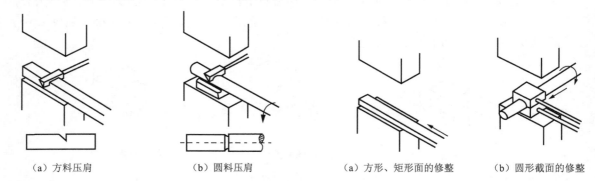

（a）方料压肩　　　（b）圆料压肩　　　　　（a）方形、矩形面的修整　　（b）圆形截面的修整

图 3-9　压肩　　　　　　　　　　　　　　图 3-10　拔长后的修整

3．冲孔

冲孔是用冲子在坯料冲出透孔或不透孔的锻造工序。

一般规定：锤的落下部分重量为 0.15～5t，最小冲孔直径相应为 ϕ30～100mm；孔径小于 100mm，而孔深大于 300mm 的孔可不冲出；孔径小于 150mm，而孔深大于 500mm 的孔也不冲出。

根据冲孔所用的冲子的形状不同，冲孔分实心冲子冲孔和空心冲子冲孔。实心冲子冲孔又分单面冲孔和双面冲孔。

（1）单面冲孔。对于较薄工件，即工件高度与冲孔孔径之比小于 0.125 时，可采用单面冲孔（图 3-11）。冲孔时，将工件放在漏盘上，冲子大头朝下，漏盘的孔径和冲子的直径应有一定的间隙，冲孔时应仔细校正，冲孔后稍加平整。

（2）双面冲孔。其操作过程为：镦粗；试冲（找正中心冲孔痕）；撒煤粉；冲孔，即冲孔到锻件厚度的 2/3～3/4；翻转 180°找正中心；冲除连皮；修整内孔，修整外圆，如图 3-12 所示。

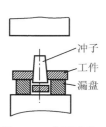

图 3-11　单面冲孔

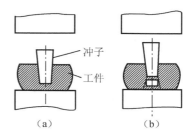

（a）　　　　　（b）

图 3-12　双面冲孔

冲孔前的镦粗是为了减少冲孔深度并使端面平整。由于冲孔锻件的局部变形量很大，为了提高塑性，防止冲裂，冲孔应在始锻温度下进行。冲孔时试冲的目的是为了保证孔的位置正确，即先用冲子轻冲出孔位的凹痕，并检查孔的位置是否正确，如果有偏差，可将冲子放在正确的位置上再试冲一次，加以纠正。孔位检查或修正无误后，向凹痕内撒放少许煤粉或焦炭粒，其作用是便于拔出冲子，可利用煤粉受热后产生的气体膨胀力将冲子顶出，但要特别注意安全，防止冲子和气体冲出伤人，对大型锻件不用放煤粉，而是冲子冲入坯料后，立即带着冲子滚外圆，直到冲子松动脱出。冲子拔出后可继续冲深，此时应注意保持冲子与砧面垂直，防止冲歪，当冲到一定深度时，取出冲子，翻转锻件，然后从反面将孔冲透。

（3）空心冲子冲孔。当冲孔直径超过 400mm 时，多采用空心冲子冲孔。对于重要的锻件，将其有缺陷的中心部分冲掉，有利于改善锻件的力学性能。

4．扩孔

扩孔是空心坯料壁厚减薄而内径和外径增加的锻造工序。其实质是沿圆周方向的变相拔长。扩孔的方法有冲头扩孔、马杠扩孔和劈缝扩孔三种。扩孔适用于锻造空心圈和空心环锻件。

5．错移

将毛坯的一部分相对另一部分上、下错开，但仍保持这两部分轴心线平行的锻造工序，错移常用来锻造曲轴。错移前，毛坯须先进行压肩等辅助工序，如图 3-13 所示。

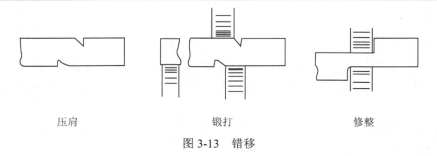

压肩　　　　　　　　锻打　　　　　　　　修整

图 3-13　错移

6. 切割

切割是使坯料分开的工序,如切去料头、下料和切割成一定形状等。用手工切割小毛坯时,把工件放在砧面上,錾子垂直于工件轴线,边錾边旋转工件,当快切断时,应将切口稍移至砧边处,轻轻将工件切断。大截面毛坯是在锻锤或压力机上切断的,方形截面的切割是先将剁刀垂直切入锻件,至快断开时,将工件翻转 180°,再用剁刀或克棍把工件截断,如图 3-14(a)所示。切割圆形截面锻件时,要将锻件放在带有圆凹槽的剁垫上,边切边旋转锻件,如图 3-14(b)所示。

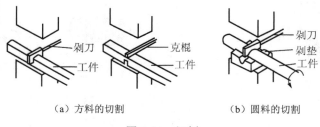

（a）方料的切割　　　　　　　（b）圆料的切割

图 3-14　切割

7. 弯曲

使坯料弯成一定角度或形状的锻造工序称为弯曲。弯曲用于锻造吊钩、链环、弯板等锻件。弯曲时锻件的加热部分最好只限于被弯曲的一段,加热必须均匀。在空气锤上进行弯曲时,将坯料夹在上下砧铁间,使欲弯曲的部分露出,用手锤或大锤将坯料打弯,如图 3-15(a)所示。或借助于成型垫铁、成型压铁等辅助工具使其产生成型弯曲,如图 3-15(b)所示。

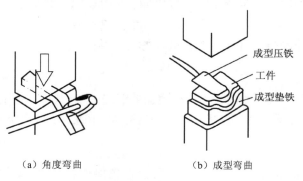

（a）角度弯曲　　　　　　　（b）成型弯曲

图 3-15　弯曲

8．扭转

扭转是将毛坯的一部分相对于另一部分绕其轴心线旋转一定角度的锻造工序，称为扭转，如图 3-16 所示。锻造多拐曲轴、连杆、麻花钻等锻件和校直锻件时常用这种工序。

扭转前，应将整个坯料先在一个平面内锻造成形，并使受扭曲部分表面光滑，然后进行扭转。扭转时，由于金属变形剧烈，要求受扭部分加热到始锻温度，且均匀热透。扭转后，要注意缓慢冷却，以防出现扭裂。

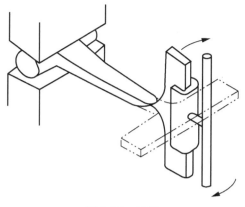

图 3-16　扭转

9．锻接

锻接是将两段或几段坯料加热后，用锻造的方法连接成牢固整体的一种锻造工序，又称为锻焊。锻接主要用于小锻件生产或修理工作，如：锚链的锻焊；刀具的夹钢和贴钢，它是将两种成分不同的钢料锻焊在一起。典型的锻接方法有搭接法、咬接法和对接法。搭接法是最常用的，也易于保证锻件质量，而交错搭接法操作较困难，用于扁坯料。咬接法的缺点是锻接时接头中氧化溶渣不易挤出。对接法的锻接质量最差，只在被锻接的坯料很短时采用。锻接的质量不仅和锻接方法有关，还与钢料的化学成分和加热温度有关，低碳钢易于锻接，而中、高碳钢则困难，合金钢更难以保证锻接质量。

3.3　胎模锻造

胎模锻造是在自由锻造设备上使用简单的模具（称为胎模）生产锻件的方法。胎模的结构形式较多，如图 3-17 为其中一种，它由上、下模块组成，模块上的空腔称为模膛，模块上的导销和销孔可使上、下模膛对准，手柄供搬动模块用。

胎模锻造的模具制造简便，在自由锻造锤上即可进行锻造，不需模锻锤。成批生产时，与自由锻造相比较，锻件质量好，生产效率高，能锻造形状较复杂的锻件，在中小批生产中应用广泛。但劳动强度大，只适于小型锻件。

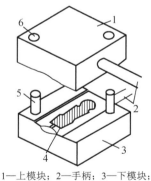

1—上模块；2—手柄；3—下模块；
4—模膛；5—导销；6—销孔

图 3-17　胎模

胎模锻造所用胎模不固定在锤头或砧座上，按加工过程需要，可随时放在上、下砧铁上进行锻造。锻造时，先把下模放在下砧铁上，再把加热的坯料放在模膛内，然后合上上模，用锻锤锻打上模背部。待上、下模接触，坯料便在模膛内锻成锻件。胎模锻时，锻件上的孔也不能冲通，留有冲孔连皮；锻件的周围亦有一薄层金属，称为毛边。因此，胎模锻后也要进行冲孔和切边，以去除连皮和毛边。其过程如图 3-18 所示。

常用的胎模结构形式主要有套筒模和合模两种。套筒模有开式筒模、闭式筒模和组合式筒模，主要用于锻造齿轮、法兰盘等回转体锻件。合模主要用于锻造连杆、叉形件等形状较复杂的非回转体锻件。

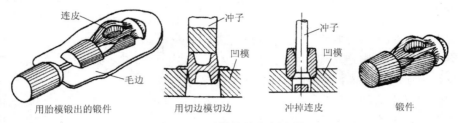

用胎模锻出的锻件　　　用切边模切边　　　冲掉连皮　　　锻件

图 3-18　胎模锻的生产过程

3.4　冲　　压

3.4.1　冲压生产概述

利用冲压设备和冲模使金属或非金属板料产生分离或变形的压力加工方法称为冲压，也称为板料冲压。这种加工方法通常是在常温下进行的，所以又称为冷冲压。

板料冲压的原材料是具有较高塑性的金属材料，如低碳钢、铜及其合金、镁合金等，非金属（如石棉板、硬橡皮、胶木板、皮革等）的板材、带材或其他型材。用于加工的板料厚度一般小于 6mm。

冲压生产的特点如下。

（1）可以生产形状复杂的零件或毛坯。

（2）冲压制品具有较高的精度、较低的表面粗糙度，质量稳定，互换性能好。

（3）产品还具有材料消耗少、质量轻、强度高和刚度好的特点。

（4）冲压操作简单，生产率高，易于实现机械化和自动化。

（5）冲模精度要求高，结构较复杂，生产周期较长，制造成本较高，故只适用于大批量生产场合。

在一切有关制造金属或非金属薄板成品的工业部门中都可采用冲压生产，尤其在日用品、汽车、航空、电器、电机和仪表等工业生产部门，应用更为广泛。

3.4.2　板料冲压的主要工序

按板料在加工中是否分离，冲压工艺一般可分为分离工序和变形工序两大类。分离工序是在冲压过程中使冲压件与坯料沿一定的轮廓线互相分离；而变形工序是使冲压坯料在不破坏的条件下发生塑性变形，并转化成所要求的成品形状。

在分离工序中，剪裁主要是在剪床上完成的。落料和冲孔又统称为冲裁，如图 3-19 所示，一般在冲床上完成。

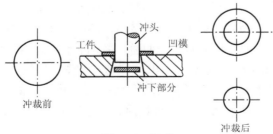

冲裁前　　　工件　　冲头　　凹模　　　冲裁后
冲下部分

图 3-19　冲裁

在变形工序中，还可按加工要求和特点不同分为弯曲（图 3-20）、拉深（图 3-21）（又称拉延）和成型等类。其中弯曲工序除了在冲床上完成之外，还可以在折弯机（如电气箱体加工）、滚弯机（如自行车轮圈制造等）上完成。弯曲的坯料除板材之外还可以是管子或其他型材。变形工序又可分为缩口、翻边（图 3-22）、扩口、卷边、胀形和压印等。

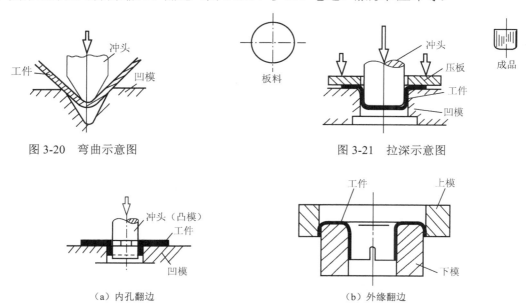

图 3-20 弯曲示意图

图 3-21 拉深示意图

（a）内孔翻边

（b）外缘翻边

图 3-22 翻边

3.4.3 冲压主要设备

冲压所用的设备种类有多种，但主要设备是剪床和冲床。

1. 剪床

剪床的用途是将板料切成一定宽度的条料或块料，以供给冲压所用，剪床传动机构如图 3-23 所示。剪床的主要技术参数是能剪板料的厚度和长度，如 Q11-2×1000 型剪床，表示能剪厚度为 2mm、长度为 1000mm 的板材。剪切宽度大的板材用斜刃剪床，当剪切窄而厚的板材时，应选用平刃剪床。

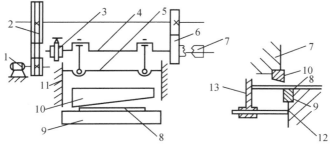

1—电动机；2—带轮；3—制动器；4—曲柄；5—滑块；6—齿轮；7—离合器；
8—板料；9—下刀片；10—上刀刀；11—导轨；12—工作台；13—挡铁

图 3-23 剪床传动机构

2．冲床

冲床是曲柄压力机的一种，可完成除剪切外的绝大多数基本工序。冲床按其结构可分为单柱式和双柱式、开式和闭式等；按滑块的驱动方式分为液压驱动和机械驱动两类。机械式冲床的工作机构主要由滑块驱动机构（如曲柄、偏心齿轮、凸轮等）、连杆和滑块组成。

图 3-24 为开式双柱式冲床的外形和传动简图。电动机经 V 带减速系统使大带轮转动，再经离合器使曲轴旋转。当踩下踏板后，离合器闭合并带动曲轴旋转，再通过连杆带动滑块沿导轨做上下往复运动，完成冲压加工。冲模的上模装在滑块上，随滑块上下运动，上下模闭合一次即完成一次冲压过程。踏板踩下后立即抬起，滑块冲压一次后便在制动器作用下，停止在最高位置上，以便进行下一次冲压。若踏板不抬起，滑块则进行连续冲压。

通用性好的开式冲床的规格以额定标称压力来表示，如 100kN（10t）。其他主要技术参数有滑块行程距离（mm）、滑块行程次数（次/min）和封闭高度等。

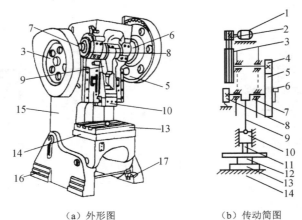

（a）外形图　　　　　　（b）传动简图

1—电动机；2—小带轮；3—大带轮；4—小齿轮；5—大齿轮；6—离合器；7—曲轴；8—制动器；
9—连杆；10—滑块；11—上模；12—下模；13—垫板；14—工作台；15—床身；16—底座；17—脚踏板

图 3-24　冲床

3．冲模结构

冲模是板料冲压的主要工具，其典型结构如图 3-25 所示。

一副冲模由若干零件组成，大致可分为以下几类。

（1）工作零件：如凸模 1 和凹模 2，为冲模的工作部分，它们分别通过压板固定在上下模板上，其作用是使板料变形或分离，这是模具关键性的零件。

（2）定位零件：如导料板 9、定位销 10。用以保证板料在冲模中具有准确的位置。导料板控制坯料进给方向，定位销控制坯料进给量。

（3）卸料零件：如卸料板 8。当冲头回程时，可使凸模从工件或坯料中脱出。亦可用弹性卸料，即用弹簧、橡皮等弹性元件通过卸料板推下板料。

（4）模板零件：如上模板 3、下模板 4 和模柄 5 等。上模借助上模板通过模柄固定在冲床滑块上，并可随滑块上、下运动；下模借助下模板用压板螺栓固定在工作台上。

（5）导向零件：如导套 11、导柱 12 等，是保证模具运动精度的重要部件，分别固定在上、下模板上，其作用是保证凸模向下运动时能对准凹模孔，并保证间隙均匀。

（6）固定板零件：如凸模压板 6、凹模压板 7 等，使凸模、凹模分别固定在上、下模板上。此外还有螺钉、螺栓等连接件。

以上所有模具零件并非每副模具都必须具备，但工作零件、模板零件、固定板零件等则是每副模具所必须有的。

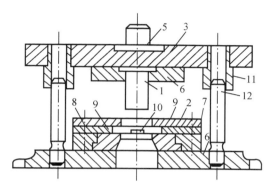

1—凸模；2—凹模；3—上模板；4—下模板；5—模柄；6—压板；7—压板；
8—卸料板；9—导料板；10—定位销；11—导套；12—导柱

图 3-25　冲模

冲床操作安全规范为：

① 冲压工艺所需的冲剪力或变形力要低于或等于冲床的标称压力。

② 开机前应锁紧所有调节和紧固螺栓，以免模具等松动而造成设备、模具损坏和人身安全事故。

③ 开机后，严禁将手伸入上下模之间，取下工件或废料应使用工具。冲压进行时严禁将工具伸入冲模之间。

④ 两人以上共同操作时应由一人专门控制踏脚板，踏脚板上应有防护罩，或将其放在隐蔽安全处，工作台上应取尽杂物，以免杂物坠落于踏脚板上造成误冲事故。

⑤ 装拆或调整模具应停机进行。

能力测试题

1．什么是金属材料的锻造性能？影响金属锻造性能的因素有哪些？

2．锻造的目的有哪些？

3．自由锻造的特点有哪些？有哪些基本工序？

4．比较自由锻造和胎膜锻造的优缺点。

5．冲压有何特点？常有哪些工序？

第4章 焊接实习

4.1 概　　述

4.1.1 焊接的定义

焊接是指通过适当的物理、化学过程，如加热、加压或二者并用等方法，使两个或两个以上分离的物体产生原子（分子）间的结合力而连接成一体的加工方法，是金属加工的一种重要工艺。广泛应用于机械制造、石油化工、汽车制造、桥梁、锅炉、航空航天、原子能、电子电力和建筑等领域。

4.1.2 焊接的分类

目前在工业生产中应用的焊接方法已达百余种。根据它们的焊接过程和特点可将其分为熔焊、压焊、钎焊三大类，每大类可按不同的方法分为若干小类，如图 4-1 所示。

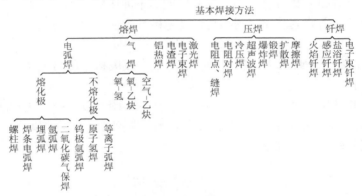

图 4-1　基本焊接方法

熔焊是在焊接过程中，将焊件接头加热至熔化状态，不加压力完成焊接的生产方法。目前熔焊应用最广，常见的有气焊、电弧焊、电渣焊、激光焊等。

压焊是在焊接过程中，必须对焊件施加压力（加热或不加热），以完成焊接的方法。如电阻对焊、摩擦焊、扩散焊、冷压焊、爆炸焊等。

钎焊是采用比母材熔点低的钎料作填充材料，焊接时将焊件和钎料加热到高于钎料熔点，低于母材熔点的温度，利用液态钎料润湿母材，填充接头间隙并与母材相互扩散实现连接焊件的方法。常见的钎焊方法有感应钎焊、火焰钎焊等。

4.1.3 焊接的特点

焊接与铆接、铸造相比，可以节省大量金属材料，减轻结构重量，成本较低；工序较简单，生产周期较短，劳动生产率高；焊接接头不仅强度高，而且其他性能（如耐热性能、耐腐蚀性能、密封性能）都能与焊件材料相匹配，焊接质量高；劳动强度低，劳动条件好。

焊接的主要缺点是产生焊接应力与变形，焊接中存在一定数量的缺陷，产生有毒有害的物质等。

目前世界各国年平均生产的焊接结构用钢已占钢产量的 45%左右，所以焊接是目前应用极为广泛的一种永久性连接方法。

4.1.4 焊接劳动保护

焊接劳动保护是指为保障焊工在焊接生产过程中的安全和健康所采取的措施。焊工在焊接时要与电、可燃及易爆的气体、易燃液体、压力容器等接触，焊接时会产生一些有害物质如有害气体、金属蒸气、烟尘、电弧辐射、高频磁场、噪声和射线等，有时还要在高处、水下、容器设备内部等特殊环境作业。所以，焊接生产中存在一些危险因素，如触电、灼伤、火灾、爆炸、中毒、窒息等，因此必须重视焊接安全生产。国家有关标准明确规定，金属焊接（气割）作业是特种作业，焊工是特种作业人员。特种作业人员，需进行培训并经考试合格后，方可上岗作业。

焊接劳动保护应贯穿于整个焊接过程中。加强焊接劳动保护的措施主要应从两方面来控制：一是从采用和研究安全卫生性能好的焊接技术及提高焊接机械化、自动化程度方面着手；二是加强焊工的个人防护。

4.2 电 弧 焊

电弧焊是利用电弧热源加热零件实现熔化焊接的方法。焊接过程中电弧把电能转化成热能和机械能，加热零件，使焊丝或焊条熔化并过渡到焊缝熔池中，熔池冷却后形成一个完整的焊接接头。电弧焊应用广泛，可以焊接板厚从 0.1mm 以下到数百毫米的金属结构件，在焊接领域中占有十分重要的地位。

4.2.1 焊接电弧

电弧是电弧焊接的热源，电弧燃烧的稳定性对焊接质量有重要影响。

1．焊接电弧

焊接电弧是一种气体放电现象，如图 4-2 所示。当电源两端分别与被焊零件和焊枪相连时，在电场的作用下，电弧阴极产生电子发射，阳极吸收电子，电弧区的中性气体粒子在接受外界能量后电离成正离子和电子，正负带电粒子相向运动，形成两电极之间的气体空间导电过程，借助电弧将电能转换成热能、机械能和光能。

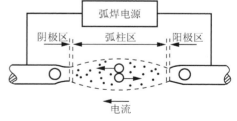

图 4-2　焊接电弧

焊接电弧具有以下特点。

（1）温度高，电弧弧柱温度范围为 5000～30000K。

（2）电弧电压低，范围为 10～80V。

（3）电弧电流大，范围为 10～1000A。

（4）弧光强度高。

2．电源极性

采用直流电流焊接时，弧焊电源正负输出端与零件和焊枪的连接方式，称为极性。当零件接电源正极，焊枪接电源负极时，称为直流正接或正极性；反之，零件、焊枪分别与电源负、正输出端相连时，则为直流反接或反极性。交流焊接无电源极性问题，如图 4-3 所示。

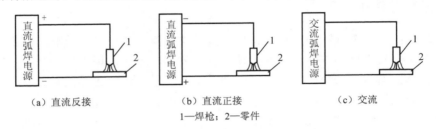

（a）直流反接　　　　（b）直流正接　　　　（c）交流

1—焊枪；2—零件

图 4-3　焊接电源极性示意图

4.2.2　焊条电弧焊

焊条电弧焊是用手工操纵焊条进行焊接的一种焊接方法，俗称手弧焊，应用非常普遍。

1．焊条电弧焊的原理

焊条电弧焊过程如图 4-4 所示，焊机电源两输出端通过电缆、焊钳和地线夹头分别与焊条和被焊零件相连。焊接过程中，产生在焊条和零件之间的电弧将焊条和零件局部熔化，受电弧力作用，焊条端部熔化后的熔滴过渡到母材，和熔化的母材融合在一起形成熔池，随着焊工操纵电弧向前移动，熔池金属液逐渐冷却结晶，形成焊缝。

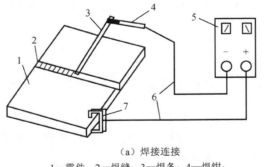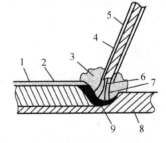

（a）焊接连接　　　　　　　　　　（b）焊接过程

1—零件；2—焊缝；3—焊条；4—焊钳；　　　　1—熔渣；2—焊缝；3—保护气体；4—药皮；
5—焊接电源；6—电缆；7—地线夹头　　　　5—焊芯；6—熔滴；7—电弧；8—母材；9—熔池

图 4-4　焊条电弧焊过程

焊条电弧焊使用设备简单，适应性强，可用于焊接板厚 1.5mm 以上的各种焊接结构件，并能灵活应用在空间各种位置不规则焊缝的焊接，适用于碳钢、低合金钢、不锈钢、铜及铜合金等金属材料的焊接。由于手工操作，焊条电弧焊也存在缺点，如生产率低，产品质量一定程度上取决于焊工操作技术，焊工劳动强度大等，现在多用于焊接单件、小批量产品和难以实现自动化加工的焊缝。

2．焊条

焊条电弧焊所用的焊接材料是焊条，焊条主要由焊芯和药皮两部分组成，如图 4-5 所示。

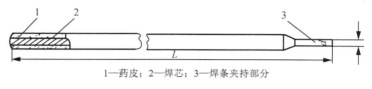

1—药皮；2—焊芯；3—焊条夹持部分

图 4-5 焊条结构

焊芯是一个具有一定长度及直径的金属丝。焊接时，焊芯有两个功能：一是传导焊接电流，产生电弧；二是焊芯本身熔化作为填充金属与熔化的母材熔合形成焊缝。我国生产的焊条，基本上以含碳、硫、磷较低的专用钢丝（如 H08A）制成焊芯。焊条规格用焊芯直径代表，焊条长度根据焊条种类和规格，有多种尺寸，如表 4-1 所示。

表 4-1 焊条规格

焊条直径（d）/mm	焊条长度（L）/mm		
2.0	250	300	
2.5	250	300	
3.2	350	400	450
4.0	350	400	450
5.0	400	450	700
5.8	400	450	700

焊条药皮又称为涂料，在焊接过程中起着极为重要的作用。首先，它可以起到保护作用，利用药皮熔化放出的气体和形成的熔渣，起机械隔离空气作用，防止有害气体侵入熔化金属；其次可以通过熔渣与熔化金属冶金反应，去除有害杂质，添加有益的合金元素，起到冶金处理作用，使焊缝获得合乎要求的力学性能；最后，还可以改善焊接工艺性能，使电弧稳定、飞溅小、焊缝成型好、易脱渣和熔敷效率高等。

焊条药皮的组成主要有稳弧剂、造气剂、造渣剂、脱氧剂、合金剂、黏结剂和增塑剂等。其主要成分有矿物类、铁合金、有机物和化工产品。

焊条可分为结构钢焊条、耐热钢焊条、不锈钢焊条、铸铁焊条等十大类。根据其药皮组成又分为酸性焊条和碱性焊条。酸性焊条电弧稳定，焊缝成型美观，焊条的工艺性能好，可用交流或直流电源施焊，但焊接接头的冲击韧度较低，可用于普通碳钢和低合金钢的焊接；碱性焊条多为低氢型焊条，所得焊缝冲击韧度高，力学性能好，但电弧稳定性比酸性焊条差，要采用直流电源施焊，反极性接法，多用于重要的结构钢、合金钢的焊接。

3．焊条电弧焊的操作技术

（1）引弧。焊接电弧的建立称为引弧，焊条电弧焊有两种引弧方式：划擦法和直击法，如图 4-6 所示。

① 划擦引弧法：先将焊条末端对准焊件，然后像划火柴似的使焊条在焊件表面划擦一下，提起 2～3mm 的高度引燃电弧。引燃电弧后，应保持电弧长度不超过所用焊条的直径。

② 直击引弧法：先将焊条垂直对准焊件，然后使焊条碰击焊件，出现弧光后迅速将焊件提起 2～4mm，产生电弧后使电弧稳定燃烧。

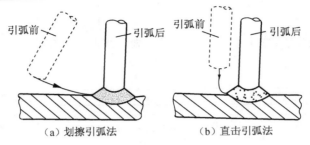

（a）划擦引弧法　　　　　（b）直击引弧法

图 4-6　引弧方法

（2）运条。焊条电弧焊是依靠人手工操作焊条运动实现焊接的，此种操作也称为运条。运条包括控制焊条角度、焊条送进、焊条摆动和焊条前移，如图 4-7 所示。运条技术的具体运用根据零件材质、接头形式、焊接位置、焊件厚度等因素决定。常见的焊条电弧焊运条方法如图 4-8 所示，直线形运条方法适用于板厚 3～5mm 的不开坡口对接平焊；锯齿形运条法多用于厚板的焊接；月牙形运条法对熔池加热时间长，容易使熔池中的气体和熔渣浮出，有利于得到高质量焊缝；正三角形运条法适合于不开坡口的对接接头和 T 字接头的立焊；正圆圈形运条法适合于焊接较厚零件的平焊缝。

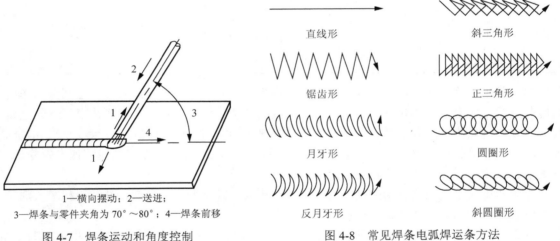

1—横向摆动；2—送进；
3—焊条与零件夹角为 70°～80°；4—焊条前移

图 4-7　焊条运动和角度控制　　　　图 4-8　常见焊条电弧焊运条方法

（3）焊缝的起头、接头和收尾。焊缝的起头是指焊缝起焊时的操作，由于此时零件温度低、电弧稳定性差，焊缝容易出现气孔、未焊透等缺陷，为避免此现象，应该在引弧后将电弧稍微拉长，对零件起焊部位进行适当预热，并且多次往复运条，达到所需要的熔深和熔宽后再调到正常的弧长进行焊接，如图 4-9 所示。

在完成一条长焊缝焊接时，往往要消耗多根焊条，这里就有前后焊条更换时焊缝接头的问题。为不影响焊缝成型，保证接头处焊接质量，更换焊条的动作越快越好，并在接头弧坑前约 15mm 处起弧，然后移到原来弧坑位置进行焊接，焊道的连接如图 4-10 所示。

焊缝的收尾是指焊缝结束时的操作。焊条电弧焊一般熄弧时都会留下弧坑，过深的弧坑会导致焊缝收尾处缩孔、产生弧坑应力裂纹。焊缝的收尾操作时，应保持正常的熔池温度，做无直线运动的横摆点焊动作，逐渐填满熔池后再将电弧拉向一侧熄灭。此外还有三种焊缝收尾的操作方法，即划圈收尾法、反复断弧收尾法和回焊收尾法，如图 4-11 所示。

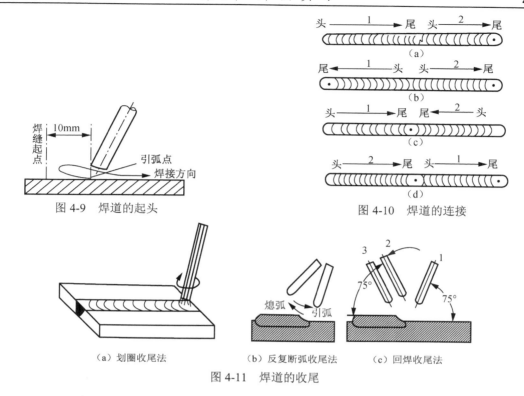

图 4-9 焊道的起头

图 4-10 焊道的连接

（a）划圈收尾法　　　　（b）反复断弧收尾法　　　　（c）回焊收尾法

图 4-11 焊道的收尾

4．焊条电弧焊工艺

选择合适的焊接工艺参数是获得优良焊缝的前提，并直接影响劳动生产率。焊条电弧焊工艺是根据焊接接头形式、零件材料、板材厚度、焊缝焊接位置等具体情况制定的，包括焊条牌号、焊条直径、电源种类和极性、焊接电流、焊接电压、焊接速度、焊接坡口形式和焊接层数等内容。

焊条型号应主要根据零件材质选择，并参考焊接位置情况决定。电源种类和极性又由焊条牌号而定。焊接电压决定于电弧长度，它与焊接速度对焊缝成型有重要影响作用，一般由焊工根据具体情况灵活掌握。

（1）焊接位置。在实际生产中，由于焊接结构和零件移动的限制，焊缝在空间的位置除平焊外，还有立焊、横焊、仰焊，如图 4-12 所示。平焊操作方便，焊缝成型条件好，容易获得优质焊缝并具有高的生产率，是最合适的位置；其他三种焊接位置，操作较平焊困难，受熔池液态金属重力的影响，需要对焊接规范控制并采取一定的操作方法才能保证焊缝成型，其中焊接条件仰焊位置最差，立焊、横焊次之。

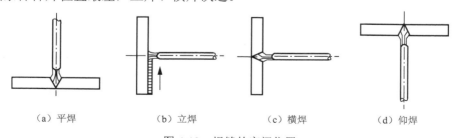

（a）平焊　　　　（b）立焊　　　　（c）横焊　　　　（d）仰焊

图 4-12 焊缝的空间位置

（2）焊接接头形式和焊接坡口形式。焊接接头是指用焊接的方法连接的接头，它由焊缝、熔合区、热影响区及其邻近的母材组成。根据接头的构造形式不同，可分为对接接头、T 形接头、搭接接头、角接接头、卷边接头五种类型。前四类如图 4-13 所示，卷边接头用于薄板焊接。

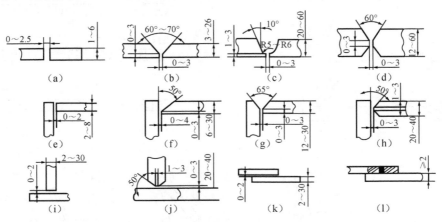

图 4-13　焊条电弧焊接头形式和坡口形式

熔焊接头焊前加工坡口，其目的在于使焊接容易进行，电弧能沿板厚熔敷一定的深度，保证接头根部焊透，并使焊缝获得良好的成型。焊接坡口形式有 I 形坡口、V 形坡口、U 形坡口、双 V 形坡口、J 形坡口等多种。常见焊条电弧焊接头的坡口形状和尺寸如图 4-13 所示。对焊件厚度小于 6mm 的焊缝，可以不开坡口或开 I 形坡口；中厚度和大厚度板对接焊，为保证熔透，必须开坡口。V 形坡口便于加工，但零件焊后易发生变形；X 形坡口可以避免 V 形坡口的一些缺点，同时可减少填充材料；U 形及双 U 形坡口，其焊缝填充金属量更小，焊后变形也小，但坡口加工困难，一般用于重要焊接结构。

（3）焊条直径与焊接电流选择。焊条电弧焊工艺参数的选择一般是先根据工件厚度选择焊条直径，然后根据焊条直径选择焊接电流。一般焊件的厚度越大，选用的焊条直径 d 应越大，同时可选择较大的焊接电流，以提高工作效率。

焊条直径应根据钢板厚度、接头形式、焊接位置等来加以选择。在立焊、横焊和仰焊时，焊条直径不得超过 4mm，以免熔池过大，使熔化金属和熔渣下流。平板对接时焊条直径的选择可参考表 4-2。

表 4-2　焊条直径的选择

钢板厚度/mm	≤1.5	2.0	3	4～7	8～12	≥13
焊条直径/mm	1.6	1.6～2.0	2.5～3.2	3.2～4.0	4.0～4.5	4.0～5.8

各种焊条直径常用的焊接电流范围可参考表 4-3。

表 4-3　焊接电流的选择

焊条直径/mm	1.6	2.0	2.5	3.2	4.0	5.0	5.8
焊接电流/A	25～40	40～70	70～90	100～130	160～200	200～270	260～300

（4）焊接速度的选择。焊接速度是指单位时间所完成的焊缝长度，它对焊缝质量影响很大。焊接速度由焊工凭经验掌握，在保证焊透和焊缝质量前提下，应尽量快速施焊。掌握合

适的焊接速度有两个原则：一是保证焊透，二是保证要求的焊缝尺寸。图 4-14 表示焊接电流和焊接速度对焊缝形状的影响。

① 如图 4-14（a）所示，焊缝形状规则，焊波均匀并呈椭圆形，焊缝各部分尺寸符合要求，说明焊接电流和焊接速度选择合适。

② 如图 4-14（b）所示，焊接电流太小，电弧不易引出，燃烧不稳定，弧声变弱，焊波呈圆形，堆高增大和熔深减小。

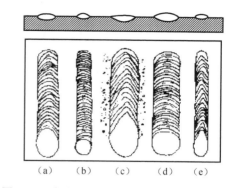

图 4-14 电流、焊速、弧长对焊缝形状的影响

③ 如图 4-14（c）所示，焊接电流太大，焊接时弧声强，飞溅增多，焊条往往变得红热，焊波变尖，熔宽和熔深都增加。焊薄板时易烧穿。

④ 如图 4-14（d）所示，焊缝焊波变圆且堆高，熔宽和熔深都增加，这表示焊接速度太慢。焊薄板时可能会烧穿。

⑤ 如图 4-14（e）所示，焊缝形状不规则且堆高，焊波变尖，熔宽和熔深都小，说明焊接速度过快。

4.2.3 常用电弧焊方法

除焊条电弧焊外，常用电弧焊方法还有埋弧焊、CO_2 气体保护焊、钨极氩弧焊、熔化极氩弧焊和等离子弧焊。

1．CO_2 气体保护焊

CO_2 气体保护焊是一种用 CO_2 气体作为保护气的熔化极气体电弧焊方法。工作原理如图 4-15 所示，弧焊电源采用直流电源，电极的一端与零件相连，另一端通过导电嘴将电馈送给焊丝，这样焊丝端部与零件熔池之间建立电弧，焊丝在送丝机滚轮驱动下不断送进，零件和焊丝在电弧热作用下熔化并最后形成焊缝。

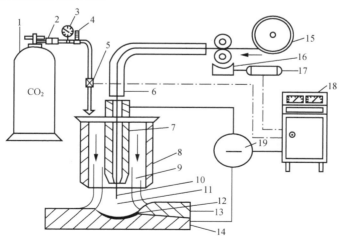

1—CO_2 气瓶；2—干燥预热器；3—压力表；4—流量计；5—电磁气阀；6—软管；7—导电嘴；
8—喷嘴；9—CO_2 保护气体；10—焊丝；11—电弧；12—熔池；13—焊缝；14—零件；
15—焊丝盘；16—送丝机构；17—送丝电动机；18—控制箱；19—直流电源

图 4-15 CO_2 气体保护焊的工作原理

CO$_2$ 气体保护焊工艺具有生产率高、焊接成本低、适用范围广、低氢型焊接方法、焊缝质量好等优点。其缺点是焊接过程中飞溅较大，焊缝成型不够美观，目前人们正通过改善电源动特性或采用药芯焊丝的方法来解决此问题。

CO$_2$ 气体保护焊设备可分为半自动焊和自动焊两种类型，其工艺适用范围广，粗丝（$\phi \geqslant$ 2.4mm）可以焊接厚板，中细丝用于焊接中厚板、薄板及全位置焊缝。

CO$_2$ 气体保护焊主要用于焊接低碳钢及低合金高强钢，也可以用于焊接耐热钢和不锈钢，可进行自动焊及半自动焊。目前广泛用于汽车、轨道客车制造、船舶制造、航空航天、石油化工机械等诸多领域。

2．氩弧焊

以惰性气体氩气作保护气的电弧焊方法有钨极氩弧焊和熔化极氩弧焊两种。

（1）钨极氩弧焊。它是以钨棒作为电弧的一极的电弧焊方法，钨棒在电弧焊中是不熔化的，故又称为不熔化极氩弧焊，简称 TIG 焊。焊接过程中可以用从旁送丝的方式为焊缝填充金属，也可以不加填丝；可以手工焊也可以进行自动焊；它可以使用直流、交流和脉冲电流进行焊接。工作原理如图 4-16 所示。

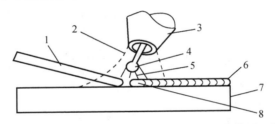

1—填充焊丝；2—保护气体；3—喷嘴；4—钨极；5—电弧；6—焊缝；7—零件；8—熔池

图 4-16　钨极氩弧焊的工作原理

由于被惰性气体隔离，焊接区的熔化金属不会受到空气的有害作用，因此钨极氩弧焊可用于焊接易氧化的有色金属如铝、镁及其合金，也用于不锈钢、铜合金以及其他难熔金属的焊接。因其电弧非常稳定，还可以用于焊薄板及全位置焊缝。钨极氩弧焊在航空航天、原子能、石油化工、电站锅炉等行业应用较多。

钨极氩弧焊的缺陷是钨棒的电流负载能力有限，焊接电流和电流密度比熔化极弧焊低，焊缝熔深浅，焊接速度低，厚板焊接要采用多道焊和加填充焊丝，生产效率受到影响。

（2）熔化极氩弧焊。又称为 MIG 焊，用焊丝本身作电极，相比钨极氩弧焊而言，电流及电流密度大大提高，因而母材熔深大，焊丝熔敷速度快，提高了生产效率，特别适用于中等和厚板铝及铝合金，铜及铜合金、不锈钢以及钛合金焊接，脉冲熔化极氩弧焊用于碳钢的全位置焊。

3．埋弧焊

埋弧焊电弧产生于堆敷了一层的焊剂下的焊丝与零件之间，受到熔化的焊剂（熔渣）以及金属蒸气形成的气泡壁所包围。气泡壁是一层液体熔渣薄膜，外层有未熔化的焊剂，电弧区得到良好的保护，电弧光也散发不出去，故被称为埋弧焊，工作原理如图 4-17 所示。

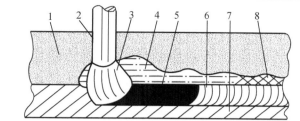

1—焊剂；2—焊丝；3—电弧；4—熔渣；5—熔池；6—焊缝；7—零件；8—渣壳

图 4-17　埋弧焊的工作原理

相比焊条电弧焊，埋弧焊有三个主要优点。

（1）焊接电流和电流密度大，生产效率高，是手弧焊生产率的 5～10 倍。

（2）焊缝含氮、氧等杂质低，成分稳定，质量高。

（3）自动化水平高，没有弧光辐射，工人劳动条件较好。

埋弧焊的局限在于受到焊剂敷设限制，不能用在空间位置焊缝的焊接；由于埋弧焊焊剂的成分主要是 MnO 和 SiO_2 等金属及非金属氧化物，不适合焊铝、钛等易氧化的金属及其合金；另外薄板、短焊缝及不规则的焊缝一般不采用埋弧焊。

可用埋弧焊方法焊接的材料有碳素结构钢、低合金钢、不锈钢、耐热钢、镍基合金和铜合金等。埋弧焊在中、厚板对接、角接接头有广泛应用，14mm 以下板材对接可以不开坡口。埋弧焊也可用于合金材料的堆焊上。

4．等离子弧焊接

等离子弧是一种压缩电弧，通过焊枪特殊设计将钨电极缩入焊枪喷嘴内部，在喷嘴中通以等离子气，强迫电弧通过喷嘴的孔道，借助水冷喷嘴的外部拘束条件，利用机械压缩作用、热收缩作用和电磁收缩作用，使电弧的弧柱横截面受到限制，产生温度达 24000～50000K、能力密度达 $10^5～10^6W/cm^2$、高温、高能量的压缩电弧。等离子弧按电源供电方式不同，分为以下三种形式。

（1）非转移型等离子弧如图 4-18（a）所示。电极接电源负极，喷嘴接正极，而零件不参与导电。电弧是在电极和喷嘴之间产生。

（2）转移型等离子弧如图 4-18（b）所示。钨极接电源负极，零件接正极，等离子弧在钨极与零件之间产生。

（3）联合型等离子弧如图 4-18（c）所示。这种弧是转移弧和非转移弧同时存在，需要两个电源独立供电。电极接两个电源的负极，喷嘴及零件分别接各个电源的正极。

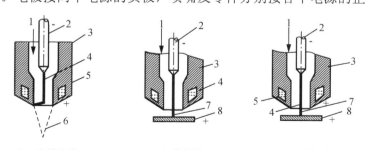

（a）非转移型　　　　　　（b）转移型　　　　　　（c）联合型

1—离子气；2—钨极；3—喷嘴；4—非转移弧；5—冷却水；6—弧焰；7—转移弧；8—零件

图 4-18　等离子弧的形式

等离子弧在焊接领域有多方面的应用，等离子弧焊接可用于从超薄材料到中厚板材的焊接，一般离子气和保护气采用氩气、氢气等惰性气体，可以用于低碳钢、低合金钢、不锈钢、铜、镍合金及活性金属的焊接。等离子弧也可用于各种金属和非金属材料的切割，粉末等离子弧堆焊可用于零件制造和修复时堆焊硬质耐磨合金。

4.3　其他焊接方法简介

除了电弧焊以外，气焊、电阻焊、电渣焊及钎焊等焊接方法在金属材料连接作业中也有着重要的应用。

4.3.1　气焊

气焊是利用气体火焰加热并熔化母体材料和焊丝的焊接方法。

1．气焊的特点

与电弧焊相比，其优点如下。

（1）气焊不需要电源，设备简单。

（2）气体火焰温度比较低，熔池容易控制，易实现单面焊双面成型，并可以焊接很薄的零件。

（3）在焊接铸铁、铝及铝合金、铜及铜合金时焊缝质量好。

气焊也存在热量分散，接头变形大，不易自动化，生产效率低，焊缝组织粗大，性能较差等缺陷。

气焊常用于薄板的低碳钢、低合金钢、不锈钢的对接、端接，在熔点较低的铜、铝及其合金的焊接中仍有应用，焊接需要预热和缓冷的工具钢、铸铁也比较适合。

2．气焊火焰

气焊主要采用氧-乙炔火焰，在两者的混合比不同时，可得到以下 3 种不同性质的火焰。

（1）中性焰：如图 4-19（a）所示，当氧气与乙炔的混合比为 1～1.2 时，燃烧充分，燃烧过后无剩余氧或乙炔，热量集中，温度可达 3050～3150℃。它由焰心、内焰、外焰三部分组成，焰心是呈亮白色的圆锥体，温度较低；内焰呈暗紫色，温度最高，适用于焊接；外焰颜色从淡紫色逐渐向橙黄色变化，温度下降，热量分散。中性焰应用最广，低碳钢、中碳钢、铸铁、低合金钢、不锈钢、紫铜、锡青铜、铝及铝合金、镁合金等气焊都使用中性焰。

（2）碳化焰：如图 4-19（b）所示，当氧气与乙炔的混合比小于 1 时，部分乙炔未曾燃烧，焰心较长，呈蓝白色，温度最高达 2700～3000℃。由于过剩的乙炔分解的碳粒和氢气的原因，有还原性，焊缝含氢增加，焊低碳钢时有渗碳现象，适用于气焊高碳钢、铸铁、高速钢、硬质合金、铝青铜等。

（3）氧化焰：如图 4-19（c）所示，当氧气与乙炔的混合比大于 1.2 时，燃烧过后的气体仍有过剩的氧气，焰心短而尖，内焰区氧化反应剧烈，火焰挺直发出"嘶嘶"声，温度可达 3100～3300℃。由于火焰具有氧化性，焊接碳钢易产生气体，并出现熔池沸腾现象，很少用于焊接，轻微氧化的氧化焰适用于气焊黄铜、锰黄铜、镀锌铁皮等。

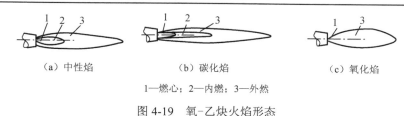

（a）中性焰 （b）碳化焰 （c）氧化焰

1—燃心；2—内燃；3—外然

图 4-19 氧-乙炔火焰形态

4.3.2 电阻焊

电阻焊是将零件组合后通过电极施加压力，利用电流通过零件的接触面及临近区域产生的电阻热将其加热到熔化或塑性状态，使之形成金属结合的方法。

1. 电阻焊的特点

与其他焊接方法相比，电阻焊具有以下优点。

（1）不需要填充金属，冶金过程简单，焊接应力及应变小，接头质量高。

（2）操作简单，易实现机械化和自动化，生产效率高。

其缺点是接头质量难以用无损检测方法检验，焊接设备较复杂，一次性投资较高。电阻点焊低碳钢、普通低合金钢、不锈钢、钛及合金材料时可以获得优良的焊接接头。

2. 电阻焊的方法

电阻焊目前广泛应用于汽车拖拉机、航空航天、电子技术、家用电器、轻工业等行业，根据接头形式电阻焊可分成点焊、缝焊、凸焊和对焊四种，如图 4-20 所示。

（1）电阻点焊。点焊方法如图 4-20（a）所示，将零件装配成搭接形式，用电极将零件夹紧并通以电流，在电阻热作用下，电极之间零件接触处被加热熔化形成焊点，零件的连接可以由多个焊点实现。点焊大量应用在小于 3mm 不要求气密的薄板冲压件、轧制件接头，如汽车车身焊装、电器箱板组焊。一个点焊过程主要由预压、焊接、维持、休止四个阶段组成。

（2）电阻缝焊。缝焊工作原理与点焊相同，但用滚轮电极代替了点焊的圆柱状电极，滚轮电极施压于零件并旋转，使零件相对运动，在连续或断续通电下，形成一个个熔核相互重叠的密封焊缝，如图 4-20（b）所示。缝焊一般应用在有密封性要求的接头制造上，适用材料板厚为 0.1～2mm，如汽车油箱、暖气片、罐头盒的生产。

（3）电阻对焊。对焊方法主要用于断面小于 250mm 的丝材、棒材、板条和厚壁管材的连接。如图 4-20（c）所示，将两零件端部相对放置，加压使其端面紧密接触，通电后利用电阻热加热零件接触面至塑性状态，然后迅速施加大的顶锻力完成焊接，特点是在焊接后期施加了比预压大的顶锻力。

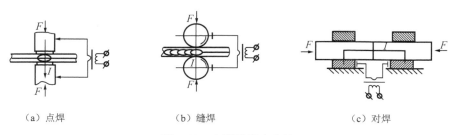

（a）点焊 （b）缝焊 （c）对焊

图 4-20 电阻焊基本方法

4.3.3 电渣焊

电渣焊是一种利用电流通过液体熔渣所产生的电阻热加热熔化填充金属和母材，以实现金属焊接的熔化焊接方法。如图 4-21 所示，被焊两零件垂直放置，中间留有 20～40mm 间隙，电流流过焊丝与零件之间熔化的焊剂形成的渣池，其电阻热又加热熔化焊丝和零件边缘，在渣池下部形成金属熔池。在焊接过程中，焊丝以一定速度熔化，金属熔池和渣池逐渐上升，远离热源的底部液体金属则渐渐冷却凝固结晶形成焊缝。同时，渣池保护金属熔池不被空气污染，水冷成型滑块与零件端面构成空腔挡住熔池和渣池，保证熔池金属凝固成型。

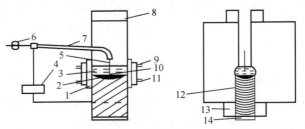

1—水冷成型滑块；2—金属熔池；3—渣池；4—焊接电源；5—焊丝；6—送丝轮；7—导电杆；
8—引出板；9—出水管；10—金属熔滴；11—进水管；12—焊缝；13—起焊槽；14—引弧板

图 4-21 电渣焊过程

与其他熔化焊接方法相比，电渣焊有以下特点：

（1）适用于垂直或接近垂直的位置焊接，此时不易产生气孔和夹渣，焊缝成型条件最好。

（2）厚大焊件能一次焊接完成，生产率高，与开坡口的电弧焊相比，节省焊接材料。

（3）由于渣池对零件有预热作用，焊接含碳量高的金属时冷裂倾向小，但焊缝组织晶粒粗大易造成接头韧度变差，一般焊后应进行正火和回火热处理。

电渣焊适用于厚板、大断面、曲面结构的焊接，如火力发电站数百吨的汽轮机转子、锅炉大厚壁高压汽包等。

4.3.4 激光焊

激光焊是利用大功率相干单色光子流聚集而成的激光束为热源进行焊接的方法。激光的产生是利用了原子受激辐射的原理，当粒子（原子、分子等）吸收外来能量时，从低能级跃升至高能级，此时若受到外来一定频率的光子的激励，又跃迁到相应的低能级，同时发出一个和外来光子完全相同的光子。如果利用装置（激光器）使这种受激辐射产生的光子去激励其他粒子，将导致光放大作用，产生更多的光子，在聚光器的作用下，最终形成一束单色的、方向一致和亮度极高的激光输出。再通过光学聚焦系统，可以使焦点上的激光能量密度达到 $10^4 \sim 10^6 \text{W/cm}^2$，然后以此激光用于焊接。激光焊接装置如图 4-22 所示。

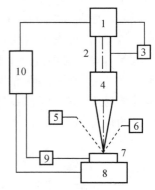

1—激光发生器；2—激光光束；3—信号器；
4—光学系统；5—观测瞄准系统；6—辅助能源；
7—焊件；8—工作台；9—控制系统；10—控制系统

图 4-22 激光焊接装置示意图

激光焊和电子束焊同属高能密束焊范畴，与一般焊接方法相比有以下优点。

（1）激光功率密度高，加热范围小（<1mm），焊接速度高，焊接应力和变形小。

（2）可以焊接一般焊接方法难以焊接的材料，实现异种金属的焊接，甚至用于一些非金属材料的焊接。

（3）激光可以通过光学系统在空间传播相当长距离而衰减很小，能进行远距离施焊或对难接近部位焊接。

（4）相对电子束焊而言，激光焊不需要真空室，激光不受电磁场的影响。

激光焊的缺点是焊机价格较贵，激光的电光转换效率低，焊前零件加工和装配要求高，焊接厚度比电子束焊低。激光焊应用在很多机械加工作业中，如电子器件的壳体和管线的焊接、仪器仪表零件的连接、金属薄板对接、集成电路中的金属箔焊接等。

4.3.5　钎焊

钎焊是利用比被焊材料熔点低的金属作钎料，经过加热使钎料熔化，靠毛细管作用将钎料吸入到接头接触面的间隙内，润湿被焊金属表面，使液相与固相之间相互扩散而形成钎焊接头的焊接方法。

根据焊接温度分为硬钎焊和软钎焊。

（1）硬钎焊。钎料熔点在 450℃ 以上，接头强度较高，都在 200MPa 以上，属于这类的钎料有铜基、银基和镍基等。

（2）软钎焊。钎料熔点为 450℃ 以下，接头强度较低，一般不超过 70MPa，所以只用于钎焊受力不大、工作温度较低的工件。常用的钎料是锡铅合金，所以通称锡焊。

钎焊具有以下优点。

① 钎焊时由于加热温度低，对零件材料的性能影响较小，焊接的应力变形比较小。

② 可以用于焊接碳钢、不锈钢、高合金钢、铝、铜等金属材料，也可以用于连接异种金属、金属与非金属。

③ 可以一次完成多个零件的钎焊，生产率高。

钎焊的缺点是接头的强度一般比较低，耐热能力较差，适于焊接承受载荷不大和常温下工作的接头。另外钎焊之前对焊件表面的清理和装配要求比较高。

4.4　焊接接头的主要缺陷及检验

在焊接生产过程中，由于焊接结构设计、焊接工艺参数、焊前准备和操作方法等原因，往往会产生焊接缺陷。焊接缺陷会影响焊接结构使用的可靠性，在焊接生产中要采取措施尽量避免焊接缺陷的产生。

4.4.1　常见的焊接缺陷

（1）焊缝形状缺陷：指焊缝尺寸不符合要求及咬边、烧穿、焊瘤及弧坑等。

（2）气孔缺陷：指焊缝熔池中的气体在凝固时未能析出而残留下来形成的空穴。

（3）夹渣和夹杂缺陷：指焊后残留在焊缝中的熔渣和经冶金反应产生的焊后残留在焊缝中的非金属夹杂物。

（4）未焊透、未熔合缺陷：指焊缝金属和母材之间或焊道金属之间未完全熔化结合以及焊缝的根部未完全熔透。

（5）裂纹缺陷：包括热裂纹、冷裂纹和层状撕裂。

（6）其他缺陷：指电弧擦伤、飞溅、磨痕、凿痕等。

4.4.2　焊接缺陷的产生原因及预防措施

1．未焊透

产生未焊透的根本原因是输入焊缝焊接区的相对热量过少，熔池尺寸小，熔深不够。生产中的具体原因有：坡口设计或加工不当（角度、间隙过小）、钝边过大、焊接电流太小、焊条操作不当或焊速过快等。为避免未焊透应做到：正确选用和加工坡口尺寸，保证良好的装配间隙；采用合适的焊接参数；保证合适的焊条摆动角度；仔细清理层间的熔渣。

2．夹渣

产生夹渣的原因是各类残渣的量多且没有足够的时间浮出熔池表面。生产中的具体原因有：多层焊时前一层焊渣没有清理干净、运条操作不当、焊条熔渣黏度太大、脱渣性差、线能量小、熔池存在时间短、坡口角度太小等。为避免夹渣的产生，应注意：选用合适的焊条型号；焊条摆动方式要正确；适当增大线能量；注意层间的清理，特别是低氢碱性焊条，一定要彻底清除层间焊渣。

3．气孔

在高温时，液态金属能溶解较多的气体（H_2、CO 等），而固态时又几乎不溶解气体。因此，凝固过程中若气体在熔池凝固前来不及逸出熔池表面，就会在焊缝中产生气孔。生产中的具体原因有：工件和焊接材料有油污、锈，焊条药皮或焊剂潮湿、焊条或焊剂变质失效、操作不当引起保护效果不好、线能量过小，使得熔池存在时间过短。为防止气孔应注意：清除焊件焊接区附近及焊丝上的铁锈、油污、油漆等污物；焊条、焊剂在使用前应严格按规定烘干；适当提高线能量，以提高熔池的高温停留时间；不采用过大的焊接电流，以防止焊条药皮发红失效；不使用偏心焊条；尽量采用短弧焊。

4．裂纹

裂纹分为两类：在焊缝冷却凝固结晶以后生成的为冷裂纹；在焊缝冷却凝固过程中形成的为热裂纹。裂纹的产生与焊缝及母材成分、组织状态及其相变特征、焊接结构条件及焊接时所采用夹装方法有关。如不锈钢易出现热裂纹，低合金高强度钢易出现冷裂纹。

热裂纹的产生与硫、磷等杂质太多有关，硫、磷能在钢中生成低熔点脆性共晶体，会积聚在最后凝固的树枝状晶界和焊缝中心区。在焊接应力作用下，焊缝中心线、弧坑、焊缝终点都容易形成热裂纹。为防止热裂纹应注意：严格控制焊缝中硫、磷等杂质的含量；填满弧坑；减慢焊接速度，以减小最后冷却结晶区域的应力和变形；改善焊缝形状，避免熔深过大的梨形焊缝。

冷裂纹的产生的原因较为复杂，一般认为由三方面的因素造成：含氢量；拘束度；淬硬组织。其中最主要的因素是含氢量，故常称为氢致裂纹。为防止冷裂纹，应从控制产生冷裂纹的三个因素着手：选用低氢焊条并烘干；清除焊缝附近的油污、铁锈、油漆等污染物；用短电弧焊，以增强保护效果；尽可能设计成刚性小的结构；采用焊前预热、焊后缓冷或焊后热处理措施，以减少淬硬倾向和焊后残余应力。

特别需指出的是：焊接裂纹是危害最大的焊接缺陷。它不仅会造成应力集中，降低焊接接头的静载强度，更严重的它是导致疲劳和脆性破坏的重要诱因。

4.4.3　焊接检验过程

焊接检验内容包括从图纸设计到产品制出整个生产过程中所使用的材料、工具、设备、工艺过程和成品质量的检验及焊工资格的考核，总体分为三个阶段：焊前检验、焊接过程中的检验、焊后成品的检验。检验方法根据对产品是否造成损伤可分为破坏性检验和无损探伤两类。

1．焊前检验

焊前检验包括原材料（如母材、焊条、焊剂等）的检验、焊接结构设计的检查、焊工资格考核等。

2．焊接过程中的检验

主要是检查各生产工序的工艺执行情况，包括焊接工艺规范的检验、焊缝尺寸的检查、夹具情况和结构装配质量的检查等。通常以自检为主。

3．焊后成品的检验

焊后成品检验是检验的关键，是焊接质量最后的评定。通常包括三个方面：无损伤检验，如超声波检验、X 射线检验等；成品强度试验，如水压试验、致密性检验，如煤油试验、吹气试验等。

4.4.4　焊接检验

焊接检验的主要目的是检查焊接缺陷。针对不同类型的缺陷通常采用破坏性检验和非破坏性检验（无损伤检验）。非破坏性检验是检验的重点，主要方法有以下几种。

1．外观检验

焊接接头的外观检验是一种手续简便又应用广泛的检验方法，是成品检验的一个重要内容，主要是发现焊缝表面的缺陷和尺寸上的偏差。一般通过肉眼观察，借助标准样板、量规和放大镜等工具进行检验。若焊缝表面出现缺陷，焊缝内部便有存在缺陷的可能。

2．无损伤检验

（1）射线探伤。射线探伤是利用射线可穿透物质和在物质中有衰减的特性来发现缺陷的一种探伤方法。按探伤所使用的射线不同，可分为 X 射线探伤、γ 射线探伤、高能射线探伤三种。由于其显示缺陷的方法不同，每种射线探伤又分电离法、荧光屏观察法、照相法和工业电视法。射线检验主要用于检验焊缝内部的裂纹、未焊透、气孔、夹渣等缺陷。

（2）超声波探伤。超声波在金属及其他均匀介质传播，由于在不同介质的界面上会产生反射，因此可用于内部缺陷的检验。超声波可以检验任何焊件材料、任何部位的缺陷，并且能较灵敏地发现缺陷位置，但对缺陷的性质、形状和大小较难确定。所以超声波探伤常与射线检验配合使用。

（3）磁力探伤。磁力探伤是利用磁场磁化铁磁金属零件所产生的漏磁来发现缺陷的。按测量漏磁方法的不同，可分为磁粉法、磁感应法和磁性记录法，其中以磁粉法应用最广。磁力探伤只能发现磁性金属表面和近表面的缺陷，而且对缺陷仅能做定性分析，对于缺陷的性质和深度也只能根据经验来估计。

（4）渗透探伤。渗透探伤是利用某些液体的渗透性等物理特性来发现和显示缺陷的，包括着色检验和荧光探伤两种，可用来检查铁磁性和非铁磁性材料表面的缺陷。

3. 致密性检验

储存液体或气体的焊接容器，其焊缝的不致密缺陷，如贯穿性的裂纹、气孔、夹渣、未焊透和疏松组织等，可用致密性试验来发现。致密性检验方法有煤油试验、载水试验、水冲试验等。

（1）煤油检验。在被检焊缝的一侧刷上石灰水溶液，待干后再在另一侧涂煤油，借助煤油的穿透能力，当焊缝有裂纹等穿透性缺陷时，石灰粉上呈现出煤油润湿的痕迹，据此发现焊接缺陷。

（2）吹气检验。在焊缝一侧吹压缩空气，另一侧刷肥皂水，若有穿透性缺陷，该部位会出现气泡，即可发现焊接缺陷。

4. 受压容器的强度检验

受压容器，除进行密封性试验外，还要进行强度试验。常见有水压试验和气压试验两种。它们都能检验在压力下工作的容器和管道的焊缝致密性。气压试验比水压试验更为灵敏和迅速，同时试验后的产品不用排水处理，对于排水困难的产品尤为适用。但试验的危险性比水压试验大。进行试验时，必须遵守相应的安全技术措施，以防试验过程中发生事故。

5. 焊接试板的力学性能试验

无损探伤可以发现焊缝内在的缺陷，但不能说明焊缝热影响区的金属的机械性能如何，因此有时对焊接接头要作拉力、冲击、弯曲等试验。这些试验由试验板完成。所用试验板最好与圆筒纵缝一起焊成，以保证施工条件一致。然后将试板进行机械性能试验。实际生产中，一般只对新钢种的焊接接头进行这方面的试验。

能力测试题

1．焊条电弧焊焊条牌号、规格及焊接电流大小选择的依据是什么？
2．焊接时熔池为什么要进行保护？焊条药皮、埋弧焊焊剂、氩气、CO_2 各有何异同？
3．气焊与电弧焊相比，有哪些特点？操作时应注意些什么？
4．如何控制焊接生产质量？
5．综合训练：制作焊工工作台。

图样如图 4-23 所示。

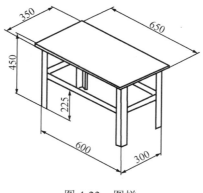

图 4-23 图样

工艺要求：

（1）使用交流焊机（BX3-400 型）、焊条（E4303 型），直径为 ϕ3.2、材料 Q235（A3）。

（2）角钢焊接采用搭接焊，角钢与板连接采用 T 形接头平角焊。

（3）电流参数应符合焊接要求。

（4）下料及焊接应在教师指导下进行，做到安全生产、保证质量，焊缝不符合要求应打磨掉后重焊。

（5）焊后清理焊渣、飞溅物，去掉毛刺、锐边。

第 5 章　热处理实习

5.1　概　　述

将金属材料放入一定的介质中，通过加热、保温和冷却，以改变其内部组织结构，来获得预期力学性能的工艺方法，称为热处理。

金属热处理是机械制造中的重要工艺之一，与其他加工工艺相比，热处理有以下特点。

① 一般工件形状不改变。

② 通过改变工件内部组织，或表面化学成分，改善工件的使用性能。

热处理的主要应用如下。

① 各种机床上约有 80%的零件需要进行热处理。

② 各种工具、量具和刀具等 100%需要经过热处理，才会具有比较好的使用性能。

③ 在机械行业的各个领域应用非常广泛。

金属热处理具有能耗高、污染严重的缺点，因此加强热处理的环保及节能措施，是制造业中的重要环节。目前在热处理工业中，加强专业化生产，采用高新工艺技术，不断提高环保及节能意识，势在必行。

5.2　钢的热处理

5.2.1　普通热处理设备

普通热处理设备一般是指常用的热处理加热和保温设备。目前，常用的普通热处理设备主要有箱式电炉、井式电炉、盐浴炉等，如图 5-1 所示。

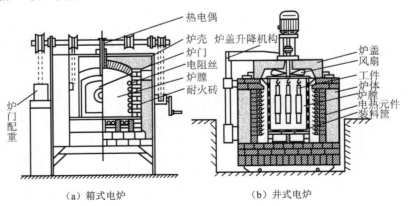

（a）箱式电炉　　　　　　　　（b）井式电炉

图 5-1　常用的热处理加热炉

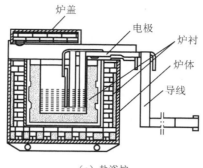

（c）盐浴炉

图 5-1　常用的热处理加热炉（续）

（1）箱式电炉：采用电阻丝为加热元件，加热介质为空气，最高使用加热温度为 950℃。若采用硅碳棒为加热元件，最高使用温度可达 1300℃。电阻加热炉的温度，一般用热电偶和温度控制仪表等进行控制。

（2）井式电炉：主要用于轴杆类零件的吊装热处理作业。主要目的是防止工件变形。

（3）盐浴炉：主要用于工具钢类零件的加热热处理，加热介质一般选择化学性能较稳定的熔盐。这种方法加热迅速、均匀，炉温控制准确。在熔盐中定期加入脱氧剂，可以防止碳钢氧化。

5.2.2　热处理的基本工艺

热处理的工艺方法主要有普通热处理和表面热处理。其中应用最广泛的主要是普通热处理。

普通热处理主要有退火、正火、淬火和回火 4 种常用方法，如图 5-2 所示。

1．退火

将钢加热到适当温度，保温一定的时间后缓慢冷却的工艺方法称为退火。

（1）完全退火。对于中低碳钢加热到完全

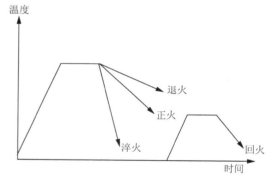

图 5-2　热处理工艺示意图

奥氏体状态，温度为 Ac_3（指亚共析钢的相变温度）以上 30～50℃，保温一定时间后缓冷到室温，获得接近平衡态组织的热处理工艺方法。主要适用于亚共析钢。目的是消除锻件和铸件的表面硬化现象，降低硬度，消除残余应力，从而改善切削加工性能。

（2）去应力退火。将钢加热到 Ac_1 线以下某一温度，一般为 500～600℃，保温后缓冷的工艺方法。主要目的是消除焊接、铸造、锻造和机械加工过程中产生的应力。其中，Ac_1 线指钢的共析变转变温度 723℃；Ac_3 线指亚共析钢的相变温度线。

（3）再结晶退火。工件在经过一定量的冷塑性变形后，在晶粒内部产生大量的晶格畸变和错位等，从而导致硬度、强度的升高和塑性的降低，即产生加工硬化现象，同时还残存了很大的内应力。这样就给进一步塑性变形带来了困难。若将这样的钢材加热到一定温度以上（低于 Ac_1，一般为 600～700℃），会重新生核长大成均匀的晶粒，从而消除了加工硬化现象和残余应力，钢材又恢复了塑性变形的能力。这一现象称为再结晶。

2．正火

将钢加热到上临界点（亚共析钢为 Ac_3，过共析钢为 Ac_{cm}）以上适当温度，保温一定时间，然后在空气中冷却的工艺方法称为正火。其中，Ac_{cm} 线指过共析钢的相变温度线。

正火的目的如下。

（1）改善含碳量较低的钢材的切削性能。

（2）中碳结构钢要求不高时，可代替调质作为最终热处理，起到简化工艺的目的。

（3）消除过共析钢的网状渗碳物。

（4）消除缺陷、细化晶粒、改善组织，为最终热处理做准备。

正火的加热温度一般为：亚共析钢为 Ac_3+30～50℃；过共析钢为 Ac_{cm}+30～50℃。保温时间则要依据钢材种类、工件尺寸、装炉量、选用炉型等众多因素来确定。正火是在空气中冷却。由于空气的冷却能力较其他介质（如水、油）弱，因此工件在空气中的实际冷却速度受其自身的尺寸大小影响较大。大工件冷却慢，有时甚至接近退火的冷却速度，小工件则有可能接近淬火的速度。因此，正火后工件的组织和性能往往会在较大的范围内波动。有时根据要求亦可采取适当的方法予以调整，如大工件冷速不够，可采用加速空气的流动来提高冷速，小工件则可采用堆垛在一起的方法适当降低冷速等。

3．淬火

将钢加热到临界温度 Ac_3（亚共析钢）或 Ac_1（过共析钢）以上某一温度，保温一定时间，使之全部奥氏体化，然后以大于临界冷却速度冷到 Ms（250℃）以下发生马氏体转变的工艺方法称为淬火。

淬火的目的是使过冷奥氏体进行马氏体转变，得到马氏体组织，然后配合以不同温度的回火，来大幅度地提高钢的硬度、强度、耐磨性、疲劳强度及韧性等，从而满足各种机器零件和工具的不同使用性能要求。

淬火的加热温度一般为：亚共析钢 Ac_3+30～50℃；过共析钢 Ac_1+30～50℃。淬火加热温度的选择是根据钢的成分、组织和不同的性能要求来确定的。保温时间一般根据工件的有效截面厚度来计算，碳素结构钢为 1.2～1.5 分钟/mm，碳素合金钢为 1.5～1.8 分钟/mm。淬火所使用的冷却介质有水、油、盐或碱的水溶液等。根据工件的材料不同，所选用的冷却介质也不同。工件浸入冷却介质的方式不恰当，将造成冷却不均匀产生较大的内应力以及引起变形。根据工件形状不同，浸入冷却介质的方式也不同，如细长、轴类和薄而平的工件，应垂直浸入冷却介质；厚薄不均的工件，应先把厚的部分浸入冷却介质；凹型或带盲孔的工件，应将凹面或孔向上浸入冷却介质；薄壁环形工件必须沿轴线方向浸入冷却介质等。

4．回火

将淬火后的钢加热到 Ac_1 以下某一温度，保温一定时间后冷却（通常是缓冷）到室温的工艺方法称为回火。

回火的目的如下。

（1）消除淬火时产生的内应力，防止工件的变形和开裂。

（2）调整工件的力学性能。

在生产中根据对工件的力学性能要求的不同，回火主要分为以下三种。

① 低温回火（150～250℃）：通过低温回火，使工件在保持淬火后的硬度、强度的同时，部分消除工件的内应力。主要用于各种工具、刀具、模具和耐磨零件。硬度一般为 HRC58～64。

② 中温回火（250～450℃）：经过中温回火的工件具有很好的弹性。主要用于各类弹簧。硬度一般为 HRC35～45。

③ 高温回火（450～650℃）：经过高温回火的工件具有一定的硬度、强度，也具有良好的塑性和韧性，即有好的综合力学性能。主要用于各种轴类和重要的机械零件。硬度一般为 HRC20～35。

在热处理工艺中，通常把淬火后进行高温回火的工艺过程称为调质处理。经过调质处理，工件将具有良好的力学性能。

5.2.3　钢的表面淬火和化学热处理

生产中有些零件，如齿轮、花键轴、活塞销等，要求表面具有高硬度和耐磨性，心部具有足够的强度和一定的韧性，以同时满足零件承受冲击载荷和表面的耐摩擦性能的要求。为达到此目的，常采用表面热处理和表面化学热处理。

1．钢的表面淬火

将零件表面层快速加热到淬火温度后快速冷却，使零件表面层获得淬火马氏体，而心部仍保持原组织和性能的热处理工艺。

根据加热方式不同表面淬火可分为火焰加热表面淬火（淬透层一般为 2～6mm）和感应加热表面淬火（淬透层一般为 1.5～15mm）。

2．钢的化学热处理

将零件放在具有某种活性介质中加热、保温，使一种或几种元素渗入零件表层，以改变其表层化学成分和组织，从而改变表层性能。

根据渗入元素的不同，化学热处理可分为渗碳、渗氮、碳氮共渗、渗硼、渗铝等。

5.2.4　热处理新工艺简介

1．形变热处理

形变热处理是将塑性变形和热处理相结合，以获得形变强化和相变强化综合效果的工艺。这种工艺既可提高钢的强度，改善塑性和韧性，又可节能。如锻后余热淬火、热轧淬火等。

2．真空热处理

在低于一个大气压的环境中进行加热的热处理工艺，称为真空热处理。真空热处理可以避免零件氧化、脱碳，能达到光亮热处理的目的。其特点如下。

（1）热处理变形小可提高零件的表面力学性能。

（2）节省能源，减少污染。

但真空热处理设备造价较高，目前多用于模具、精密零件的热处理。

3．可控气氛热处理

为达到无氧化、无脱碳或按要求增碳，零件在炉气成分可控的加热炉中进行热处理，称为可控气氛热处理。它的主要目的是提高零件尺寸精度和表面质量，节约钢材，控制渗碳时渗层的碳浓度，而且可使脱碳零件重新复碳。

4．激光热处理

激光是一种具有极高能量密度、高亮度和方向性的强光源。激光热处理是以高能量激光为能源，以极快速度加热零件并自冷强化的热处理工艺。

激光热处理具有零件处理质量高、表面光洁、变形极小、无工业污染、易于实现自动化等特点，适于各种小型复杂零件的表面淬火，还可以进行局部表面和金化等。但是，激光器价格昂贵，生产成本高，生产不够安全等，故应用受到一定限制。

5．电子束表面淬火

电子束表面淬火是以电子枪发射的电子束作为热源轰击零件表面，以及快速度加热零件并自冷使零件表面强化的热处理工艺。

电子束的能量大大高于激光，而且能量的利用率可达 80%，高于激光热处理。电子束表面淬火质量高，零件基体性能几乎不受影响，是很有前途的热处理新技术。

能力测试题

1．钢铁材料为何要进行热处理？
2．常用的热处理设备有哪些？
3．普通热处理工艺包括哪些？分别在什么场合下使用？
4．钢的表面淬火可以获得什么性能？

第6章 钳工实习

6.1 概　　述

钳工主要是指利用台虎钳、各种手用工具和一些机械电动工具完成某些零件的加工，部件、机器的装配和调试以及各类机械设备的维护和修理工作的工种。

1. 钳工的特点

（1）加工灵活、方便，能够加工形状复杂、质量要求较高的零件。

（2）工具简单，制造刃磨方便，材料来源充足，成本低。

（3）劳动强度大，生产率低，对工人技术水平要求较高。

2. 钳工的专业分工

钳工按专业分为装配钳工、修理钳工、模具钳工、划线钳工、工具钳工等。

3. 钳工的基本操作

钳工的基本操作有：划线；锉削；錾削；锯削；钻孔、扩孔、锪孔、铰孔；攻螺纹、套螺纹；刮削；研磨；装配等。

4. 钳工的安全操作规程

（1）学生进行钳工实训前必须学习安全操作制度。

（2）进入车间实训必须穿戴好学校规定的劳保服装、工作鞋、工作帽等，长发学生必须将头发戴进工作帽中，不准穿拖鞋、高跟鞋、短裤或裙子进入车间。

（3）不准在车间内追逐、打闹、喧哗、听音乐、吃零食和接打手机。

（4）操作时必须思想集中，不准与别人闲谈。

（5）学生除在指定的设备上进行操作外，其他一切设备、工具未经同意不准擅自动用。

（6）设备使用前要检查，发现损坏或其他故障时应停止使用并报告指导教师。

（7）所用工具必须齐备、完好、可靠，才能开始工作。禁止使用有裂纹、带毛刺、手柄松动等不符合安全要求的工具，并严格遵守常用工具安全操作规程。

（8）要用刷子清理铁屑，不准用手直接清除，更不准用嘴吹，以免划伤手指和屑沫飞入眼睛。

（9）工作中注意周围人员及自身安全，防止因挥动工具、工具脱落、工件及铁屑飞溅造成伤害。

（10）使用台钻作业时，只能一人独立操作，严禁戴手套，工件应压紧，不得用手拿工件进行钻铰、扩孔。

（11）文明实习，工作场地要保持整洁，使用的工具、工件毛坯和原材料应堆放整齐。下班时应收拾清理好工具、设备，打扫工作场地，保持工作环境整洁卫生。

6.2 划 线

划线是根据图样的尺寸要求,用划线工具在毛坯或半成品上划出待加工部位的轮廓线(或称为加工界限)或作为基准的点、线的一种操作方法。只在工件的一个表面上划线称为平面划线,同时在工件的几个不同表面上划线称为立体划线,如图 6-1 所示。划线的精度一般为0.25～0.5mm。

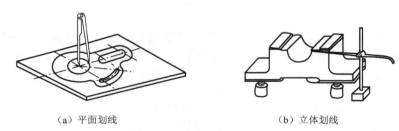

（a）平面划线　　　　　　　　　　（b）立体划线

图 6-1　划线

1. 划线的作用

（1）确定工件加工表面的加工余量和位置。

（2）检查毛坯的形状、尺寸是否合乎图纸要求。

（3）合理分配各加工面的余量。

划线不仅能使加工有明确的界限,而且能及时发现和处理不合格的毛坯,避免造成损失。而在毛坯误差不太大时,往往又可依靠划线的借料法予以补救,使零件加工表面仍符合要求。对划线的要求是:尺寸准确、位置正确、线条清晰、冲眼均匀。

2. 划线的工具

（1）划线平板。平板是划线的基本工具,它是放置工件和划线工具的,并且划线的过程须在其工作面上完成。划线平板由铸铁制成,工作平面是划线的基准平面,要求非常平直和光洁,如图 6-2 所示。使用时要安放平稳牢固、上平面应保持水平;工作部分要均匀使用,以免局部磨损过量;平板不准碰撞和用锤敲击,以免使其精度降低;长期不用时,应涂油防锈,并加盖保护罩。

图 6-2　划线平板

（2）划针和划线盘。划针是划线的基本工具,如图 6-3 所示。划针一般用 $\phi 3\sim 5$mm 的弹簧钢丝或高速钢制成,端头淬火,磨成 15°～20°,使用时划针要紧靠导向工具的边缘,上部向外倾斜 15°～20°,向划线方向倾斜 45°～75°。划线时用力要均匀,尽量做到一次划成,保证线条清晰、准确。

划线盘是安装划针的工具,多用于立体划线和校正工件位置,如图 6-4 所示。用划针盘的划针划线时,划针要装夹牢固,伸出长度要短,底座要始终保持与划线平板紧贴,不要晃动,划针与划线表面保持 30°～60°,以便划线减小阻力和使划线清晰。

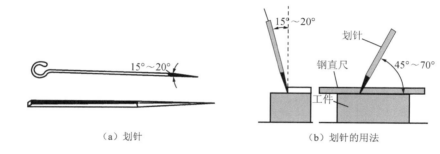

（a）划针 （b）划针的用法

图 6-3 划针和其用法

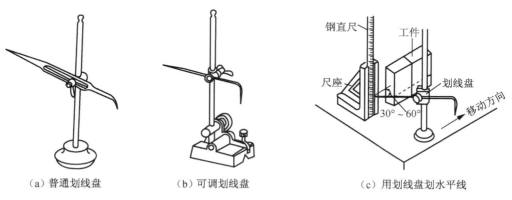

（a）普通划线盘 （b）可调划线盘 （c）用划线盘划水平线

图 6-4 划线盘及其使用

（3）划规和划卡。划规是用来划圆和圆弧、等分线段、等分角度、量取尺寸的工具，如图 6-5 所示。

划卡是用来确定轴及孔的中心位置、划平行线的工具，如图 6-6 所示。

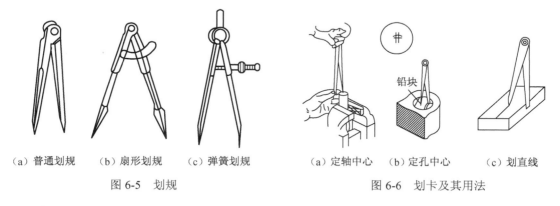

（a）普通划规 （b）扇形划规 （c）弹簧划规 （a）定轴中心 （b）定孔中心 （c）划直线

图 6-5 划规 图 6-6 划卡及其用法

（4）样冲。样冲是用于在工件划线点上打出样冲眼的工具，如图 6-7 所示。以备所划线模糊后仍能找到原划线的位置；在划圆和钻孔前应在其中心打样冲眼，以便定心，如图 6-8 所示。样冲常用工具钢制成，尖端要淬火。

（5）千斤顶。千斤顶是用来支撑毛坯或不规则工件进行划线的工具，通常为三个一组，其高度可以调整，如图 6-9 所示。

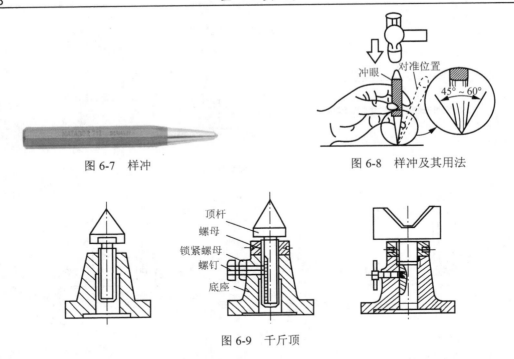

图 6-7 样冲

图 6-8 样冲及其用法

图 6-9 千斤顶

（6）V 形块。V 形块是用来支撑圆柱形工件进行划线和测量的工具，一般配合平板、高度尺、划线盘等，常成对使用，如图 6-10 所示。

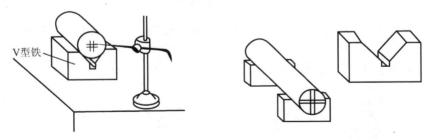

图 6-10 V 形块

（7）方箱。划线方箱是一个空心的立方体或长方体。相邻平面互相垂直，相对平面互相平行，用铸铁制成。方箱可以夹持较小的工件，通过翻转方箱，可把工件上互相垂直的线在一次安装中全部划出，如图 6-11 所示。

图 6-11 方箱

（8）角度规。角度规是主要用于划角度线的工具，如图 6-12 所示。

图 6-12　角度规及其用法

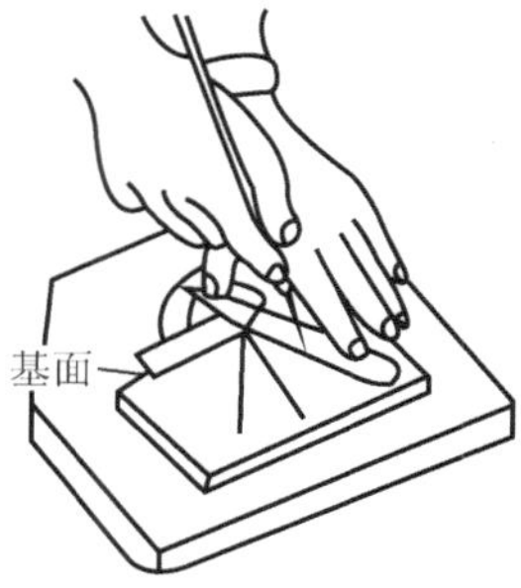

（9）高度游标卡尺。高度游标卡尺是在平板上，配合一些辅助工装进行测量复杂零部件的重要量具，可测量高度尺寸、可用于划线。使用时装上杠杆百分表可进行测量；装上刀头可进行划线，如图 6-13 所示。

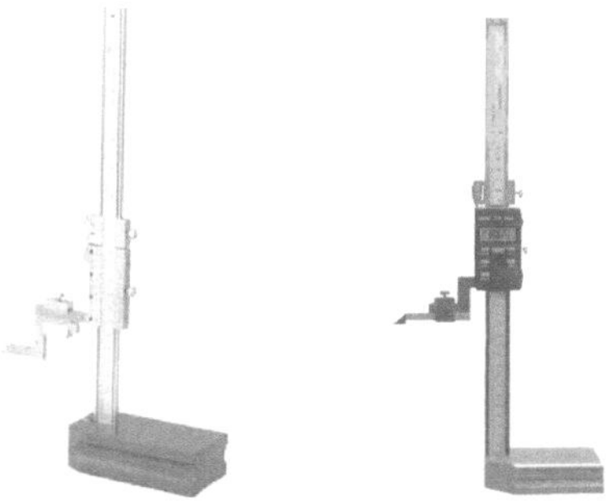

图 6-13　高度游标卡尺

3．划线的步骤和方法

（1）平面划线方法与步骤。

① 根据图样要求，选定划线基准。

② 清理工件表面。

③ 在零件上划线部位涂上一层薄而均匀的涂料（即涂色），使划出的线条清晰可见。一般在铸、锻毛坯件上涂石灰水，小的毛坯件上也可以涂粉笔等。

④ 划出加工界限（直线、圆及连接圆弧）。

⑤ 在划出的线上打样冲眼。

（2）立体划线方法与步骤。它和平面划线有许多相同之处，如划线基准一经确定，其后的划线步骤大致相同。它们的不同之处在于一般平面划线应选择两个基准，而立体划线要选择三个基准，如图 6-14 所示。以滑动轴承座为实例进行划线。

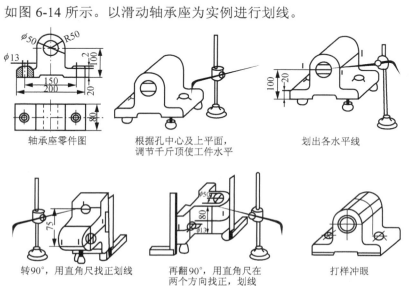

| 轴承座零件图 | 根据孔中心及上平面，调节千斤顶使工件水平 | 划出各水平线 |

| 转90°，用直角尺找正划线 | 再翻90°，用直角尺在两个方向找正，划线 | 打样冲眼 |

图 6-14　立体划线示例

4．划线操作时的注意事项

（1）看懂图样，了解零件的作用，分析零件的加工顺序和加工方法。

（2）工件夹持或支承要稳妥，以防滑倒或移动。

（3）在一次支承中应将要划出的平行线全部划全，以免再次支承补划，造成误差。

（4）正确使用划线工具，划出的线条要准确、清晰。

6.3　鏨　削

用锤子打击鏨子对金属工件进行切削加工的方法称为鏨削。它的工作范围主要是去除毛坯上的凸缘、毛刺、分割材料、鏨削平面及油槽等，经常用于不便于机械加工的场合。鏨削操作方便、工具简单，但是劳动强度大，工作率低。

6.3.1　鏨削的工具

1．鏨子

鏨子一般由碳素工具钢制成，刃部经过热处理淬硬。鏨子根据其切屑刃的形状可分为扁鏨、窄鏨、油槽鏨三种，如图 6-15 所示。鏨子的长度为 125～150mm，扁鏨切屑刃的长度为 10～15mm，窄鏨的切屑刃大约 5mm，油槽鏨切屑刃较短，且做成半圆形，切屑部分制成弯曲形，便于油槽的鏨削。鏨子在鏨削过程中有损伤时要及时刃磨，如图 6-16 所示。

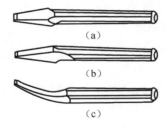

（a）

（b）

（c）

图 6-15　鏨子种类

图 6-16　鏨子刃磨

2．手锤

手锤由锤头、锤柄和楔子三部分组成，如图 6-17 所示。锤头多用碳素工具钢制成，经淬硬处理，锤头的质量多有 0.25kg、0.5kg 和 1kg 等几种。锤柄多用木头和橡胶做成，锤柄的长度为 300～450mm。

楔子

图 6-17　手锤

6.3.2　鏨削的操作方法

（1）鏨削时必须注意操作的站立位置，并注意适当调整。

（2）錾子的握法要正确，錾子的握法有正握法、反握法和立握法三种，常采用正握法。

（3）注意选择錾削角度，在錾削时，錾子与工件之间形成了适当的切削角度，这样才能获得较好的錾削工作面。

（4）手锤的握法要正确，挥锤的方法和力度要合理。手锤的握法有紧握法和松握法，常用松握法。挥锤的方法有腕挥、肘挥和臂挥三种，常采用肘挥进行錾削，如图6-18所示。

（a）腕挥　　　（b）肘挥　　　（c）臂挥

图6-18　挥锤方法

6.3.3　錾削的操作步骤

1. 起錾

应将錾子握好稍有向下倾斜，使錾刃切入工件，如图6-19（a）所示。

2. 錾削

錾削时应保持錾子的正确位置和錾削方向。錾削分为粗錾和细錾。粗錾时用力大点，细錾时用力要轻些，如图6-19（b）所示。

3. 錾出

当錾刃接近工件尽头时，应调转錾削方向，从另一端錾去余下部分。以免损坏工件边缘，如图6-19（c）所示。

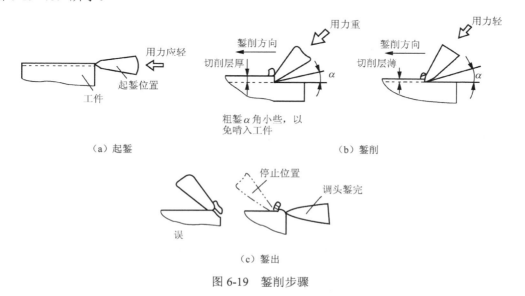

（a）起錾　　　　　　　（b）錾削

（c）錾出

图6-19　錾削步骤

　　錾削薄料时如材料较小可在台虎钳上錾削，如图 6-20 所示。如材料较大，可在平板或铁砧上进行錾削，如图 6-21 所示。为避免碰伤錾刃和平板可在材料下垫上废旧软铁。錾削较窄平面时，应使用扁錾，錾削余量每次为 0.5～2mm，为使錾出的表面较平整，錾削时要保证一定角度，如图 6-22 所示。錾削较宽平面时，先用窄錾在工件上錾出平行槽，再用扁錾将剩余的部分錾去、錾平，如图 6-23 所示。錾削沟槽时先在工件上划线，再用油槽錾进行錾削，錾削完毕后，为保证錾削的沟槽光滑，应用刮刀或砂布等去除毛刺，如图 6-24 所示。

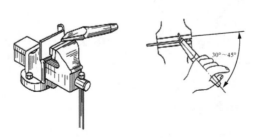 

图 6-20　在台虎钳上錾切板料　　　　　　图 6-21　在铁砧上錾切板料

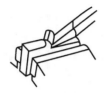 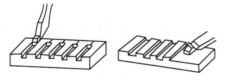 

图 6-22　錾窄平面　　　　　图 6-23　錾宽平面　　　　　图 6-24　錾油槽

6.3.4　錾削操作的注意事项

（1）工件装夹必须牢固，以免錾削时松动。
（2）手锤和锤柄之间不允许松动，以防锤头脱落。
（3）手锤和錾子头部不得有油，以免錾削时打滑。
（4）錾子头部如有毛边，应及时磨掉，以免錾削时手锤偏斜而伤手。
（5）錾削用的工作台必须有隔离网，以防錾屑飞出伤人。

6.4　锯　　　削

　　锯削是使用手锯对材料或工件进行切断或切槽的加工方法。
　　锯削具有操作方便、简单和灵活的特点。锯削精度低，常需进一步加工。

6.4.1　手锯

　　手锯由锯弓和锯条两部分组成。
　　（1）锯弓是用来夹持和拉紧锯条的，有固定式和可调式两种，如图 6-25 所示。
　　（2）锯条是用碳素工具钢（如 T10 或 T12）或合金工具钢制成的，并经热处理淬硬。锯条的规格以锯条两端安装孔间的距离来表示（长度为 150～400mm）。常用的锯条长 300mm、宽 12mm、厚 0.8mm。锯条的切削部分由许多锯齿组成，每个齿相当于一把錾子起切割作用。锯条的锯齿按一定形状左右错开，排列成一定形状称为锯路。锯路有交叉、波浪等不同排列形状，如图 6-26 所示。锯路的作用是使锯缝宽度大于锯条背部的厚度，防止锯割时锯条卡在锯缝中，并减少锯条与锯缝的摩擦阻力，使排屑顺利，锯割省力。

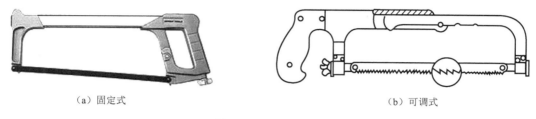

（a）固定式   （b）可调式

图 6-25　锯弓的结构

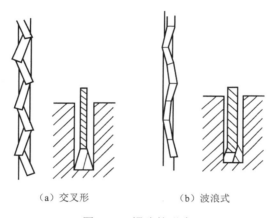

（a）交叉形   （b）波浪式

图 6-26　锯路的形式

锯齿的粗细是按锯条上每 25mm 长度内齿数表示的。14～18 齿为粗齿，24 齿为中齿，32 齿为细齿。锯齿的粗细也可按齿距 t 的大小来划分：粗齿的齿距 $t=1.6$mm，中齿的齿距 $t=1.2$mm，细齿的齿距 $t=0.8$mm。

锯条的粗细应根据加工材料的硬度、厚薄来选择。锯割软的材料（如铜、铝合金等）或厚材料时，应选用粗齿锯条，因为锯屑较多，要求较大的容屑空间。锯割硬材料（如合金钢等）或薄板、薄管时，应选用细齿锯条，因为材料硬，锯齿不易切入，锯屑量少，不需要大的容屑空间；锯薄材料时，锯齿易被工件勾住而崩断，需要同时工作的齿数多，使锯齿承受的力量减少；锯割中等硬度材料（如普通钢、铸铁等）和中等硬度的工件时，一般选用中齿锯条。

6.4.2　锯削操作的基本方法

（1）锯条的安装。安装锯条时要保证锯齿朝前，锯条的松紧在安装时要控制适当，太紧了，使锯条受力过大，锯削时稍有卡阻而产生弯折，锯条就很容易崩断；太松了，锯削时锯条容易扭曲，不但容易折断，而且锯缝容易歪斜，如图 6-27 所示。

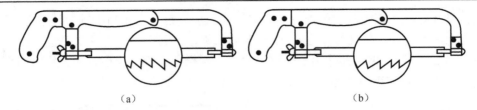

（a）　　　　　　　　　　　　　　（b）

图 6-27　锯条的安装

（2）工件的装夹。锯削时工件一般装夹在台虎钳的左面，工件伸出钳口不应过长，应使锯缝离钳口 10～20mm，锯缝线要与钳口侧面保持平行，夹紧要牢靠，但应注意避免将工件夹得变形和夹伤工件表面。

（3）握锯及锯削的站立姿势。握锯方法：右手握锯柄，左手轻扶弓架前端。站立位置及锯削姿势如图 6-28 所示。

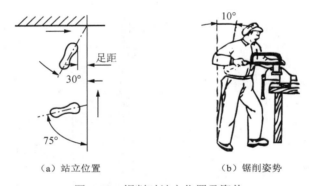

（a）站立位置　　　　　　　　（b）锯削姿势

图 6-28　锯削时站立位置及姿势

（4）起锯和锯削。为了使起锯的位置准确和平稳，可用左手大拇指挡住锯条来定位。起锯时压力要小，往返行程要短，速度要慢，这样可使起锯平稳。起锯角 α 应不大于 15° 为宜，起锯分为远起锯和近起距，如图 6-29 所示。锯削时推力和压力由右手控制，左手压力不要过大，主要配合右手扶正锯弓，锯弓向前推出时加压力，回程时不加压力，在零件上轻轻滑过。锯削往复运动速度应控制在 40 次/min 左右。锯削时最好使锯条全部长度参加切削，一般锯弓的往返长度不应小于锯条长度的 2/3。

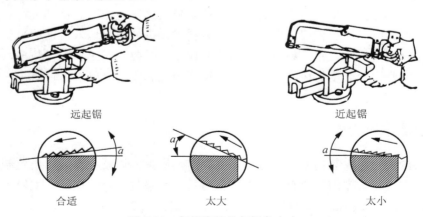

远起锯　　　　　　　　　　　　　　近起锯

合适　　　　　　　太大　　　　　　　太小

图 6-29　起锯姿势及起锯角大小

6.4.3 各种材料的锯削方法

（1）棒料的锯削。锯削棒料时，如果要求锯出的断面比较平整，则应从一个方向起锯直到结束，称为一次起锯。若对断面的要求不高，为减小切削阻力和摩擦力，可以在锯入一定深度后再将棒料转过一定角度重新起锯。如此反复几次从不同方向锯削，最后锯断，称为多次起锯。显然多次起锯较省力。

（2）管子的锯削。若锯薄管子，应使用两块木制 V 形或弧形槽垫块夹持，以防夹扁管子或夹坏表面，如图 6-30 所示。锯削时不能仅从一个方向锯起，否则管壁易钩住锯齿而使锯条折断。正确的锯法是每个方向只锯到管子的内壁处，然后把管子转过一定角度再起锯，且仍锯到内壁处，如此逐次进行直至锯断。在转动管子时，应使已锯部分向推锯方向转动，否则锯齿也会被管壁钩住，如图 6-31 所示。

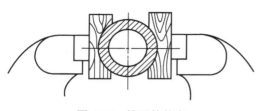

图 6-30 管子的装夹

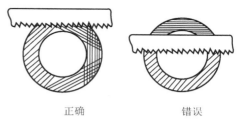

正确　　　　　错误

图 6-31 管子锯削

（3）薄板料的锯削。锯削薄板料时，可将薄板夹在两木垫或金属垫之间，连同木垫或金属垫一起锯削，这样既可避免锯齿被钩住，又可增加薄板的刚性，如图 6-32 所示。另外，若将薄板料夹在台虎钳上，用手锯作横向斜推，就能使同时参与锯削的齿数增加，避免锯齿被钩住，同时能增加工件的刚性，如图 6-33 所示。

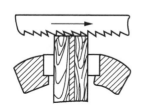

图 6-32 用木板夹紧锯割

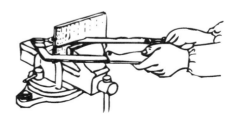

图 6-33 横向斜推锯割

（4）深缝的锯削。当锯缝的深度超过锯弓高度时，称这种缝为深缝。在锯弓快要碰到工件时，应将锯条拆出并转过 90°重新安装，或把锯条的锯齿朝着锯弓背进行锯削，使锯弓背不与工件相碰，如图 6-34 所示。

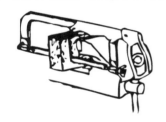

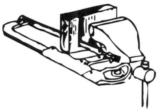

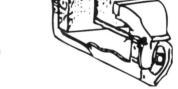

图 6-34 锯削深缝工件

6.4.4　锯条损坏的形式及产生原因

锯削时锯条损坏的形式有锯条崩齿、折断和磨损过快等几种，如表 6-1 所示。

表 6-1　锯条损坏的形式及产生原因

锯条损坏形式	产生原因
锯条崩齿	起锯角度过大，运弓歪扭
锯条折断	锯条装夹过紧或过松，工件未夹紧，强行纠正被锯歪的缝
锯条过快磨损	锯割速度过快

6.4.5　锯削的安全技术和注意事项

（1）锯条不可安装得过松或过紧。

（2）工件快要锯断时应减小压力，必须用手扶住被锯下部分，防止工件落下砸脚。

（3）重量较大的工件可原地加工，不必用台虎钳，若欲使用台虎钳，必须辅助支承，保证安全。

（4）锯削时要控制好用力，防止锯条突然折断、失控，使人受伤。

6.5　锉　　削

锉削是利用锉刀对工件材料进行切削加工的操作。其应用范围很广，可锉工件的外表面、内孔、沟槽和各种形状复杂的表面。锉削的主要刃具是锉刀。锉削的最高精度可达 IT7～IT8（0.01mm），表面粗糙度尺寸可达 Ra1.6～0.8μm。

6.5.1　锉刀

1．锉刀的材料及结构

锉刀由锉身和锉柄两部分组成。挫身用高碳钢（T12、T13 或 T12A、T13A）制成，并经热处理淬硬至 62～67HRC。锉刀的构造及各部分名称如图 6-35 所示。

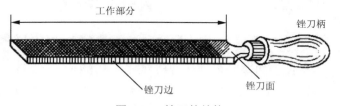

图 6-35　锉刀的结构

2．锉刀的分类

（1）按锉齿的大小分为粗齿锉、中齿锉、细齿锉和油光锉等。

（2）按齿纹分为单齿纹和双齿纹。

（3）普通锉按断面形状分为平锉、方锉、三角锉、半圆锉、圆锉，如图 6-36 所示。平锉用于锉平面、外圆面和凸圆弧面；方锉用于锉平面和方孔；三角锉用于锉平面、方孔及 60°以上的锐角；半圆锉用于锉平面、内弧面和大的圆孔；圆锉用于锉圆和内弧面。

（4）锉刀按用途不同又可分为以下几类。

普通锉（或称钳工锉）：使用最多。

异形锉：是用来锉削工件特殊表面用的，有刀口锉、菱形锉、扁三角锉、椭圆锉、圆肚锉等。

整形锉（或称什锦锉）：用于修整细小部分的表面，通常以 5 把、6 把、8 把、10 把或 12 把为一组。

（5）锉刀按工作部分长度分为 100mm、150mm、200mm、250mm、300mm、350mm 及 400mm 等七种。

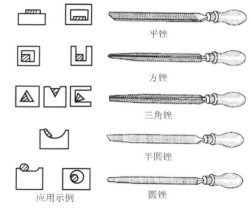

平锉

方锉

三角锉

半圆锉

应用示例   圆锉

图 6-36　锉刀的种类

3．锉刀的选择与保养

（1）锉刀根据工件形状和加工面的大小选择锉刀的形状和规格；根据加工材料软硬、加工余量、精度和表面粗糙度的要求选择锉刀的粗细。

粗锉刀齿距大，不易堵塞，适宜于粗加工（即加工余量大、精度等级和表面质量要求低）及铜、铝等软金属；细锉刀适宜加工钢和铸铁等；油光锉只用于精加工，最后表面的修光。

（2）为了延长锉刀的使用寿命，锉刀使用保养必须遵守下列原则。

① 不可用锉刀锉削铸、锻件毛坯的硬皮及淬硬的表面，否则锉齿很快磨损而丧失锉削能力。

② 新锉刀应先用一面，用钝后再用另一面，千万不要用锉刀锉锉刀。

③ 若有锉屑嵌在锉纹中，应及时使用钢丝刷，顺着锉纹方向将锉屑清除。

④ 锉刀严禁蘸水、蘸油。锉削时不要用手摸锉刀面，防止锉削时打滑及加快对锉刀锈蚀。

⑤ 锉刀不能重叠堆放，不能与其他硬物碰撞，以免锉齿损坏。

⑥ 不可用锉刀代替其他工具，敲击或撬动工件。使用整形锉用力不可过猛，以防锉刀折断。

6.5.2　锉削的基本操作

1．锉刀的握法和锉削姿势

（1）较大平锉握法。右手掌心顶住锉刀柄，大拇指按在锉刀柄上部，其余手指满握刀柄，左手掌压在锉刀尖端（也可压稍后一点），手指略收，左手肘与锉刀轴线约呈 45° 角。

（2）中型锉刀握法。右手与握大锉刀相同，左手几个手指捏住锉刀尖端。

（3）小锉刀握法。右手可与握大、中锉刀相同，左手用几个手指压住锉刀面。

（4）圆形、方形锉刀握法。右手与握小锉刀相同，也可将食指放在锉刀柄上面，左手几个手指捏刀尖，如图 6-37 所示。

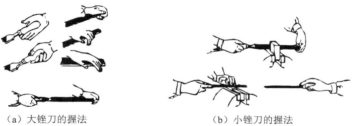

（a）大锉刀的握法　　　　（b）小锉刀的握法

图 6-37　锉刀的握法

注意：所有握法都要自然放松，肘不要抬得过高。

锉削时人的站立位置与锯削相似，锉削操作姿势如图 6-38 所示。身体重量放在左脚，右膝要伸直，双脚始终站稳不移动，靠左膝的屈伸而作往复运动。开始时，身体向前倾斜 10° 左右，右肘尽可能向后收缩。在最初 1/3 行程时，身体逐渐前倾至 15° 左右，左膝稍弯曲。其次 1/3 行程，右肘向前推进，同时身体也逐渐前倾到 18° 左右。最后 1/3 行程，用右手腕将锉刀推进，身体随锉刀向前推的同时自然后退到 15° 左右的位置上，锉削行程结束后，把锉刀略提起一些，身体姿势恢复到起始位置。锉削过程中，两手用力也时刻在变化。开始时，左手压力大推力小，右手压力小推力大。随着推锉过程，左手压力逐渐减小，右手压力逐渐增大。锉刀回程时不加压力，以减少锉齿的磨损。锉刀往复运动速度一般为 30～40 次/min，推出时慢，回程时可快些。

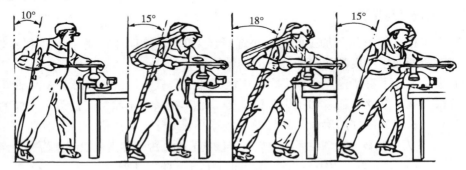

图 6-38 锉削姿势

2. 锉削方法

（1）平面锉削。锉削平面的方法有顺向锉、交叉锉、推锉三种。

① 顺向锉是顺着同一方向对工件进行锉削的方法，如图 6-39（a）所示。顺向锉可得到正直的锉痕，比较整齐美观，适用于锉削不大的平面和最后的锉光。

② 交叉锉是锉削时锉刀从两个交叉的方向对工件表面进行锉削的方法，如图 6-39（b）所示。交叉锉时锉刀与工件的接触面增大，锉刀容易掌握平衡。交叉锉法只适用于粗锉，精加工时要改用顺向锉法。

③ 推锉是用两手对称的横握锉刀，用两大拇指推动锉刀顺着工件长度方向进行锉削的一种方法，如图 6-39（c）所示。推锉法切削效率不高，常用在加工余量较小和修正尺寸时采用。

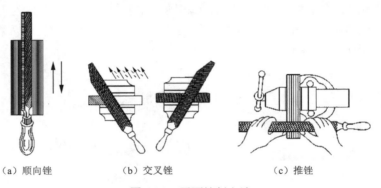

（a）顺向锉　　　　　（b）交叉锉　　　　　（c）推锉

图 6-39 平面锉削方法

（2）弧面锉削。外圆弧面一般可采用平锉进行锉削，常用的锉削方法有顺锉法和滚锉法两种，如图 6-40 所示。

（a）顺锉法　　　　　　　　　（b）滚锉法

图 6-40　圆弧面锉削方法

6.5.3　锉削的注意事项

（1）不使用无柄或柄已裂开的锉刀，防止刺伤手腕。
（2）不能用嘴吹铁屑，防止铁屑飞进眼睛。
（3）锉削过程中不要用手抚摸锉面，以防锉时打滑。
（4）锉面堵塞后，用铜锉刷顺着齿纹方向刷去铁屑。
（5）锉刀放置时不应伸出钳台以外，以免碰落砸伤脚。

6.6　钻孔、扩孔和铰孔

用钻头在实体材料上进行孔加工的方法称为钻孔。钻孔时，钻头装在钻床（或其他机械）上，依靠钻头与工件之间的相对运动来完成切削加工。在钻床上钻孔时，钻头的旋转运动为主运动；钻头的直线移动为进给运动。扩孔是对工件上已有的孔再进行扩大，常作为孔的半精加工，也普遍用做铰孔前的预加工。铰孔是用铰刀对已钻出的孔进行精加工的方法。钳工的钻孔、扩孔、铰孔多在钻床上进行，如图 6-41 所示。

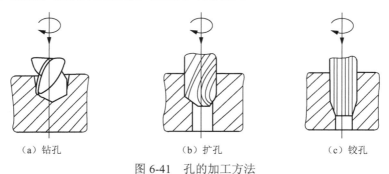

（a）钻孔　　　　　　　　（b）扩孔　　　　　　　　（c）铰孔

图 6-41　孔的加工方法

6.6.1　钻削设备和工具

1. 钻床

钻床是钳工的主要设备，在钻床上可以完成钻孔、扩孔和铰孔等加工，常用的钻床有台式钻床、立式钻床和摇臂钻床等。

（1）台式钻床。台式钻床是一种小型钻床，一般安装在钳工工作台上，主要用来加工孔径在 13mm 以下的小型工件的孔，如图 6-42（a）所示。

（2）立式钻床。立式钻床又称为立钻，一般用于中型工件上的钻孔和其他孔加工，如图 6-42（b）所示。

（3）摇臂钻床。摇臂钻床适用于对大中型工件在同一平面内，不同位置的单孔或多孔的加工，如图 6-42（c）所示。

（a）台式钻床　　　　　　（b）立式钻床　　　　　　（c）摇臂钻床

图 6-42　钻床的种类

2. 钻头

钻头是钻孔的主要刃具，常用高速工具钢制造。常用的有麻花钻、扁钻深孔钻和中心钻等。其中麻花钻应用最广。麻花钻由柄部、颈部及工作部分组成，柄部是供装夹用，并传递机械动力，柄部有锥柄和柱柄两种，如图 6-43 所示。一般直径大于 13mm 的钻头做成锥柄，13mm以下的钻头做成柱柄。颈部是制造钻头时提供砂轮磨削用的退刀槽，其上一般刻印商标、规格等内容。工作部分由导向部分和切削部分组成。导向部分是指切削部分与颈部之间的部分，钻孔时起引导钻头方向、排除切屑和输送切削液。切削部分主要担负切削作用。

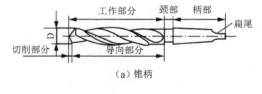

（a）锥柄

（b）直柄

图 6-43　麻花钻的组成

麻花钻有两个前刀面，两个后刀面，两个副切削刃，一个横刃，如图 6-44 所示。几何角度主要有前角、后角、顶角等。其中顶角是两个主切削刃之间的夹角，一般取 116°～118°，如图 6-45 所示。

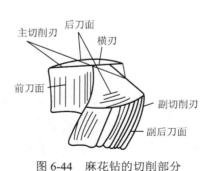

图 6-44　麻花钻的切削部分

图 6-45　标准麻花钻的切削角度

麻花钻的刃磨要求两条主切削刃要等长，否则在进行孔加工时，孔就会被扩大或歪斜，同时也会加剧钻头的磨损。麻花钻的刃磨方法是用两手握住钻头，右手缓慢地使钻头绕自身的轴线向下向上转动，同时施加适当的刃磨压力，刃磨过程中要经常蘸水冷却，以防止过热降低硬度。同时可用角度样板检查刃磨角度，如图 6-46 所示。

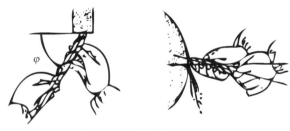

图 6-46　麻花钻的刃磨方法

3．钻孔夹具

（1）钻头夹具。常用的有钻夹头（图 6-47）和钻套（图 6-48）。

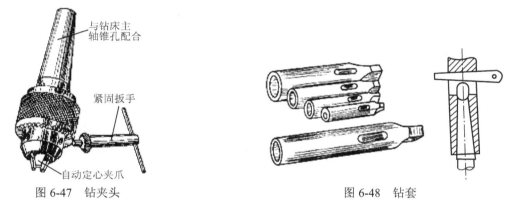

图 6-47　钻夹头　　　　　　　　　　　　　图 6-48　钻套

钻夹头主要用于装夹直径不大于 13mm 的直柄钻头。柄部为圆锥面，可与钻床主轴锥孔配合安装，头部三个夹爪可同时张开和合拢，便于钻头的装夹和卸下。

钻套适用于装夹圆锥柄钻头，钻套内外都有锥度，内锥孔用来装夹钻头锥柄，外锥面装在钻床主轴锥孔内。其按外锥锥度的不同分为 5 个号，使用时根据钻头锥柄和钻床主轴锥孔锥度来选择钻套。

（2）装夹工件夹具。常用的夹具有手虎钳、平口钳、V 形架和压板等，如图 6-49 所示。加工薄壁小孔工件用手虎钳夹持；加工中小型平整工件可用平口钳夹持；加工圆柱形工件可用 V 形架夹持；加工较大型工件时可用压板和螺栓将工件直接夹持在钻床工作台上。

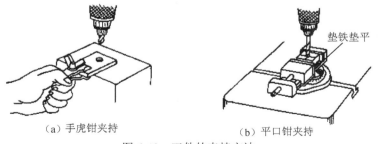

（a）手虎钳夹持　　　　　　　　　　（b）平口钳夹持

图 6-49　工件的夹持方法

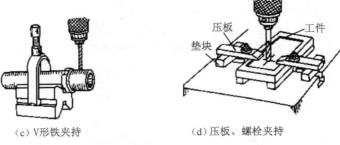

（c）V形铁夹持　　　　　　　　　（d）压板、螺栓夹持

图 6-49　工件的夹持方法（续）

6.6.2　钻孔的方法

（1）按划线位置钻孔。钻孔工件上的孔径圆需打上样冲眼作为加工界线，应在定中心的位置打上较大样冲眼，如图 6-50 所示。钻孔时应进行试钻，用钻头尖在孔的中心钻一浅孔（约占孔径的 1/4 左右），检查孔的中心是否正确。如发现偏心要及时纠正，偏离较小时，可以采用样冲将中心冲大矫正，偏离较大时，可用窄錾沿偏斜相反方向那一边錾低一些，便可逐渐将偏斜部分矫正过来，如图 6-51 所示。

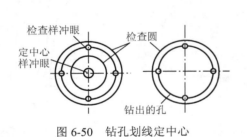

图 6-50　钻孔划线定中心　　　　　　　　　图 6-51　钻孔钻偏时的纠正方法

（2）钻通孔。在孔将被钻通时，进给量要减小，以防钻头摆动，影响钻孔质量和发生安全事故。

（3）钻盲孔。要注意掌握钻削深度，以免将孔钻深了出现质量事故。控制钻孔深度的方法有：调整好钻床上深度标尺挡块；安置控制长度量具或用粉笔做标记等。

（4）钻深孔与钻孔径较大的孔。当孔的深度大于孔径 3 倍时，即为深孔。钻深孔时注意要经常退出钻头及时排屑和冷却，否则容易造成切屑堵塞或使钻头过度磨损甚至折断，影响孔的加工质量。钻孔径较大的孔时，钻头直径 D 较大时（大于 30mm）应分两次钻削。应先用 5/10～7/10 孔径的较小钻头钻一小孔，然后再用直径 D 的钻头扩孔，这样可以减小切削力和提高钻孔质量。

（5）钻硬材料上的孔。钻硬材料上的孔时，钻速不能过高，进给量要均匀，要加切削液，在孔将要钻通时，应注意降低速度和进给量。

（6）钻斜面上的孔。为了在斜面上钻出合格的孔可用立铣刀或錾子在斜面上加工出一个小平面，然后先用中心钻或小直径钻头在小平面上钻出一个锥坑或浅坑，最后用合适直径的钻头钻出符合要求的孔。

（7）钻削时冷却、润滑液的使用。钻削时，钢件多用乳化液或机油进行冷却润滑；铝合金工件多用乳化液和煤油；铸铁工件用煤油。

6.6.3　扩孔

扩孔是用扩孔钻、麻花钻或锪钻扩大工件上已有孔的加工方法。其加工精度为 IT9～IT10，表面粗糙度 $Ra3.2～6.3\mu m$。扩孔钻结构如图 6-52 所示。扩孔钻和麻花钻有所不同，其有 3～4 条切削刃，钻心粗实，导向性能好，切削平稳，可提高孔的加工质量，也可以作为铰孔的预加工。

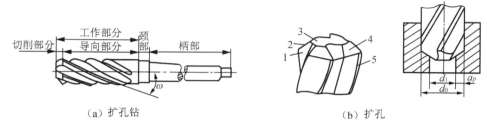

（a）扩孔钻　　　　　　　　　　　（b）扩孔

图 6-52　扩孔钻和扩孔

6.6.4　铰孔

用铰刀从工件孔壁上切除一层极薄的金属，以提高孔的尺寸精度和表面质量的加工方法，称为铰孔。一般铰孔精度可达 IT9～IT7，表面粗糙度值可达 $Ra3.2～0.8\mu m$。铰刀是尺寸精度较高的多刃刀具，有 4～12 条切削刃。铰刀由柄部、颈部和工作部分组成。按铰刀的使用方法可分为手用铰刀和机用铰刀，如图 6-53 所示；按铰刀的形状可分为圆柱铰刀和圆锥铰刀；按铰刀结构可分为整体式铰刀和可调节式铰刀；按切削部分的材料还可分为高速钢铰刀和硬质合金铰刀等。铰削加工（图 6-54）时，铰刀不能倒转，以免孔壁划伤或使刀刃崩裂。铰孔时要润滑冷却，铰铸铁孔用煤油，铰钢件和铜件孔用乳化液，这样会使孔壁更加光洁。

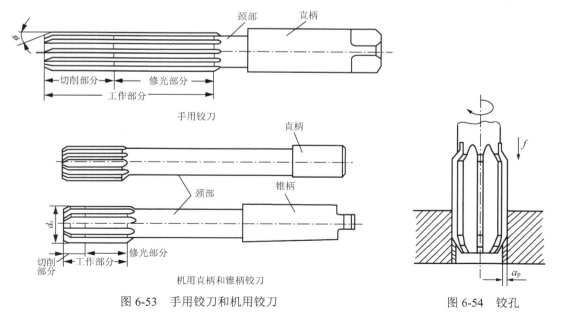

图 6-53　手用铰刀和机用铰刀　　　　　图 6-54　铰孔

6.6.5 钻削加工的注意事项

（1）钻床工作台上不得放置量具和其他物品，钻孔的工件要夹紧。

（2）钻孔时要戴工作帽，袖口要扎紧，不得戴手套，清理切屑要用刷子。

（3）孔将要钻通时，要减小进给量。

（4）钻床变速时要先停车。

6.7　攻螺纹和套螺纹

攻螺纹也称为攻丝，是指用丝锥在孔中切削出内螺纹；套螺纹也称为套丝，是指用板牙在圆杆上切削出外螺纹。

6.7.1 攻螺纹

1. 丝锥与铰杠

（1）丝锥。丝锥是加工内螺纹的刀具，其结构如图 6-55 所示。丝锥按使用方法不同可分为手用丝锥和机用丝锥。手用丝锥一般有三根，分别叫一锥、二锥和三锥，其一般用合金工具钢或碳素工具钢制成，而且尾部有方榫，用来传递扭矩。机用丝锥只有一根，一般用高速钢制成。

（2）铰杠。铰杠是用手工攻螺纹时用来夹持和转动丝锥的工具，其种类和形状如图 6-56 所示。

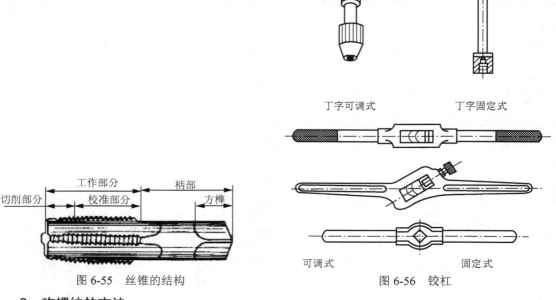

图 6-55　丝锥的结构

图 6-56　铰杠

2. 攻螺纹的方法

（1）钻螺纹底孔。攻螺纹前必须先钻底孔，底孔直径 d_0 的确定常用查表法或用下列经验公式计算：

钢料及韧性材料为　　　　$d_0=D-p$

铸铁及脆性材料为　　　　$d_0=D-（1.05\sim1.1）p$

式中　D——螺纹公称直径；

　　　p——螺距（mm）。

（2）用稍大于底孔直径的钻头或锪钻将孔口两端面倒角。

（3）先用头锥攻螺纹。开始攻时，要将丝锥垂直放在孔内，然后对丝锥轻压，顺时针转动铰杠攻入 1～2 圈，如图 6-57 所示。后用目测或使用角尺检查其垂直度，如图 6-58 所示。当形成几圈螺纹后，只要均匀转动丝锥铰杠，不施压，就能顺利攻入。每转动 1～2 圈后要倒转 1/4 圈，以便断屑和排屑。

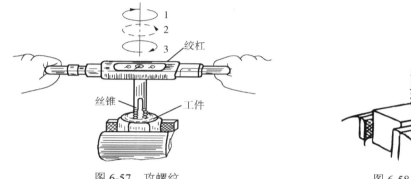

图 6-57　攻螺纹

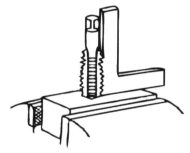

图 6-58　检查垂直度

（4）头锥攻完后反向退出，再继续依次使用二锥、三锥加工。使用二锥和三锥时，要先用手将丝锥旋入 2～3 圈定位扶正，再用铰杠转动攻入，不需加压。

（5）攻螺纹时要加润滑油，这样会使螺纹光洁。钢件材料攻螺纹时，应加机油或乳化液润滑，铸铁材料攻螺纹时可用煤油润滑。

6.7.2　套螺纹

1．板牙和板牙架

（1）板牙是加工外螺纹的刀具，用合金工具钢或高速钢制成，常用的是固定式圆板牙，其结构如图 6-59 所示。圆板牙两端的锥角部分是切削部分，板牙的中间一段是校准部分，也是套螺纹时的导向部分。

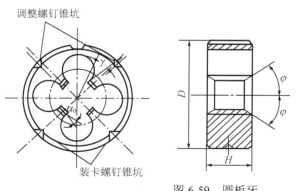

固定板牙

可调节圆板牙

图 6-59　圆板牙

（2）板牙架是用来夹持板牙、传递转矩的工具，如图 6-60 所示。板牙架外圆旋有四只紧定螺钉和一只调松螺钉。使用时，紧定螺钉将板牙紧固在架中，并传递套螺纹的转矩。

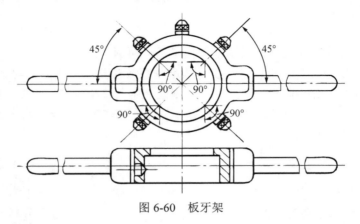

图 6-60　板牙架

2．套螺纹的方法

（1）套前首先确定圆杆直径，太大难以套入，太小形成不了完整螺纹，可按公式计算：

$$圆杆直径＝螺纹外径\ d－（0.13～0.2）螺距\ p$$

（2）套螺纹的圆杆要事先倒角（15°～20°），便于板牙顺利套入。

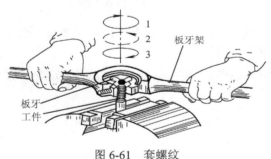

图 6-61　套螺纹

（3）套螺纹与攻螺纹相似，如图 6-61 所示。套螺纹时板牙端面要与圆杆中心保持垂直，以防偏斜，开始转动板牙时，要稍加压力均匀转动，转入几圈后，可只转动不加压。加工过程中，要经常反转，以便断屑。

（4）根据材料不同情况，选择冷却润滑液，以提高螺纹的加工质量和板牙的使用寿命；在钢制圆杆上套螺纹时要加机油润滑。

6.8　刮削和研磨

6.8.1　刮削

刮削是指用刮刀刮除工件表面薄层的加工方法。

1．刮削的作用和刮削的余量

（1）刮削的作用。刮削加工属于精加工的一种操作方法，通过刮削加工后的工件表面，由于多次反复地受到刮刀的推挤和压光作用，因此使工件表面组织变得比原来紧密，并得到较细的表面粗糙度。同时，由于刮削后的工件表面形成比较均匀的微浅凹坑，给存油润滑创造了良好的条件。刮削常用于机床导轨和滑行面之间、转动的轴和轴承之间的接触面、工具量具的接触面以及密封表面等。因此，在机械制造以及工具、量具制造或维修中，刮削是一种重要的加工方法。

（2）刮削的余量。刮削时，每次的切削量很少，一般为 0.05～0.4mm。具体数值根据工件刮削面积大小而定。如刮削面积大，加工误差就大，所留余量应大些；反之，余量小些。

2．刮削工具和显示剂

（1）刮刀。刮刀是刮削工作中的刀具，要求刀头部分具有较高的硬度，并能把刃口刃磨得很锋利。刮刀一般采用碳素工具钢 T10A、T12A 或弹性较好的滚动轴承钢 GCr15 锻制而成，并经热处理淬火和回火，使刀头硬度达到 60HRC 以上。刮刀可分为曲面刮刀和平面刮刀两种。平面刮刀（图 6-62）主要用来刮削平面和刮花，曲面刮刀主要用来刮削曲面。曲面刮刀形状较多，常用的有三角刮刀和蛇头刮刀如图 6-63 所示。

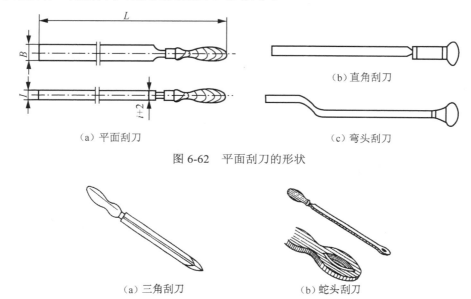

（a）平面刮刀　　　　　　　　（b）直角刮刀

（c）弯头刮刀

图 6-62　平面刮刀的形状

（a）三角刮刀　　　　　　　　（b）蛇头刮刀

图 6-63　曲面刮刀的形状

（2）校准工具。校准工具是在刮削过程中，用来研点和检查被刮表面准确性的工具，也称为研具。常用的有标准平板、平尺、角度平尺以及根据被刮面形状而设计制造的专用校准型板等，如图 6-64 所示。

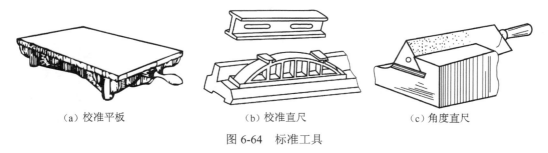

（a）校准平板　　　　　　　（b）校准直尺　　　　　　　（c）角度直尺

图 6-64　标准工具

（3）显示剂。为了显示工件表面的误差情况，工件与校准工具对研时，在其表面上所涂的有颜色的涂料，称为显示剂。常用的种类有红丹粉和蓝油两种。显示剂可以涂在工件表面上，也可以涂在校准工具的表面上。前者在工件表面上显示的结果是红底黑点，没有反光，容易看清，适用于精刮。后者只在工件表面的高处着色，研点暗淡，不易看清；但切屑不易黏附在刮刀的刀刃上，刮削方便，适用于粗刮。

3．刮削操作

（1）平面刮削的方法有手刮法和挺刮法两种。

挺刮法是将刮刀柄顶在小腹右下侧，双手握刀杆离刃口为 70～80mm 处，左手在前，右手在后。刮削时，左手下压，落刀要轻，利用腿和臂部力量使刮刀向前推挤，双手引导刮刀前进。在推挤后的瞬间，用双手将刮刀提起，工件表面被刮去一层薄金属并留下刀痕。如图 6-65（a）所示。

手刮法，右手握刀柄，左手四肢向下蜷曲握住刮刀进刀头 50mm 处，刮刀和刮面呈 25°～30° 角，刮削时，右臂利用上身摆动刮刀向前推进，同时左手下压，引导刮刀前进，当推进到所需的距离后，左手立即抬起，这样就完成了一次刮削动作，如图 6-65（b）所示。与挺刮法相比，手刮法动作灵活，但要求臂力大且加工余量不能过大。

（a）挺刮法

（b）手刮法

图 6-65　刮削姿势

（2）平面刮削的刮削步骤如下。

① 粗刮。粗刮是用粗刮刀在刮削面上均匀地铲去一层较厚的金属。目的是很快地去除刀痕、锈斑或过多的余量。采用连续推铲的方法，刀迹要连成长片，不重复，如图 6-66 所示。当粗刮达到每 $25 \times 25 \text{mm}^2$ 的面积内有 2～5 个研点，且分布均匀时，即可转入细刮。粗刮次数，一般 1～2 遍。研点和精度检验情形，如图 6-67 和图 6-68 所示。

图 6-66　粗刮方向

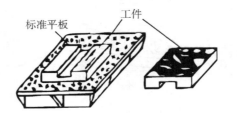
图 6-67　研点子

图 6-68　平面刮削精度检验

② 细刮。细刮是用细刮刀在刮削面上刮去稀疏的大块研点。目的是进一步改善不平现象，增加研点数。细刮采用短刮法，刀痕宽而短。加工到显示出的研点软硬均匀，平面研点每 $25 \times 25 \text{mm}^2$ 的面积内有 10～15 研点时，细刮结束。

③ 精刮。精刮是在细刮的基础上用精刮刀更仔细地刮削研点。目的是进一步增加研点数，改善表面质量，使刮削面符合精度要求。精刮时采用点刮法当研点逐渐增加到 $25 \times 25mm^2$ 面积内有 20 点以上时，可将研点分为三类，分别对待。最大研点全部刮去，中等研点只刮去顶部一小部分，小研点留着不刮。精刮常用于检验工具、精密导轨面、精密工具接触面的加工。

④ 刮花。刮花是在刮削面或机器外观表面上用刮刀刮出装饰性花纹。刮花的目的是为了刮削表面美观；又能使滑动表面之间造成良好的润滑条件；还可以根据花纹的消失情况来判断滑动表面的磨损程度。常见的花纹有斜花纹、鱼鳞花和半月形等，如图 6-69 所示。

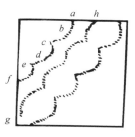

（a）斜花纹　　　　　　（b）鱼鳞花　　　　　　（c）半月形

图 6-69　刮花图案

（3）曲面刮削。要求较高的某些滑动轴承的轴瓦，通过刮削，可以得到良好的配合。曲面刮削中最典型的实例是滑动轴承的刮削，刮研时常用标准轴（又称为工艺轴）或与其相配的轴，作内曲面研点显示的校准工具，刮削时用三角刮刀，如图 6-70 所示。

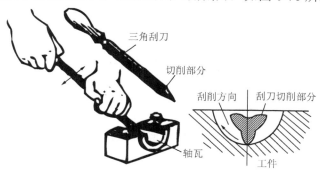

图 6-70　刮削轴瓦

4. 刮削精度检查和刮削操作的注意事项

（1）刮削精度检查。对刮削表面的质量要求，一般包括形状和位置精度、尺寸精度、接触精度及贴合程度和表面粗糙度等。最常用的检查方法是根据接触点的数目来判断，即将刮削表面与校准工具对研后，用 $25 \times 25mm^2$ 面积内的研点数多少来决定刮削精度的高低。

（2）刮削操作的注意事项。

① 工件的安放要安全，高度要适当，一般与腰部平齐。

② 刮削时用力要均匀，刮刀的角度、位置要准确，刮削方向要常调换，多次刮削，避免产生振痕。

③ 刮削工件边缘时，刮削方向不能与边缘垂直。

④ 涂抹显示剂要均匀而薄，薄厚不均会影响工件表面显示研点的正确性。

6.8.2 研磨

用研磨工具（研具）和研磨剂从工件表面磨掉一层极薄的金属，使工件获得精确的尺寸、形状和极小的表面粗糙度值的加工方法，称为研磨。

1．研磨的基本原理和作用

（1）研磨的原理。研磨是以物理和化学综合作用去除零件表层金属的一种加工方法。

① 物理作用：研磨时要求研具材料比被研的工件软。涂在研具表面上的研磨剂中的磨料，在受到压力后，有一部分会嵌入研具表面上形成无数切削刃。由于研具和工件的相对运动，半固定或浮动的磨粒则在工件和研具之间做运动轨迹不重复地滑动和滚动，因而对工件产生微量的切削作用，均匀地从工件表面切去一层极薄的金属。借助于研具精确的型面，而使工件逐渐地得到准确的尺寸精度和形位精度及极细的表面粗糙度。

② 化学作用：研磨剂中有的研磨剂能使工件起化学反应。如氧化铬、硬脂酸等化学研剂在研磨时，工件表面与空气接触，很快形成一层极薄的氧化膜，而氧化膜又很容易被磨粒磨掉，这就是研磨的化学作用。在研磨过程中，氧化膜迅速形成（化学作用），又不断地被磨掉（物理作用）。经过这样的多次反复，工件表面很快地达到预定要求。由此可见，研磨加工体现了物理和化学的综合作用。

（2）研磨的作用。

① 减小工件表面粗糙度值。

② 提高工件尺寸精度和形位精度。

2．研磨余量

因为研磨是微量切削，每研磨一次所能磨去的金属层不超过 0.002mm，因此，一般研磨余量在 0.005～0.03mm 之间比较适宜。

3．研具材料和研具类型

（1）研具材料。研具是保证研磨工件几何形状正确的几何工具。研具材料要求组织细致均匀，有较高的稳定性和耐磨性，具有较好的嵌存磨料的性能，工作面的硬度要低于工件表面的硬度。常用的研具材料有灰铸铁、球墨铸铁、软钢、铜等。

（2）研具的类型。常用的研具类型有研磨平板、研磨环和研磨棒等，如图 6-71 所示。

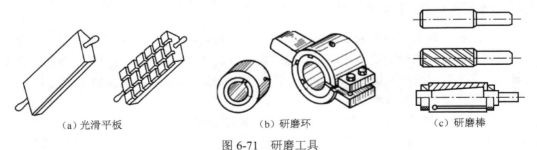

（a）光滑平板　　　　（b）研磨环　　　　（c）研磨棒

图 6-71　研磨工具

4．研磨剂

研磨剂是由磨料和研磨液调和而成的混合剂。

（1）磨料。磨料在研磨中起切削作用，研磨工作的效率、精度和表面粗糙度，都与磨料有密切的关系。常用的磨料有以下三种。

① 刚玉类磨料：主要用于合金工具钢、高速钢和铸铁工件的研磨。

② 碳化物磨料：多用于研磨硬质合金、陶瓷、硬铬之类的高硬度工件。

③ 金刚石磨料：具有优越的研削能力，尤其适合硬质合金、宝石、硬铬等高硬度工件的超精研磨加工。

（2）研磨液。在研磨加工中起到调和磨料、冷却和润滑作用。研磨液一般选择具有一定黏度和稀释能力、有良好的冷却和润滑作用以及对人体健康无害，对工件无腐蚀作用，且易于清洗。常用的研磨液有煤油、汽油、工业用甘油、20 号机油等。此外还可以根据需要在研磨液中加入适量的石蜡、油酸、脂肪酸等效果更好。

5．研磨方法

（1）一般平面研磨。把工件需研磨的表面贴合在上过料的研具上，沿研具的全部表面，用 8 字形或仿 8 字形以及螺旋形的运动轨迹进行研磨，如图 6-72 所示。一般研磨时，压力大小要适中，使工件受力均匀。速度也不应过快，手工研磨时，粗磨大约往复 40～60 次/分，精磨大约往复 20～40 次/次。

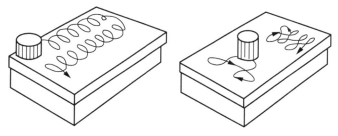

图 6-72 平面研磨轨迹

（2）狭窄平面研磨。窄平面研磨时为防止研磨平面产生倾斜和圆角，研磨时应用金属块做成"导靠"，如图 6-73（a）所示。采用直线形研磨轨迹。如工件数量较多，可采用螺栓或 C 形夹头将几块夹在一起进行研磨，这样既可以提高效率，又可使加工后的工件尺寸保持一致，如图 6-73（b）所示。

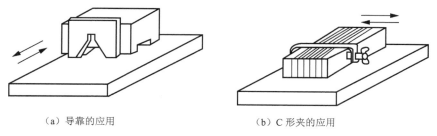

（a）导靠的应用　　　　　　　　　　（b）C 形夹的应用

图 6-73 狭窄平面研磨方法

（3）圆柱面研磨。圆柱面研磨一般以手工与机器配合的方法进行研磨。一般工件的转速，在直径小于 80mm 时为 100r/min；直径大于 100mm 时为 50r/min。研磨环的往复运动速度，可根据工件在研磨时表面上出现的网纹来控制。当出现 45°交叉网纹时，说明往复运动速度适宜，如图 6-74 所示。研磨圆柱孔时，研磨棒直径比工件小 0.01～0.02mm，棒长度比工件长 2～3 倍。圆锥面的研磨方法与圆柱面相同，但要用与工件尺寸相同的研磨棒或研磨环进行研磨。

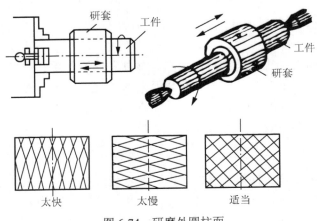

图 6-74　研磨外圆柱面

6.9　弯曲、矫正和铆接

6.9.1　弯曲

　　将各种原来平直的板料或型材弯曲成所需形状的工件，这种操作方法称为弯曲。弯曲是使材料产生塑性变形的过程。因此，只有塑性好的材料才能进行弯形。如图 6-75 所示，有一块钢板在外力作用下，然后使它弯曲变形。可见钢板弯曲后，它的外层材料因受拉力伸长（图中 e—e 和 d—d），内层材料缩短（图中 a—a 和 b—b），中间有一层材料（图中 c—c）在变形前后长度不变，称为中性层。材料弯曲部分虽然发生了拉伸和压缩，外层减薄而内层加厚，但其截面积保持不变。

　　（1）弯形前毛坯长度的计算。金属材料在弯曲前后中性层的长度保持不变，所以把中性层作为毛坯长度的计算依据，而中性层的实际位置与材料的弯形半径 r 和材料厚度 δ 有关。如图 6-76 所示。当材料厚度不变，弯形半径越大，变形越小，中性层越接近材料厚度的中间。如果弯形半径不变，材料厚度越小，变形越小，中性层也越接近材料厚度的中间。圆弧部分中性层长度，可按下列公式计算：

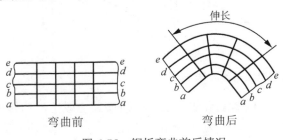

图 6-75　钢板弯曲前后情况

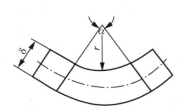

图 6-76　圆弧弯形参数

$$A = \pi(r + x_0\delta)\frac{\alpha}{180°}$$

式中　A——圆弧部分中性层长度（mm）；

　　　r——弯形半径（mm）；

　　　δ——材料厚度（mm）；

　　　α——弯曲中心角（也称为弯曲角）

　　　x_0——中性层位置系数（见表 6-2）。

表 6-2　弯形中性层位置系数 x_0

r/δ	0.25	0.5	0.8	1	2	3	4	5	6	7	8	10	12	14	16
x_0	0.2	0.25	0.3	0.35	0.37	0.4	0.41	0.43	0.44	0.45	0.46	0.47	0.48	0.49	0.5

【例 6-1】 已知图 6-77（a）所示工件的弯曲中心角 α =120°，弯形半径 r=15mm，材料厚度 δ =3mm，边长 l_1 =40mm，l_2 =90mm，求毛坯总长度 L。

解： $L = l_1 + l_2 + A$

$$A = \pi(r + x_0\delta)\frac{\alpha}{180°}$$

r/δ =15/3=5 查表 6-1 可知 $x_0 = 0.43$。

L=40+90+3.14（15+0.43×3）120°/180°=164.1mm

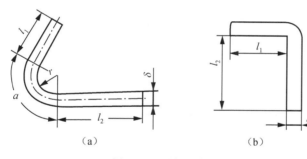

图 6-77　零件示意图

【例 6-2】 如图 6-77（b）所示工件，它内边是不带圆弧的直角，已知 l_1=60mm，l_2=80mm，δ =4mm，求毛坯长度 L。

解： $L = l_1 + l_2 + A$

A=0.5δ

$L = l_1 + l_2 + 0.5\delta$=60+80+0.5×4=142mm

（2）弯形的方法。弯形分为冷弯和热弯两种。冷弯是指材料在常温下进行的弯曲。热弯是指材料在预热后进行的弯形。弯曲时常用的工具有手锤、台虎钳和弯管等。按加工方法，弯形分为手工弯形和机械弯形两种。

① 板料弯形。当板料厚度大于 5mm 时需采用热弯的方法，当板料厚度小于 5mm 时，可用冷弯方法进行。板料弯形主要有弯直角形工件、弯圆弧形件、咬口等。

② 管子弯形。管子直径在 ϕ12mm 以下一般用冷弯法进行，ϕ12mm 及以上的管子则用热

弯。管子弯形时，其最小半径必须大于管子直径的 4 倍。管子直径大于 $\phi 10mm$ 时，为了防止管子弯瘪，可在管内灌干沙。弯曲有焊缝的管子，焊缝必须放在中性层的位置上，以防焊缝裂开。管子进行冷弯时，要利用弯管工具进行。

6.9.2　矫正

通过外力的作用，消除金属材料或工件的不直、不平、扭曲或翘曲等缺陷的加工方法，称为矫正。矫正的实质就是使金属材料产生新的塑性变形，来消除原有的不应存在的塑性变形。所以，只有塑性好的工件材料，才能进行矫正。

1．矫正工具

矫正一般分为手工矫正和机械矫正。手工矫正主要是利用手锤在平台或台虎钳上进行的，它通过扭转、弯曲、延伸和伸张等方法，使工件恢复到原来的形状。

（1）硬、软手锤。矫正一般材料，通常使用钳工手锤。矫正已加工过的表面、薄钢件或有色金属制件，应使用软手锤（如铜锤、橡皮锤等）。

（2）平板和铁砧。平板用作矫正较大面积板料或工件的基座。铁砧用作敲打条料或角钢时的砧座。

（3）抽条和拍板。抽条是用于抽打矫正较大面积的薄板料，拍板是用于敲打或推压板料。

（4）台虎钳和 V 形铁。台虎钳是钳工操作中用来夹持工件的常用设备。V 形铁用于支承轴类零件。

（5）螺旋压力机。用于矫正较长轴类零件或棒料。

（6）检验工具。平板、角尺、直尺、百分表等。

2．矫正方法

（1）扭转法。用来矫正条形工件或条形材料的扭曲变形的，一般是把工件一端夹持牢固，以扭曲变形的反方向扭转另一端，使工件恢复平直，如图 6-78 所示。

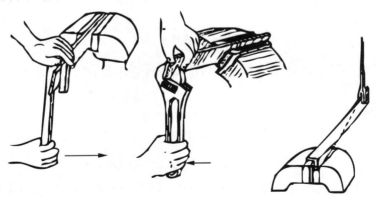

图 6-78　用扭转法矫正扁钢和角钢

（2）弯曲法。用来矫正棒料、轴类零件和条形工件的弯曲变形。它是设法使工件产生反向弯曲，消除原来的弯曲。扁钢在厚度方向上弯曲时，在靠近弯曲处夹入台虎钳，然后在扁钢的末端用扳手朝相反方向扳动，使其弯曲处初步扳直，如图 6-79（a）所示。或将扁钢的弯曲处放在台虎钳口内，利用台虎钳把它初步压直，如图6-79（b）所示。消除显著的弯曲现象后，再放到平板上用锤子锤打，矫正到平直为止。

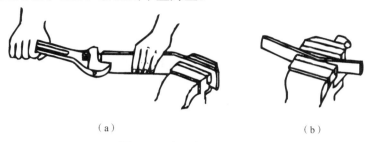

（a）　　　　　　　　　　　　　　　　（b）

图 6-79　扁钢弯曲的矫正

棒料的矫直，弯曲的棒料，一般采用锤击法进行矫直。在矫直前，应先检查棒料的弯曲程度和弯曲部位，并用粉笔做好记号，然后把棒料的凸起部位向上放在平板上，用手锤连续锤击棒料凸起的部位，使凸起部位逐渐消除，一步步矫直，如图6-80所示。

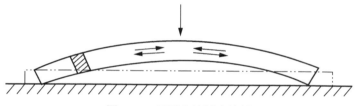

图 6-80　用锤击法矫直棒料

轴类零件的矫直，一般都在螺杆压力机上进行。矫直前把轴装在两顶尖上或架在 V 形铁上，将轴转动，用粉笔划出弯曲处。矫直时，使凸部向上，让压力机压块压在轴的凸起部位上，慢慢压直。并用百分表检查，边矫正，边检查，直到符合要求为止。

槽钢的矫正，槽钢弯曲变形有立弯、旁弯。在矫正前，将槽钢用两根圆钢垫起在平台上，使凸起部分向上。然后用大锤锤击，慢慢矫平。

（3）延展法。用来矫正各种型钢和板料的翘曲等变形。操作的方法是，用手锤敲击材料，使它延展、伸长而达到矫正目的。扁钢在宽度方向上弯曲时，可将扁钢的凸面向上放在铁砧上，锤击凸面，然后再将扁钢平放在铁砧上，锤击弯形里面，经击打后使这一边材料伸长而变直，如图6-81所示。

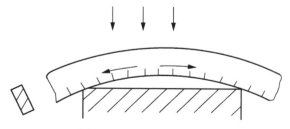

图 6-81　伸长法矫正扁钢

薄板材料的矫正，薄板中部凸起，是由于变形后中间材料变薄引起的，矫正时可锤击板料边缘，使边缘材料延展变薄，厚度与凸起部位的厚度越趋近则越平整。锤击时应按如图6-82中箭头所示方向，由外向里，锤击力度逐渐由重到轻，锤击点由密到稀。

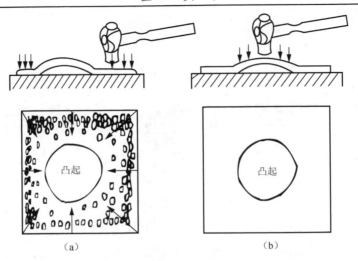

图 6-82　中部凸起板料的矫平

如果板料边缘呈波浪形而中间较平，说明板料四周变薄而增长了。矫平时应按图 6-83 中箭头所示方向，从中间四周锤打，锤击点密度逐渐变稀，力量逐渐减小，经过多次反复锤击，可使板料逐渐达到平整。如果板料发生对角翘曲时，就应沿另外没有翘曲的对角线锤击，使其延展而矫平，如图 6-84 所示。

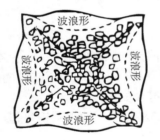

图 6-83　边缘呈波浪形板料的矫平

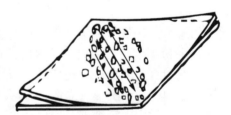

图 6-84　对角翘曲板料的矫平

在厚度不大的薄板有微小扭曲时，可用抽条从左到右顺序抽打平面，因抽条与薄板接触面积大，板料受力均匀，容易达到平整，如图 6-85 所示。如果是薄而软的铜箔或铅箔等产生变形，可将箔片放在平板上，一手按住箔片，一手用木块沿变形处挤压，也可用木锤或橡皮锤锤击，使其延展而达到平整，如图 6-86 所示。

图 6-85　用抽条抽平薄板

图 6-86　用平木块压推矫平

厚板料的矫正，由于厚板料的刚性较好，矫正时可以直接用锤锤击凸起部分，使金属材料压缩变形而达到矫平。

（4）伸张法。这种方法用于矫正细长的线材，矫正时将弯曲线材一头固定，使钢材在拉力作用下伸张得到矫直。细长卷曲的线材（如钢丝）的矫直，可将线材的一头夹持在台虎钳上，从钳口处把线材在圆木上绕一圈，握住圆木向后拉，使线材伸张而矫直，如图 6-87 所示。

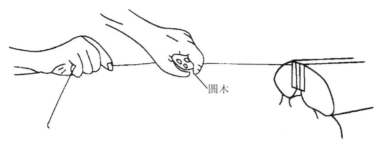

图 6-87 伸张法矫直线材

6.9.3 铆接

利用铆钉把两个或两个以上的零件或构件连接为一个整体，这种连接方法称为铆接。铆接多用于板件连接，如图 6-88 所示。

1．铆接的种类

按使用的要求不同，铆接可分为活动铆接和固定铆接。固定铆接可分为以下三种形式。

（1）强固铆接。应用于结构需要有足够强度，承受强大作用力的地方，如桥梁、车辆和起重机等。

（2）紧密铆接。应用于低压容器装置，这种铆接只能承受很小的均匀压力，但对接缝处的密封性要求比较高，以防止渗漏，如气包、水箱、油罐等。

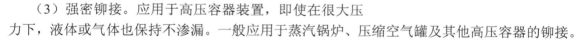

图 6-88 铆接

（3）强密铆接。应用于高压容器装置，即使在很大压力下，液体或气体也保持不渗漏。一般应用于蒸汽锅炉、压缩空气罐及其他高压容器的铆接。

2．铆接的形式

（1）搭接。是最简单的一种铆接。可分为两块平板搭接和一块板折弯后搭接两种。

（2）对接。对接分为单盖板式对接和双盖板式对接两种。

（3）角接。分为单角钢式和双角钢式两种。

（4）相互铆接。两件或两件以上，形状相同或类似形状的零件，相互重叠或结合在一起的铆接。

3．铆接工具

（1）手锤。常用的为圆头和方头手锤。

（2）压紧冲头。当铆钉插入孔内后，用它使被铆接的板料相互压紧，如图 6-89（a）所示。

（3）罩模和顶模。罩模和顶模，如图 6-89（b）和图 6-89（c）所示。罩模用于铆接铆钉的圆头，它们的工作部分都有半圆形的凹球面，是按半圆头铆钉的标准尺寸，用中碳钢或 T8 等碳素工具钢，经淬火硬化和抛光制成。铆钉圆杆经镦粗后，用罩模做成铆合头。顶模，一般装在铁砧子上，当圆杆镦粗或做铆合头时，它在下部顶住铆钉圆头。

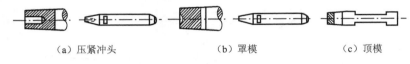

　　　（a）压紧冲头　　　　　　　　（b）罩模　　　　　　　（c）顶模

图 6-89　铆接工具

4．铆钉的种类

（1）按铆钉形状分，有半圆头、埋头、平圆埋头、平圆头、皮带铆钉和管子空心铆钉等。

（2）按用途分，有锅炉、钢结构和皮带等铆钉。

（3）按材料分，有钢质、铜质和铝质等铆钉。

5．铆钉直径和长度及铆钉孔直径的确定

（1）铆接时铆钉直径的大小和被连接板的最小厚度有关。铆钉的直径一般等于板厚的 1.8 倍。标准铆钉的直径可按表 6-3 选择。

表 6-3　铆钉直径的选择（GB/T152.1—1988）　　　　　　　　　　（mm）

铆钉直径 d		2	2.5	3	3.5	4	5	6	8	10	12	14	16	18	20	22	24	27	30	36
钉孔直径 d_0	精装配	2.1	2.6	3.1	3.6	4.1	5.2	6.2	8.2	10.3	12.4	14.5	16.5							
	粗装配							6.5	8.5	11	13	15	17	19	21.5	23.5	25.5	28.5	32	38

（2）铆钉长度的确定。铆接时所用的铆钉要适当，若铆钉过长，锤击时铆钉容易弯曲。若铆钉过短，则不能形成饱满的铆合头而影响铆接强度。除了铆接件的厚度外，留作铆合头的部分，半圆头铆钉伸出部分的长度应为铆钉直径的 1.25～1.5 倍。埋头铆钉伸出部分的长度应为铆钉直径的 0.8～1.2 倍。

6．铆接方法

铆接方法有手工铆接和机械铆接两种。每种铆接方式中又分为热铆和冷铆。

（1）热铆。是先将铆钉加热到一定温度，再进行铆合。一般铆钉直径大于 10mm 时，均采用热铆接；热铆的优点是铆接时所需要的压力小，铆合头容易成型。但是，由于冷缩现象，铆钉杆不易将铆钉孔填满。

（2）冷铆。铆钉直径小于 10mm 时，多采用冷铆铆接。冷铆时，铆钉不必加热，直接铆接。冷铆的优点是节省人力和燃料，但它的缺点是铆钉的材质和装配质量要求较高，铆钉容易脆裂，铆接时需要加较大的压力。

（3）半圆头铆钉的铆接。半圆头铆钉的铆接步骤，如图 6-90 所示。

① 铆钉插入配钻好的钉孔后，将顶模夹紧或置于垂直而稳固的状态，使铆钉半圆头与顶模凹圆相接。用压紧冲头把被铆接件压紧贴实，如图 6-90（a）所示。

② 用锤子垂直锤打铆钉伸出部分使其镦粗，如图6-90（b）所示。

③ 用锤子斜着均匀锤打周边，初步成型铆钉头，如图6-90（c）所示。

④ 用罩模铆打，并不时地转动罩模，垂直锤打，成型半圆头，如图6-90（d）所示。

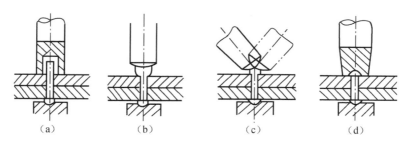

（a）　　　　　　（b）　　　　　　（c）　　　　　　（d）

图 6-90　半圆头铆钉铆接步骤

（4）沉头铆钉的铆接。沉头铆钉铆接的步骤如图6-91所示。

① 铆钉插入孔后，在被铆接件下面支承好淬火平垫铁，在正中镦粗面1、2。

② 铆合面2。

③ 铆合面1。

④ 最后用平头冲子修整。

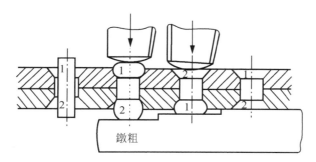

图 6-91　沉头铆钉的铆接步骤

7．铆接的注意事项

（1）铆接工作现场要保持清洁及整齐，并要随时检查，避免绊倒跌伤。

（2）登高铆接作业时，必须检查工作位置是否牢固可靠，并要佩戴安全带。下部要有防护装置，以防掉下物件碰伤下面人员及损坏设备。

（3）工作前必须检查铆接所用的工具是否完整无缺，如大锤、手锤安装得是否牢固，罩模顶模有无缺口或裂缝等，以防破裂飞出伤人。

（4）钻铆钉孔时，必须严格遵守钻孔安全操作规程。

（5）在两人或多人共同工作时，要统一指挥，密切配合。特别是把持模具与打锤人员之间，更要配合好。

（6）铆接件夹持要牢靠，大件放置要平稳。用錾削法拆卸铆钉头时，应设防护网，并注意周围环境，以防发生事故。

能力测试题

1. 钳工能力测试一如图 6-92 所示。

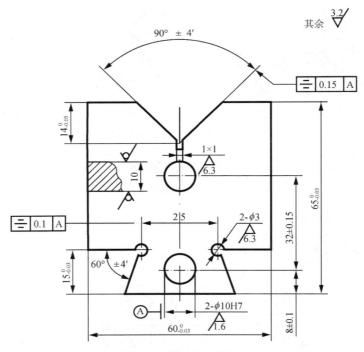

图 6-92　钳工能力测试一

（1）加工工艺。

序号	加工工艺	工、量具
1	锯削 60.5×65.5mm，厚 10mm 长方形钢板一块	锯弓、锯条，平板、方箱、高度游标卡尺
2	锉平任一直角，保证平面度和垂直度 0.1mm	粗、细平锉刀，刀口角尺、塞尺
3	锉平另外两面，保证尺寸 $60^{0}_{-0.03} \times 65^{0}_{-0.03}$ mm	粗、细平锉刀，刀口角尺、50～75mm 千分尺
4	划线，划出各加工面和孔的中心线，孔中心打样冲眼	平板、方箱、高度游标卡尺，钢直尺、划针、样冲、手锤
5	钻两个 ϕ3mm 孔	ϕ3mm 麻花钻
6	锯、锉 V 形槽，底部开 1×1mm 槽，保证 $14^{0}_{-0.05}$ mm，90°±4′，同时保证对称度 0.15mm	锯弓、锯条，粗、细平锉刀，刀口角尺，游标卡尺，万能角度尺
7	依次锯、锉两燕尾，先将第一个燕尾尺寸加工合格，然后加工第二个燕尾，保证 $15^{0}_{-0.03}$ mm，60°±4′，同时保证对称度 0.1mm	锯弓、锯条，粗、细三角锉刀，刀口角尺，游标卡尺，25～50mm 千分尺，万能角度尺，ϕ10mm 测量圆柱销
8	钻、铰两个 ϕ10H7mm 孔，保证孔距 32±0.15mm，8±0.1mm	ϕ9.8mm 麻花钻，ϕ10H7 铰刀

（2）实验设备及量具：台虎钳、钻床 Z515、划针、样冲、平板、方箱、高度游标卡尺、手锯、锉刀、钻头、铰刀、钢直尺、刀口角尺、万能角度尺、游标卡尺、千分尺等。

（3）按图进行加工。

2. 钳工能力测试二如图 6-93 所示。

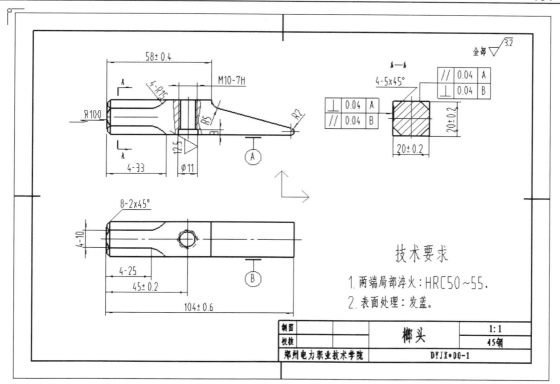

技术要求

1. 两端局部淬火：HRC50~55。
2. 表面处理：发蓝。

制图		榔头	1:1
校核			45钢
郑州电力职业技术学院		DYJX-00-1	

图 6-93　钳工能力测试二

第7章 车工实习

7.1 概　述

7.1.1 车床型号编制

机床型号用以表示机床的类型、通用特性及主要技术参数等。我国现行的机床型号是按国家标准 GB/T15375—2008《金属切削机床型号编制方法》编制，由汉语拼音字母和阿拉伯数字按一定的规律组合而成。

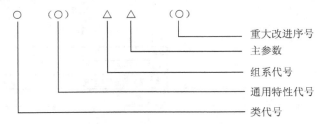

注：“○”为汉语拼音字母；
　　“△”为阿拉伯数字。

1．机床类代号

机床类代号如表 7-1 所示。

表 7-1　机床类代号

类别	车床	钻床	镗床	磨床	铣床	刨插床	拉床	螺纹加工机床	齿轮加工机床
代号	C	Z	T	M	X	B	L	S	Y
读音	车	钻	镗	磨	铣	刨	拉	丝	牙

2．机床的通用特性代号

机床的通用特性代号如表 7-2 所示。

表 7-2　机床通用特性代号

通用特性	高精度	精密	自动	半自动	数控	加工中心	仿形	柔性单元	数显	高速	轻型
代号	G	M	Z	B	K	H	F	R	X	S	Q
读音	高	密	自	半	控	换	仿	柔	显	速	轻

3．车床的组系代号

车床的组系代号如表 7-3 所示。

表 7-3 车床组系代号

组别\系别	0	1	2	3	4	5	6	7	8	9
1	主轴箱固定型自动车床	单轴纵切自动车床	单轴横切自动车床	单轴转塔自动车床	单轴卡盘自动车床		正面操作自动车床			
2	多轴平行作业棒料自动车床	多轴棒料自动车床	多轴卡盘自动车床		多轴可调棒料自动车床	多轴可调卡盘自动车床	立式多轴半自动车床	立式多轴平行作业半自动车床		
3	回轮车床	滑鞍转塔车床	棒料滑枕转塔车床	滑枕转塔车床	组合式转塔车床	横移转塔车床	立式双轴转塔车床	立式转塔车床	立式卡盘车床	
4	旋风切削曲轴车床	曲轴车床	曲轴主轴颈车床	曲轴连杆轴颈车床	多刀凸轮轴车床		凸轮轴车床	凸轮轴中轴颈车床	凸轮轴端轴颈车床	凸轮轴凸轮车床
5		单柱立式车床	双柱立式车床	单柱移动立式车床	双柱移动立式车床	工作台移动单柱立式车床		定梁单柱立式车床	定梁双柱立式车床	
6	落地车床	卧式车床	马鞍车床	轴车床	卡盘车床	球面车床				

4．车床的主参数

车床的主参数一般为床身上最大工件回转直径或最大车削直径。其主参数的折算系数一般为 1/10。

5．机床的重大改进顺序号

机床的重大改进顺序号用汉语拼音字母 A、B、C 表示。

例如，说明型号 CDS6136 含义。

表示床身上最大工件回转直径为 360mm 的轻型卧式车床。

7.1.2 车床的加工范围

车床的加工范围很广，适应性很强。主要用于钻中心孔、车外圆、车端面、切槽与切断、钻孔、扩孔、铰孔、车孔、车锥体、车螺纹、车回转特形面、滚花等，如表 7-4 所示。为了方便工件装夹，车床最适合加工轴类、盘类零件。车削加工的尺寸精度可达 IT7，表面粗糙度 Ra 可达 1.6μm。

表 7-4 车床的加工范围

车端面		车锥体	
钻中心孔		车特形面	

车外圆		用成型刀车特形面	
钻孔		车螺纹	
车孔		滚花	
铰孔		切割	

7.1.3　CDS6136 型车床的组成部件和规格参数

1. CDS6136 型车床的组成及其功用

CDS6136 型车床的组成部件如图 7-1 所示，其功用如下。

（1）主轴箱。箱内安装主轴及变速机构等，保证主轴连同卡盘转动，变换箱外的变速手柄位置，使主轴得到各种不同的转速。主轴为空心台阶轴，前端内部为莫式锥孔，用于安装顶尖或刀具、夹具；前端外部为标准短锥，用于安装卡盘等夹具。

（2）进给箱。箱内为齿轮及变速机构等，并与光杠、丝杠连接，改变进给手柄位置，使光杠或丝杠得到不同的转速，以实现各种纵、横向进给量或螺纹螺距。

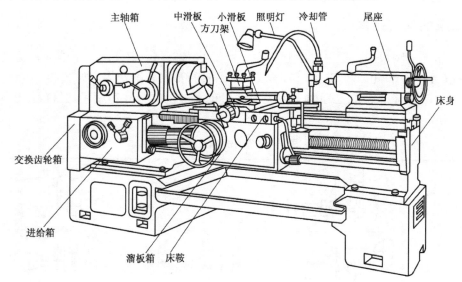

图 7-1　CDS6136 型车床组成部件

（3）溜板箱。箱内为齿轮及操纵机构等，把光杠或丝杠的运动传递给床鞍或中滑板。变换操纵手柄位置，通过光杠的传动，实现床鞍（连同刀架）的纵向进给或中滑板（连同刀架）的横向进给运动。通过丝杠的传动，经开合螺母实现床鞍（连同刀架）的纵向精确进给，用于车螺纹。

（4）方刀架。用于装夹刀具。方刀架装在小滑板之上，小滑板可在水平面内相对中滑板扳转角度，用于手动进给车较短的内外圆锥。

（5）尾座。尾座可沿床身导轨纵向移动，用于安装顶尖，支承较长的工件；也可安装钻夹头、钻头、铰刀、丝锥等，进行孔、螺纹等加工。

（6）床身、床腿。用于支承、安装其他部件。床身上有一组精密的导轨，起床鞍移动的导向作用；床腿用于支承床身。

2．CDS6136 型车床规格参数

CDS6136 型车床规格参数如表 7-5 所示。

表 7-5　CDS6136 型车床规格参数

序号	项目			规格与参数	单位
1	中心高			180	mm
2	最大工件长度			800	mm
3	最大工件回转直径	床身上		360	mm
		拖板上		190	mm
4	通过主轴孔的棒料直径			38	mm
5	加工螺纹范围	公制螺纹	种数	15	
			范围	0.5～7	mm
		英制螺纹	种数	34	
			范围	56～4	牙/吋
6	主轴端部形式			A1—5	
7	主轴前锥孔锥度			莫氏 5 号	
8	顶尖套锥孔锥度			莫氏 3 号	
9	主轴孔径			40	mm
10	主轴转速（正反转均为 8 级）			80～1200	r/min
11	床鞍纵向最大行程			700	mm
12	拖板横向最大行程			210	mm
13	小刀架最大行程			140	mm
14	刀杆尺寸			16×16	mm
15	进给量范围	纵向	级数	36	
			范围	0.05～0.7	mm/r
		横向	级数	36	
			范围	0.03～0.5	mm/r
16	刀架刻度值	纵向		0.5	mm/格
				31.5	mm/r
		横向		0.02	mm/格
				4	mm/r
		小刀架		0.05	mm/格
				4	mm/r

续表

序号	项目	规格与参数	单位
17	刀架回转角度范围	±60	度
		1	度/格
18	装刀基面至主轴中心线距离	18	mm
19	尾座主轴最大行程	125	mm
20	尾座主轴孔锥度	莫氏 4 号	
21	尾座上体横向行程	±5	mm
22	主电动机功率	2.2	kW
23	主电动机同步转速	1500	r/min
24	机床外形尺寸	1962×830×1193	
	最大工件长度	800	mm
25	机床净重	850	kg

7.1.4 CDS6136 型车床传动系统

CDS6136 型车床传动系统如图 7-2 所示。

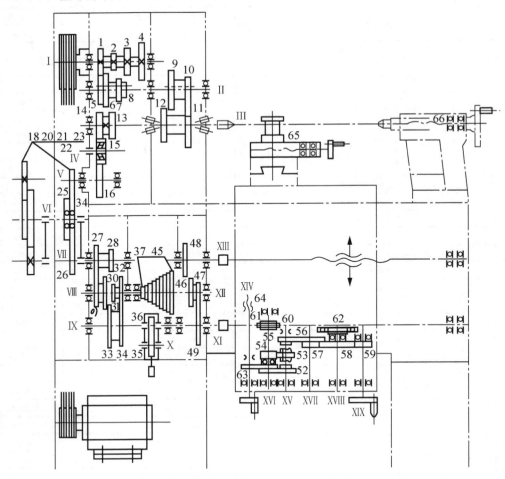

图 7-2 CDS6136 型车床传动系统

1．主运动传动

主电动机 Y100L-4，运动从主电动机经 V 带传到床头箱 I 轴，操纵手柄滑移 II 轴上的二组滑移齿轮，使主轴得到八级转速。其中，主电机为 $n_电$（1420r/min），主轴为 n_m。

主运动传动路线表达式为

$$n_电 - \frac{D_1}{D_2} - I - \left\{\begin{array}{c}\dfrac{29}{29}\\[4pt]\dfrac{20}{39}\\[4pt]\dfrac{23}{36}\\[4pt]\dfrac{36}{23}\end{array}\right\} - II - \left\{\begin{array}{c}\dfrac{48}{36}\\[4pt]\dfrac{19}{64}\end{array}\right\} - III（主轴） \qquad (7\text{-}1)$$

主轴各级转速根据式（7-1），按下式计算

$$n_{iii} = n_电 \times \frac{D_1}{D_2} \times 0.98 \times \left\{\begin{array}{c}\dfrac{29}{29}\\[4pt]\dfrac{20}{39}\\[4pt]\dfrac{23}{36}\\[4pt]\dfrac{36}{23}\end{array}\right\} \times \left\{\begin{array}{c}\dfrac{48}{36}\\[4pt]\dfrac{19}{64}\end{array}\right\} \qquad (7\text{-}2)$$

式中　　$n_电$——主电机转速（r/min）；

　　　　D_2——从动带轮基准直径（mm）；

　　　　D_1——主动带轮基准直径（mm）。

已知 D_2=165mm，D_1=63mm 可得：

主轴最高转速 n_{max}=1420×63/165×0.98×36/23×48/36=1200r/min

2．进给运动传动

运动从主轴经左右旋螺纹变换机构、挂轮箱、进给变速机构、诺顿机构传给光杆或丝杆。床鞍（连同刀架）纵向移动有以下三条路线。

（1）纵向进给。光杠经溜板箱内的蜗杆蜗轮副（61、60）、齿轮副（54、53、55、56；57、58）带动 XVIII 轴上的小齿轮（62）在床身齿条上滚动，使床鞍纵向移动。

（2）车螺纹进给。主轴运动传给丝杠，经溜板箱内的开合螺母，带动床鞍作纵向移动。机床主轴旋转一周时，刀架的纵向进给量即螺纹的螺距，可按设在挂轮罩前面的标牌指示调整。

（3）纵向手动进给。使用溜板扳箱上的手轮（10），经齿轮（59）、（58）带动齿条机构，使床鞍作纵向进给。

3．主变速操纵手柄位置与主轴转速

CDS6136 型车床主变速操纵机构的操纵手柄位置与主轴转速，如图 7-3 所示。

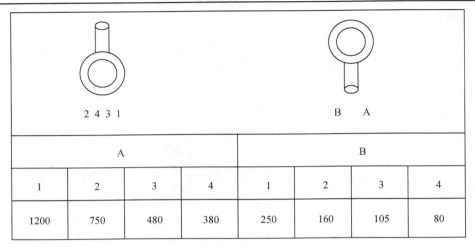

A				B			
1	2	3	4	1	2	3	4
1200	750	480	380	250	160	105	80

图 7-3 操纵手柄位置与主轴转速

7.1.5 车床的切削运动和车削用量

1. 切削运动

车削过程中，车刀与工件之间必须有相对运动，即切削运动或表面成型运动。根据其作用，分为主运动和进给运动。

（1）主运动。形成车床切削速度与工件新的表面所必需的运动，是车削最基本的运动。工件的旋转运动为车削主运动，其运动速度最高，消耗功率最大。

（2）进给运动。使新的金属层不断投入切削的运动。车刀沿工件纵向或横向运动为车削进给运动。

车削的吃刀与退刀是辅助运动。

在车削过程中，工件上形成三个不断变化的表面，如图 7-4 所示。

待加工表面是工件上有待被切去金属层的表面。

已加工表面是工件上已被刀具切削后形成的表面。

切削表面是工件上正被刀具切削的表面。

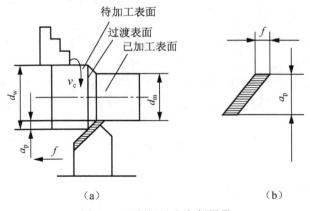

（a）　　　　　　　　　　　　　（b）

图 7-4 切削运动和车削用量

2．车削用量

车削用量是衡量切削运动大小的重要参数，包括切削速度、进给量和切削深度（吃刀量）三个要素。合理选择切削用量是保证加工质量及提高生产率的重要条件。

（1）切削速度 v_c。切削速度即主运动的线速度，计算公式如下

$$v_c = \frac{\pi n d_w}{1000 \times 60} \hspace{3cm} (7\text{-}3)$$

式中　　n —— 主轴转速（r/mm）；

d_w —— 待加工表面直径（mm）；

v_c —— 切削速度（m/s）。

（2）进给量 f。工件每转一转，车刀沿进给方向移动的距离，单位为 mm/r。

（3）切削深度 a_p。工件已加工表面与待加工表面间的垂直距离，单位为 mm。车外圆时切削深度的计算公式如下

$$a_p = \frac{d_w - d_m}{2} \hspace{3cm} (7\text{-}4)$$

式中　　a_p —— 切削深度（mm）；

d_w —— 待加工表面直径（mm）；

d_m —— 已加工表面直径（mm）。

7.1.6　三爪卡盘

三爪卡盘是车床主要的夹具，通过法兰盘安装在主轴上，其结构如图 7-5 所示。三爪可自动定心，主要用于夹持工件，有外卡和内卡两种装夹方式。

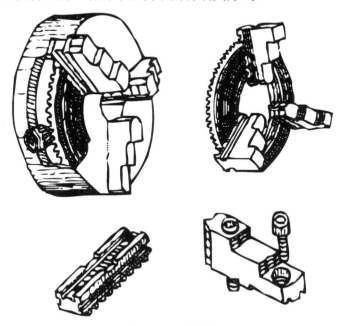

图 7-5　三爪卡盘

7.2　CDS6136 车床的操作

7.2.1　CDS6136 车床操作手柄的位置及功用

CDS6136 车床各操作手柄的位置及功用如图 7-6 和表 7-6 所示。

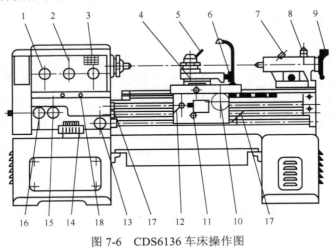

图 7-6　CDS6136 车床操作图

表 7-6　CDS6136 车床各操作手柄的用途

编号	名称及用途	编号	名称及用途
1	丝杆与光杆倒顺转手柄	10	床鞍纵向移动手柄
2	主轴变速手柄	11	控制纵横进刀手柄
3	主轴变速手柄	12	开合螺母离合手柄
4	刀架横向移动手柄	13	接通光杆与丝杆手柄
5	固定方刀架手柄	14	诺顿机构移动手柄
6	小刀架移动手柄	15	二联齿轮移动手柄
7	固定顶尖套筒手柄	16	二联齿轮移动手柄
8	固定尾座手柄	17	主轴正、反、停止手柄
9	移动顶尖套筒手轮	18	停车按钮

7.2.2　CDS6136 车床手动操作

1．操作前的准备

切断车床的电源，以防止因动作失误而造成事故。调整好中、小滑板塞铁间隙；擦净车床外表面及各手柄。

2．变换主轴转速

根据转速标牌，改变手柄位置可得到 8 种不同的转速。

变速时，如发现手柄转不动或不到位，可用手转动卡盘，待主轴上齿轮转到啮合位置时，手柄即能扳动。车床在启动后，禁止变换主轴转速；停车变速时，须待车床完全停止后方可进行。

3．变换进给类型和方向

根据标牌所示接通光杠或丝杠手柄（13）的位置，决定接通光杠或丝杠的传动，实现自动走刀或加工螺纹。在接通丝杠的情况下，开合螺母离合手柄（12）向下合上开合螺母，接通丝杠传动，使床鞍纵向移动加工螺纹；手柄（12）向上提起，开合螺母张开，床鞍纵向移动加工螺纹进给停止。刀架纵、横向自动进给由手柄（11）控制，向上提手柄（11），刀架纵向自动进给；向下按手柄（11），刀架横向自动进给。

根据标牌所示丝杠与光杠倒顺转手柄（1）的位置，可变换螺纹旋向或自动走刀方向。

4．变换进给量

通过变换挂轮箱交换齿轮和进给量标牌上手柄（15）A、B 两挡位置，手柄（16）C、D 两挡位置及诺顿手柄（14）九挡位置的配搭可实现各种螺距和进给量。

变换进给量时，若发现进给手柄转不动或不到位，可用手转动卡盘。扳转卡盘时，为转动轻便，主轴速度应调整在高速位。

5．溜板箱操作

根据溜板箱外各操作手柄的用途及工作位置，变换各手柄位置，可使刀架作纵向或横向运动。车螺纹时，应将开合螺母手柄按下；手动或机动进给时，开合螺母手柄应提起。

6．纵、横向进给和进、退刀动作

（1）纵向手动进给。摇动床鞍手轮（10），可使床鞍纵向移动，向主轴箱方向移动为纵向正进给。操作时，操作者应站在床鞍手轮的右侧，双手交替摇动手轮，进给速度应慢而均匀连续。

（2）横向手动进给。摇动横向移动中滑板手柄（14），可使中滑板横向进给，从中滑板刻度盘上转过的刻度可知中滑板沿垂直于主轴轴线方向移动的距离，向前为正向进给。操作时，操作者应双手交替摇动手柄，如图 7-7 所示。

图 7-7　中滑板的操作

（3）小滑板手动进给。摇动小滑板手柄（6），可使小滑板沿着其导轨作前后移动，移动距离可由刻度盘上转过的刻线算出，每格表示移动 0.05mm。小滑板导轨下有转盘，松开其紧定螺钉，可在水平面内转动角度。

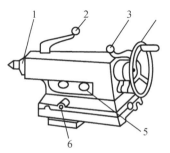

1—套筒；2—套筒锁紧手柄；3—尾座锁紧手柄；
4—手轮；5—锁紧螺栓；6—调整螺钉

图 7-8　车床尾座

（4）进、退刀操作。操作方法是：左手摇床鞍手柄，右手摇中滑板手柄，双手不断地作均匀移动。进、退刀动作必须十分熟练，否则，车削过程中一旦失误，会造成工件报废或事故。

（5）尾座的操作。尾座的移动与锁紧。尾座通过底压板 6 与床身导轨锁紧，松开锁紧螺母 5（或松开尾座锁紧手柄 3）就可使尾座沿导轨移动，如图 7-8 所示。

（6）尾座套筒的操作。松开套筒锁紧手柄 2，摇动手轮 4 可使套筒前后移动；扳紧套筒锁紧手柄 2 即可锁紧套筒。尾座套筒不宜伸出过长，以防止套筒内啮合的丝杠螺母脱开。

7.2.3 CDS6136 车床机动操纵

1．操作前的准备

（1）将主轴转速调整在 250 r/mm 。

（2）调整进给箱手柄位置，使进给量 f 为 0.29 mm/r 左右。

（3）摇动床鞍到床身的中间的位置。

（4）用手扳动卡盘一周，检查机床有无碰撞之处，并检查各手柄是否在正常位置。

2．车床的启动、停止

（1）接通电源，使车床电源开关置于合的位置。

（2）按启动按钮，启动电动机。此时，由于操纵杆在中间的空挡位置，所以主轴尚未转动。向上提起操纵杆，主轴作正转；置操纵杆于中间位置，主轴停止转动；操纵杆向下，主轴作倒转，除车螺纹外，一般主轴不使用倒转。在车削过程中，因测量工件需作短暂停止时应利用操纵杆停车。这时，为防止停车时操纵杆失灵导致主轴转动，可将主轴变速手柄置于空挡位。变换主轴转速，一定要先停车后变速。

3．纵向机动进给

（1）将床鞍摇到床身中间位置后，启动机床。

（2）将机动进给手柄调整至"纵向"位置，操纵进给手柄向主轴箱方向为自动进给。如需方向相反，要停机后才能变换换向手柄位置。

注意进给过程中的极限位置，确保床鞍不与卡盘相碰撞。

4．横向机动进给

（1）摇动中滑板手柄，使刀架靠近车床主轴内侧的平面，离卡盘中心约 100mm。

（2）启动机床。

（3）进给手柄调到"横向"位置，操纵机动进给手柄，使中滑板向卡盘中心方向进给。

注意：中滑板向前正向进给时，刀架前侧平面不能超过主轴中心线，防止中滑板丝杠与螺母脱开；向后反向进给时，刀架不能与刻度盘等凸台相碰。走刀箱各手柄只允许在停车时拨动，以免损坏齿轮。

7.3 车 刀

7.3.1 常用车刀的种类与材料

常用车刀种类，如图 7-9 所示，按其用途可分为 90° 外圆车刀、45° 弯头车刀、切断刀、内孔车刀、成型车刀、螺纹车刀、硬质合金不重磨车刀等，如图 7-9 所示。各种车刀的类型与用途，如图 7-10 所示。

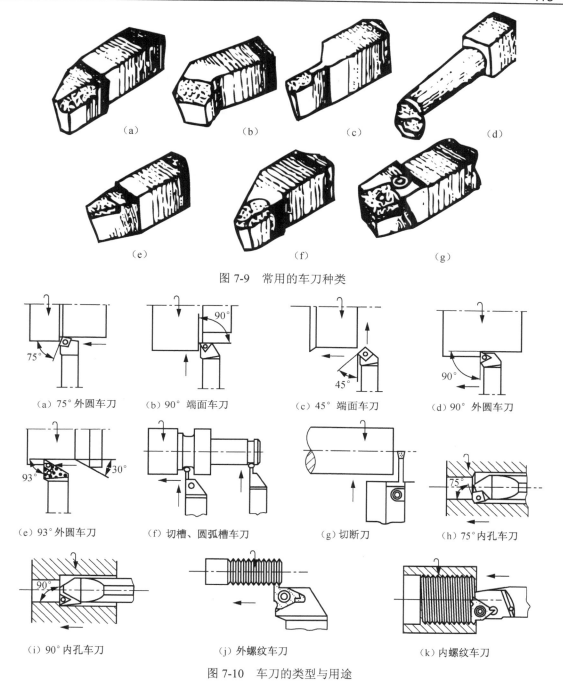

图 7-9 常用的车刀种类

（a）75° 外圆车刀　（b）90° 端面车刀　（c）45° 端面车刀　（d）90° 外圆车刀

（e）93° 外圆车刀　（f）切槽、圆弧槽车刀　（g）切断刀　（h）75° 内孔车刀

（i）90° 内孔车刀　（j）外螺纹车刀　（k）内螺纹车刀

图 7-10 车刀的类型与用途

7.3.2 常用车刀的材料及其选择

1. 车刀切削部分材料应具备的基本性能

车刀在车削时，除了受到很高的切削温度的作用外，还要承受很大的切削力，因此刀具材料的性能必须具备以下几个基本要求。

（1）高的硬度。刀具材料的硬度必须高于工件材料的硬度，常温下硬度要求在HRC60以上。

（2）足够的强度和韧性。刀具切削过程中要承受较大的切削力，还要承受冲击，应具备足够的强度和韧性，才能防止脆性断裂或崩刃。

（3）良好的耐磨性。刀具必须有良好的抵抗磨损的能力，以保持刀刃的锋利。

（4）良好的耐热性。由于切削区温度很高，要求刀具在高温下仍然保持高的硬度、强度、韧性和耐磨性能（即红硬性）。

（5）良好的工艺性。刀具材料自身的加工工艺性能，如热处理性能、被切削加工性能、焊接性能等。

2．常用车刀材料

常用车刀的材料有高速钢和硬质合金两大类。

（1）高速钢。高速钢是含钨、铬、钒、钼等合金元素较多的合金钢。其特点是制造简单、刃磨方便、刃口锋利、韧性好并能承受较大的冲击力，但高速钢的耐热性较差，不宜高速车削，主要适用于制造小型车刀、螺纹车刀及形状复杂的成型刀，常用的钨系高速钢牌号有W18Cr4V；钼系高速钢牌号有W6Mo5CrV2。

（2）硬质合金。硬质合金是由碳化钨、碳化钛粉末，用钴作黏结剂，经高压合成型高温煅烧而成。它是一种硬度高、耐磨性好、耐高温（在800～1000℃）时仍有良好的切削性能，适合高速切削的粉末冶金制品。但它的韧性差，不能承受较大的冲击力。含钨量多的硬度高；含钴量多的强度高、韧性较好。

常用的硬质合金有以下三类。

（1）钨钴类（K类）：由碳化钨和钴组成，牌号由字母YG和数字表示，其中字母表示钨钴类，数字表示含钴量的质量百分数，常用的牌号有YG3、YG5、YG8等。钨钴类硬质合金适应于加工铸铁、有色金属等脆性材料。YG3因含钨量多而含钴量少，硬度高而韧性差，所以适应于精加工。YG8含钨量少而含钴量多，其硬度低而韧性好，适应于粗加工。

（2）钨钛钴类（P类）：这类硬质合金是由碳化钨、碳化钛粉末，用钴作黏合剂制成的。钨钛钴类硬质合金耐磨性好、能承受较高的切削温度，适合加工塑性金属及韧性较好的材料。因为它是脆性材料，所以不耐冲击，因此不宜加工脆性材料（加铸铁等），常见的牌号有YT5、YT15、YT30等，牌号中的字母YT表示钨钛钴类，数字表示含钛量的质量百分数。YT5含碳化钛少而含钴量多，其抗弯强度较好，能承受较大冲击力，适应于粗加工。YT30含碳化钛多而含钴量少，适应于精加工。

（3）钨钛钽（铌）钴类（M类）：这类硬质合金是在钨钛钴类基础上加入少量的碳化钽或碳化铌制成的，其抗弯强度和冲击韧度都比较好，所以应用广泛，不仅可加工脆性材料，也可加工塑性材料。常见的牌号有YW1、YW2等。它主要用于加工高温合金、高锰钢、不锈钢、铸铁及合金铸铁等。

7.3.3 常用车刀的主要角度

1．车刀的组成与几何形状

外圆车刀由刀头（切削部分）与刀柄（装夹部分）两部分组成。车刀刀头部分的几何形状如图7-11所示，它由以下几个部分组成。

（1）前刀面 A_γ：切屑流出经过的刀面，简称前面。

（2）主后刀面 A_α：与工件上过渡表面相对的刀面，也称主后面。

（3）副后刀面 A'_α：与工件上已加工表面相对的刀面，也称副后面。

（4）主切削刃 S：前刀面与主后刀面相交形成的切削刃，承担主要的切削工作。

（5）副切削刃 S'：前刀面与副后刀面相交形成的切削刃，起微量切削作用。

（6）刀尖：主切削刃与副切削刃的连接处相当少的一部分切削刃，它可以是直线，也可以是圆弧，俗称过渡刃。

车刀常用结构有 4 种基本形式：将硬质合金刀片直接焊接在刀体上的称为焊接式车刀；用高速钢做成整体式车刀；将具有若干个切削刃的刀片紧固在刀体上的，称为机械夹固（机夹）式车刀；其中刀片可快速转位的，称为可转位式车刀。其特点和用途如表 7-7 所示。

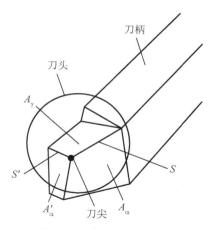

图 7-11　车刀的几何形状

表 7-7　车刀结构特点和用途

名称	特点	适用场合
焊接式	结构紧凑，使用灵活	各类车刀，特别是小刀具
整体式	刃口刃磨得比较锋利	小型车床，可加工非金属材料
机械夹固（机夹）式	避免了焊接所产生的应力、裂纹等缺陷。刀杆利用率较高。刀片可集中刃磨获得所需参数。使用灵活方便	外圆、端面、镗孔、切断、螺纹车刀
可转位式	避免了焊接刀的缺点，刀片可快速转位。生产率高，切削稳定，可使用涂层刀片	大中型车床加工外圆、端面、镗孔。特别适用于自动线切割、数控机床

2．车刀的几何角度

（1）辅助平面

用于定义刀具在设计、制造、刃磨和测量时的基准坐标平面，如图 7-12 所示。

① 基面 P_r：过切削刃的选定点而又垂直于该点切削速度的平面图。一般为平行于车刀底面的平面。

② 切削平面 P_s：通过切削刃的选定点，与切削刃相切并垂直于基面的平面。

③ 正交平面 P_0：通过切削刃的选定点，并同时垂直于基面和切削平面的平面。

（2）车刀的几何角度

以外圆车刀为例，其切削部分有 6 个基本角度。

① 前角 $\gamma_{0'}$：前刀面与基面间的夹角，在正交平面内测量。

② 后角 α_0：主后刀面与切削平面间的夹角，在正交平面内测量。

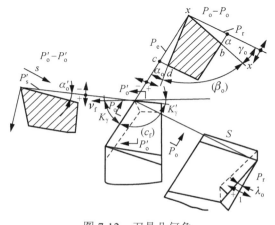

图 7-12　刀具几何角

③ 副后角 α'_o：副后刀面与副切削平面间的夹角，在正交平面内度量。

④ 主偏角 K_γ：主切削刃与进给速度间的夹角，在基面内度量。

⑤ 副偏角 K'_γ：是副切削刃与进给速度反方向间的夹角，在基面内度量。

⑥ 刃倾角 λ_s：是主刀刃与基面间的夹角。在主切削平面内度量，当刀尖在主切削刃上处于最高位置时，刃倾角为正；反之为负。

3. 车刀主要几何角度的初步选择

（1）前角 γ_o 的作用与选择。前角是车刀的主要角度之一，增大前角可使车刀刃口锋利，切削轻快，减少切削力，可抑制积屑瘤的产生，减少振动，提高表面质量。但前角太大，会使刃口和刀头强度减弱，散热体积减小，刀具的耐用度降低。

通常前角的大小与工件材料、刀具本身的材料与加工性质有关。选择原则是：刃口锋利，兼顾强度。在工件材料的强度与硬度较低时，如切削塑性材料时，取较大的前角；反之，在工件材料的硬度强度较高、断续切削、粗加工时，应取较小的前角。如用硬质合金刀具加工正火钢，取 $\gamma_o = 15° \sim 20°$；加工淬火钢取 $\gamma_o = 5° \sim 15°$，加工 Q235 钢取 $\gamma_o = 20° \sim 25°$；加工灰铸铁取 $\gamma_o = 5° \sim 15°$；加工铝合金取 $\gamma_o = 25° \sim 30°$。

（2）后角 α_o（副后角 α'_o）的作用与选择。后角（副后角）的作用：增大后角（副后角）可减少刀具与工件间摩擦；但后角过大，刃口强度会减弱，散热体积减小，刀具耐用度减小。

后角（副后角）的选择：粗加工时，$\alpha_o = \alpha'_o = 6° \sim 8°$；精加工时，$\alpha_o = \alpha'_o = 8° \sim 12°$。

（3）主偏角 K_γ 的作用与选择。主偏角增大，径向切削力减小，但参加切削的刀刃长度减小，工件的表面粗糙度数值变大（表面质量下降）。主偏角减小，刀具强度增强，径向切削力增大，易产生振动。

主偏角的选择首先受到工件形状的限制，如台阶轴应选 $K_\gamma = 90° \sim 93°$；其次应考虑工艺系统条件，如车高强度、高硬度材料，取 $K_\gamma = 15° \sim 30°$，车细长轴时取 $K_\gamma = 75° \sim 90°$。

（4）副偏角 K'_γ 的作用与选择。减小副偏角，可降低工件表面的粗糙度数值（表面质量提高）；但副偏角过大，刀尖强度会减小。

副偏角的选择一般取 $K'_\gamma = 5° \sim 15°$，在高硬材料、断续切削或粗加工时，取较大值；精加工时，取较小值。

（5）刃倾角 λ_s 的作用与选择。正的刃倾角时的切屑流向待加工表面；负的刃倾角时的切屑流向已加工表面；刃倾角为零，切屑垂直于切削刃方向流出，如图 7-13 所示。刃倾角为正时，刀尖强度差，不耐冲击。

刃倾角的选择：一般取 $\lambda_s = -5° \sim 5°$，粗车时，取较小值；精车时，取较大值。

4. 车刀的安装

（1）安装前的准备。转正刀架位置，锁紧刀架手柄。擦净刀架安装面及刀具表面。准备好合适的垫刀片。

（2）安装方法与要领。车刀刀尖必须对准工件的旋转中心。若刀尖高于或低于工件旋转中心，车刀的实际工作角度会发生变化，影响车削。

可通过调整刀柄下的垫片厚度，保证车刀刀尖的高度对准工件旋转中心。

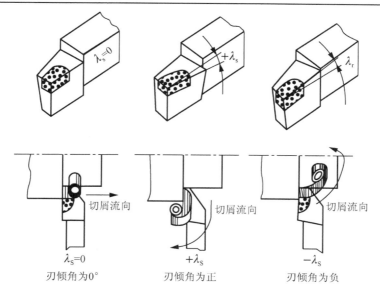

图 7-13 车刀的刃倾角及其对切削流向的影响

车刀刀尖对中心的方法有目测法、顶尖对准法、测量刀尖高度法。车刀的伸出长度应适宜，通常为刀柄厚度的 1.5～2 倍。夹紧车刀，不得使用加力管，以免损坏刀架与车刀锁紧螺钉。

装夹车刀，应确保车刀的刃磨角度不发生变化。

7.3.4 砂轮的选用和使用砂轮的安全知识

1．砂轮的选用

一般情况下，磨高速钢车刀用白色氧化铝砂轮，因为氧化铝砂轮砂粒的韧性好，比较锋利但硬度较低，其粒度号宜选择在 46 号到 60 号之间；磨硬质合金刀具用绿色碳化硅砂轮，碳化硅砂轮的砂粒硬度高、切削性能好，但比较脆，其粒度号宜选择在 60 号到 80 号之间。

2．使用砂轮的安全知识

（1）新安装的砂轮必须严格检查，经过试运行后方可使用。

（2）刃磨刀具前，应检查砂轮有无裂纹，砂轮轴螺母是否拧紧，以免砂轮碎裂或飞出伤人。

（3）砂轮支架与砂轮的间隙不得大于 3mm，若发现过大，应适当调整。

（4）刃磨刀具时，应尽可能地使用砂轮的圆周面，并使刀具左右均匀移动，以使砂轮磨损均匀，而不产生沟槽。

（5）应避免在砂轮的两侧面用力粗磨车刀，以致使砂轮受力偏摆、跳动，甚至破碎。

（6）刃磨刀具时，两手要稳握刀杆，但不能用力过大，防止打滑接触砂轮面而发生工伤事故。

（7）必须根据车刀材料来选择砂轮的种类，否则将达不到良好的刃磨效果。一般不允许在砂轮上磨有色金属和非金属材料，以免堵塞砂轮。

（8）若砂轮出现堵塞或有沟槽时，应及时用金刚笔修磨砂轮，否则，刃磨刀具将很困难。

（9）刃磨时，要戴好防护镜且不要正对砂轮的旋转方向，以免砂轮碎裂使操作者受伤。

（10）不要戴手套或用棉布包住刀具刃磨，以免手套或棉布被砂轮机卷入而发生事故。

7.3.5 刃磨车刀的姿势及方法

1．刃磨车刀的姿势

（1）人站立在砂轮机的侧面，以确保安全。

（2）两手握刀要有一定的距离，一般前面为支点，后面控制方向和角度大小。

（3）两肘要夹紧腰部，以减小磨刀时抖动。

（4）磨刀时，刀具一般位于砂轮的水平中心，且刀尖略上翘 5° 左右。

（5）车刀在接触砂轮时，应从下至上逐渐刃磨至刀刃；车刀在退出砂轮时，应从下至上逐渐退离砂轮，以免磨好的刃口被碰伤。

（6）磨后刀面时，刀杆尾部应向左偏过一个主偏角的角度；磨副后刀面时，刀杆尾部应向右偏过一个副偏角的角度。

（7）修磨刀尖圆弧时，应左手为支点，右手转动车刀尾部。

2．刃磨车刀的方法

车刀的刃磨方法有机械刃磨和手工刃磨两种。手工刃磨车刀方法步骤如下。

（1）在氧化铝砂轮上将刀面上的焊渣或多余的材料磨掉。

（2）在氧化铝砂轮上粗磨出刀杆材料的主后刀面和副后刀面，角度略大于主后角和副后角 2° 左右。

（3）磨主后刀面，同时磨出主偏角及主后角，如图 7-14（a）所示。

（4）磨副后刀面，同时磨出副偏角及副后角，如图 7-14（b）所示。

（5）磨前刀面同时磨出前角，如图 7-14（c）所示。

（6）修磨各刀面及刀尖，如图 7-14（d）所示。

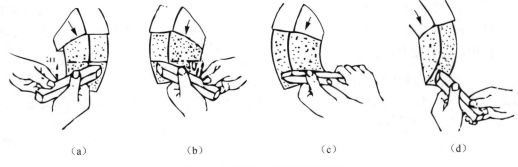

(a)　　　　　　(b)　　　　　　(c)　　　　　　(d)

图 7-14　外圆车刀的刃磨步骤

7.4　车削中的物理现象

金属切削过程是指在机床上利用刀具，通过刀具与工件之间的相对运动，从工件上切下多余的金属，从而形成切屑和已加工表面的过程。在这个过程中，会产生切削变形、切削力、切削热与切削温度、刀具磨损等现象。

7.4.1 切屑的形成与积屑瘤

1. 切屑的形成与切削变形区

塑性金属切削过程是指被切削层金属在刀具的挤压作用下产生变形并与工件分离形成切屑的过程。

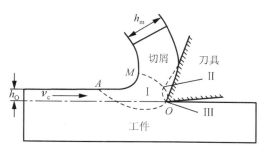

如图 7-15 所示，切削过程伴随着切削运动进行。随着切削层金属以切削速度 v_c 向刀具前刀面接近，在前刀面的挤压作用下，被切金属产生弹性变形，并逐渐加大，其内应力也在增加。当被切金属运动到如图 7-15 所示的 OA 线时，其内应力达到屈服点，开始产生塑性变形，金属内部发生剪切滑移。OA 称为始滑移线（始剪切线）。随着被切金属继续向前刀面逼近，塑性变形加剧，内应力进一步增加，到达 OM 线时，变形和应力

图 7-15 切削过程中的变形区

达到最大。OM 称为终滑移线（终剪切线）。切削刃附近金属内应力达到金属断裂极限而使被切金属与工件本体分离。分离后的变形金属沿刀具的前刀面流出，成为切屑。

上述切削变形的分析，可按变形程度将切削变形划成三个变形区。

从 OA 线开始发生剪切滑移塑性变形，到 OM 线晶粒的剪切滑移基本完成，这一区域（Ⅰ）称为第一变形区。

切屑沿前刀面排出时进一步受到前刀面的挤压和摩擦，使切屑底层靠近前刀面处的金属纤维化，其方向基本上和前刀面平行。这一区域（Ⅱ）称为第二变形区。

已加工表面受到切削刃钝圆部分和后刀面的挤压、摩擦和回弹作用，造成纤维化与加工硬化，这一区域（Ⅲ）称为第三变形区。

三个变形区各具特点，又相互联系、相互影响。切削过程中产生的许多现象均与金属层变形有关。在切削过程中，变形程度越大，工件的表面质量越差，切削过程中所消耗的能量越多。

2. 切屑的种类

切削加工中，当工件材料切削条件不同时，会形成不同的切屑。按其形态不同，可分为 4 种类型，如图 7-16 所示。

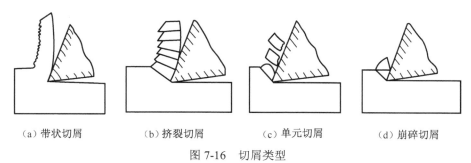

（a）带状切屑　　　（b）挤裂切屑　　　（c）单元切屑　　　（d）崩碎切屑

图 7-16 切屑类型

3．积屑瘤

在一定范围的切削速度下，切削塑性金属时，常发现在刀具前刀面靠近切削刃的部位都附着一小块很硬的金属，这就是积屑瘤，如图 7-17 所示。

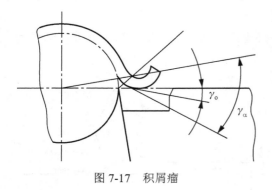

图 7-17　积屑瘤

在形成积屑瘤的过程中，金属材料因塑性变形而被强化。因此，积屑瘤的硬度比工件材料的硬度高，能代替切削刃进行切削，起到保护切削刃的作用。积屑瘤的存在，增大了刀具实际工作前角，使切削轻快，粗加工时希望产生积屑瘤。但是积屑瘤会导致切削力的变化，引起振动，并会有一些积屑瘤碎片附在工件已加工表面上，使表面变得粗糙，故精加工时应尽量避免积屑瘤产生。

因此，一般精车、精铣采用高速切削，而拉削、铰削和宽刀精刨时，则采用低速切削，以避免形成积屑瘤。选用适当的切削液，可有效地降低切削温度，减小摩擦，也是减少或避免积屑瘤的重要措施之一。

7.4.2　切削力和切削功率

切削过程中作用在刀具与工件上的力称为切削力。切削力所做的功就是切削功。

切削力有两个方面的来源：一是切削层金属变形产生的变形抗力和切屑；二是工件与刀具间摩擦产生的摩擦抗力。图 7-18 所示为切削力的来源。

切削力是一个空间力，大小和方向都不易直接测定。为了适应设计和工艺分析的需要，一般把切削力分解，研究它在一定方向上的分力。

切削力 F 可沿坐标轴分解为三个互相垂直的分力 F_c、F_p、F_f，如图 7-19 所示。

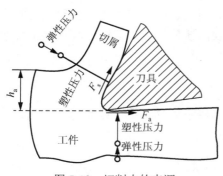

图 7-18　切削力的来源

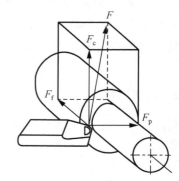

图 7-19　切削力分解

（1）主切削力 F_c：切削力在主运动方向上的分力。

（2）背向力 F_p：切削力在垂直于假定工作平面方向上的分力。

（3）进给力 F_f：切削力在进给运动方向上的分力。

它们的关系是

$$F = \sqrt{F_c^2 + F_p^2 + F_f^2}$$

车削时，主切削力是最大的一个分力，它消耗切削总功率的 95%左右，背向力在车外圆时不消耗功率，进给力作用在机床的进给运动机构上，占消耗总功率的 5%左右。

切削力的大小是由工件材料、切削用量、刀具角度、切削液和刀具材料等诸多因素决定的。在一般情况下，对切削力影响比较大的是工件材料和切削用量。

7.4.3 切削热和切削温度

金属切削过程中消耗的能量除了极少部分以变形能留存于工件表面和切屑中外，基本上转变为热能。大量的切削热导致切削区域温度升高，直接影响刀具与工件材料的摩擦系数、积屑瘤的形成与消退、刀具的磨损、工件的加工精度和表面质量。

1. 切削热

在切削过程中，由于绝大部分的切削功都转变成热量，所以有大量的热产生，这些热称为切削热。切削热产生以后，由切屑、工件、刀具及周围的介质（如空气）传出。各部分传出的比例取决于工件材料、切削速度、刀具材料及刀具几何形状等。实验结果表明，车削时的切削热主要是由切屑传出的。切削热传出的比例是：切屑传出的热为 50%～86%；工件传出的热为 40%～10%；刀具传出的热为 9%～3%；周围介质传出的热约为 1%。

传入切屑及介质中的热量越多，对加工越有利。传入刀具的热量虽不是很多，但由于刀具切削部分体积很小，因此刀具的温度可达到很高（高速切削时可达到 1000℃以上）。温度升高以后，会加速刀具的磨损。传入工件的热可能使工件变形，产生形状和尺寸误差。

在切削加工中要设法减少切削热的产生、改善散热条件以及减小高温对刀具和工件的不良影响。

2. 切削温度

切削温度一般是指切屑与刀具前刀具面接触区的平均温度。切削温度的高低，除了用仪器进行测定外，还可以通过观察切屑的颜色估计出来。例如，切削碳钢时，随着切削温度的升高，切屑的颜色也发生相应的变化，淡黄色约 200℃，蓝色约 320℃。

切削温度的高低取决于切削热的产生和传出情况，它受切削用量、工件材料、刀具材料及几何形状等因素的影响。切削速度对切削温度影响最大，切削速度增大，切削温度随之升高；进给量影响较小；背吃刀量影响更小。前角增大，切削温度下降，但前角不宜太大，前角太大，切削温度反而升高；主偏角增大，切削温度升高。

7.4.4 刀具磨损和刀具耐用度

一把刀具使用一段时间以后，它的切削刃变钝，以致无法再使用。对于可重磨刀具，经过重新刃磨以后，切削刃恢复锋利，仍可继续使用。这样经过"使用—磨钝—刃磨锋利"若干个循环以后，刀具的切削部分便无法继续使用，而完全报废。刀具从开始切削到完全报废，实际切削时间的总和称为刀具寿命。

1. 刀具磨损的形式与过程

刀具正常磨损时，按其发生的部位不同可分为三种形式，即后刀面磨损、前刀面磨损、前刀面与后刀面同时磨损（图 7-20 所示中 VB 代表后刀面磨损尺寸）。

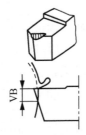 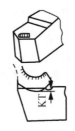 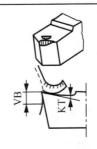

（a）后刀面磨损　　　　（b）前刀面磨损　　　（c）前刀面与后刀面同时磨损

图 7-20　刀具的磨损形式

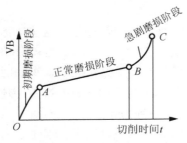

图 7-21　刀具的磨损曲线

随着切削时间的延长，刀具的磨损量不断增加。但在不同的时间阶段，刀具的磨损速度与实际的磨损量是不同的。如图 7-21 所示，反映了刀具的磨损和切削时间的关系，可以将刀具的磨损过程分为三个阶段，第一阶段（*OA* 段）称为初期磨损阶段，第二阶段（*AB* 段）称为正常磨损阶段，第三阶段（*BC* 段）称为急剧磨损阶段。

经验表明，在刀具正常磨损阶段的后期、急剧磨损阶段之前，换刀重磨为最好。这样既可保证加工质量又能充分利用刀具材料。

增大切削用量时切削温度随之增高，将加速刀具磨损。在切削用量中，切削速度对刀具磨损的影响最大。此外，刀具材料、刀具几何形状、工件材料以及是否使用切削液等，也都会影响刀具的磨损。适当加入刀具前角，由于减小了切削力，可减少刀具的磨损。

2．刀具耐用度

刀具的磨损限度，通常用后刀面的磨损程度作为标准。但是，生产中不可能用经常测量后刀面磨损的方法来判断刀具是否已经达到容许的磨损限度，而常规是按刀具进行切削的时间来判断。刃磨后的刀具自开始切削直到磨损量达到磨钝标准所经历的实际切削时间称为刀具耐用度，以 *T* 表示。

粗加工时，多以切削时间（min）表示刀具耐用度。例如，目前硬质合金焊接车刀的耐用度大致为 60min，高速钢钻头的耐用度为 80～120min，硬质合金端铣刀的耐用度为 120～180min，齿轮刀具的耐用度为 200～300min。

精加工时，常以走刀次数或加工零件个数表示刀具的耐用度。

7.5　车外圆、端面和台阶

7.5.1　车外圆

车外圆是车工操作最基本的工作内容之一。

车削轴类零件一般分粗车和精车两个阶段。粗车时，要留一定的精车余量，且要尽快地将毛坯多余的金属去除，以提高切削效率。精车时，因余量少，必须保证工件达到图样所要求的尺寸精度和表面质量。

1．外圆车刀的选用和安装

（1）外圆车刀的选用。

① 粗、精车刀的选用。粗车的特点切削深、进给快，因此对粗车刀的要求是：有足够的强度，能在一次进给中切削较多的余量。

选择粗车刀几何参数的一般原则如下：

为了增强刀头强度，前角 γ_o 和后角 α_o 应取小些。

粗车时选用 $-3° \sim 3°$ 的刃倾角以增加刀头的强度。

主偏角 K_r 不宜太小，太小容易引起振动。当工件形状许可时，最好选用 75° 左右，因为这时的刀尖角 ε_r 较大，不仅能承受较大的切削力，而且还有利于刀尖散热。

粗车塑性材料时，为保证切削能顺利进行和自行断屑，应在前刀面上磨有断屑槽。断屑槽类型常用的有直线形、圆弧形和直线圆弧形三种。

精车时的特点是工件必须达到规定的尺寸精度和表面粗糙度，因此要求车刀必须锋利，切削刃要平直光洁，刀尖处应磨有修光刃，且使切屑排向工件的待加工表面。

选择精车刀几何参数的一般原则如下：

为使车刀锋利，切削轻快，前角 γ_o 一般应取大些。

为了减小车刀和工件之间的摩擦，后角 α_o 应取大些。

为使切屑排向工件的待加工表面，应取正值的刃倾角。

为了减小工件的表面粗糙度，应取较小的副偏角 k_r'。

精车塑性金属材料时，为了断屑，车刀前刀面应磨较窄的断屑槽。

② 刀具类型的选择。90° 车刀又称为偏刀，其主偏角 K_r 为 90° 左右，分为右偏刀和左偏刀两种，如图 7-22 所示。

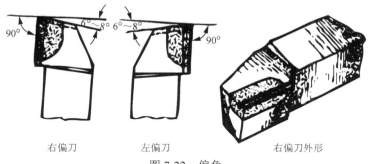

右偏刀　　　　　左偏刀　　　　　右偏刀外形

图 7-22　偏角

右偏刀用于正向进给，一般用来车削工件的外圆、端面和右向阶台，如图 7-23（a）所示。车外圆时，因它的主偏角较大，作用于工件的径向力较小。

左偏刀用于反向进给，一般用来车削左向阶台和工件的外圆，如图 7-23（b）所示。

75° 车刀：其主偏角 K_r 为 75°，刀尖角 ε_r 大于 90°。刀头强度好，因此适用于粗车轴类零件的外圆等。

（2）外圆车刀的安装。车刀安装得正确与否，将直接影响切削能否顺利进行和工件的加工质量。因此安装车刀时，应注意以下问题。

① 车刀安装在刀架上，一般伸出量为刀杆高度的 $1 \sim 1.5$ 倍。伸出过长切削时易产生振动，影响工件的表面质量。

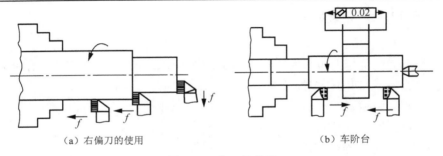

（a）右偏刀的使用　　　　　　　　（b）车阶台

图 7-23　偏刀的使用

② 车刀刀尖一般应与工件轴线等高，否则会使刀具的前、后角数值发生变化，如图 7-24 所示。

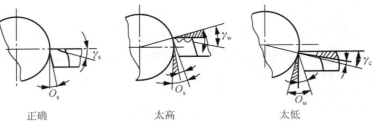

正确　　　　　　　　太高　　　　　　　　太低

图 7-24　车刀高低对前后角的影响

③ 车刀的垫片要平整，数量要少，垫片应与刀架对齐，如图 7-25 所示。

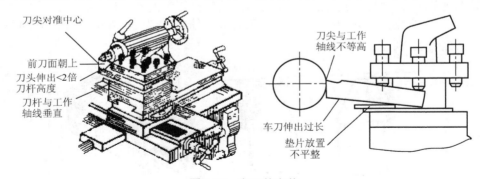

图 7-25　车刀的安装

④ 车刀刀杆中心线应与进给方向垂直，否则会使刀具主偏角和副偏角的数值发生变化，如图 7-26 所示。

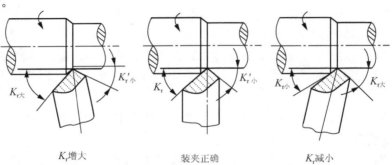

K_r增大　　　　　　装夹正确　　　　　　K_r减小

图 7-26　车刀装偏对主副偏角的影响

⑤ 调整中心高时，至少要用两个螺钉交替将车刀拧紧。

2．工件的装夹与校正

（1）工件的装夹。为确保安全，应将主轴置于空挡位置，安装工件步骤如下。

① 张开卡爪，张开量略大于工件直径，右手持稳工件，将工件平行地放入卡爪内，并作稍稍转动，使工件在卡爪内的位置基本合适。

② 左手转动卡盘扳手，待工件轻轻夹紧后，右手方可松开工件；双手转动卡盘扳手，将工件夹紧。

③ 在满足加工需要的情况下，尽量减少工件的伸出长度，以提高工艺系统的刚性。

（2）工件的校正。三爪自定心卡盘是自动定心夹具，装夹工件一般不需校正。但当工件夹持长度较短而伸出长度较长时，必须校正后方可车削。否则，可能导致加工余量不足，或者因跳动过大产生断续切削而使得刀具磨损过快甚至打刀。

当毛坯余量较大可用划针找正，余量较小的精加工时可用百分表找正。工件的校正方法：将划针尖靠近轴端外圆，左手转动卡盘，右手轻轻敲动划针，使针尖与外圆的最高点正好未接触到，然后目测针尖与外圆之间的间隙变化，当出现最大间隙时，用锤子将工件轻轻向针尖方向敲动，使间隙缩小约一半，然后，将工件再夹紧些。重复上述检查和调整，直到跳动量小于加工余量即可。工件校正后，应用力夹紧。

3．车削用量的选择

车削时，应根据加工要求和切削条件，合理选择切削深度、进给量和切削速度。

（1）切削深度 a_p 的选择。切削深度的选择由工件的加工余量和工艺系统（机床、刀具、夹具、工件等）的刚度决定。粗车时，应尽可能选用较大的切削深度，以减少进刀次数；只有当车削余量很大，一次进刀车削会引起振动，造成刀具、车床等损坏时，才考虑分几次车削，但前几次，特别是第一次车削时，切削深度应选大一些，以使刀尖部分避开工件表面的冷硬层，提高生产率。半精车和精车，其车削余量一般分别为 1～3mm 与 0.1～0.5mm，通常一次车削完成。

（2）进给量 f 的选择。粗车时，在工艺系统刚度许可的条件下进给量应选大些，以缩短进给时间，一般取 f=0.3～0.8mm/r；精车时，为保证工件粗糙度的要求，进给量应选小些，一般取 f=0.08～0.3mm/r。

（3）切削速度 v_c 的选择。在切削深度与进给量确定之后，切削速度 v_c 应根据车刀的材料及几何角度、工件材料、加工要求与冷却润滑等情况确定。

4．车外圆的操作步骤

（1）检查毛坯尺寸，选用车削用量。根据加工余量确定进刀次数与切削深度及其进给量。

（2）确定车削长度。首先用钢直尺或样板量取加工长度，如图 7-27 所示，然后用划针或卡钳在工件表面划出加工线，如图 7-28 所示。有时也可用大滑板手柄刻度来控制车削长度。

（3）启动前准备。启动机床前，用手转动卡盘，检查有无碰撞处，并调整车床主轴转速。

（4）试切。为了控制车削尺寸，通常都要采用试切，试切步骤如图 7-29 所示。

① 启动车床，移动床鞍与中滑板，使车刀刀尖与工件表面轻微接触，如图 7-29（a），并记下中滑板刻度。

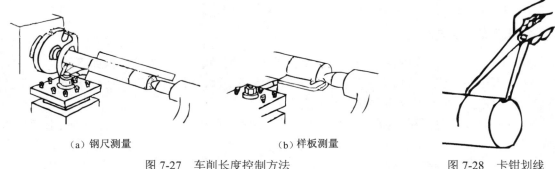

（a）钢尺测量　　　　　　　　　　（b）样板测量

图 7-27　车削长度控制方法　　　　　　　　图 7-28　卡钳划线

② 中滑板丝杠手柄不动，移动床鞍，退出车刀与工件端面距 2～5mm，如图 7-29（b）所示。

③ 按选定的切削深度 a_{p1}、摇动中滑板丝杠手柄，根据中滑板刻度作横向进给，如图 7-29（c）所示。

④ 纵向走刀，试切长度为 1～3mm，如图 7-29（d）所示。

⑤ 中滑板丝杠手柄不动，向右退出车刀，停车，测量工件尺寸，如图 7-29（e）所示。

⑥ 根据测量结果，调整切削深度 a_{p2}，如图 7-29（f）所示；如果尺寸合格，即可手动或自动进刀车削（中滑板丝杠手柄不动）；如果不符合要求，则应根据中滑板刻度调整切削深度，再进刀车削。

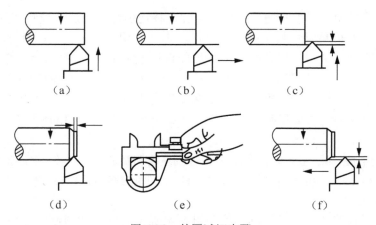

（a）　　　　　　　　　（b）　　　　　　　　　（c）

（d）　　　　　　　　　（e）　　　　　　　　　（f）

图 7-29　外圆试切步骤

⑦ 当手动或自动进刀车削到达外圆长度刻度处时，应停止进给，摇动中滑板丝杠手柄，退出车刀，并将床鞍退回原位，最后停车。

⑧ 检测外圆直径尺寸用游标卡尺或千分尺，检测长度尺寸一般用钢直尺或用游标深度尺。

（5）直径尺寸的控制。利用中滑板，通过试切调整切削深度来完成，因此必须学会使用中滑板刻度盘。为保证进给尺寸正确，必须注意如下事项。

① 丝杠螺母间存在间隙，会产生空行程现象，即当刻度盘转动时，滑板、刀架并未移动。进给时，应将刻度慢慢地转到所需刻度上，如图 7-30（a）所示；如不慎将刻度盘多转了几格刻度，不能简单地直接退回多转的格数，如图 7-30（b）所示；必须向进给的反方向退回全部空行程后，再向进给方向转过所要的格数，如图 7-30（c）所示。

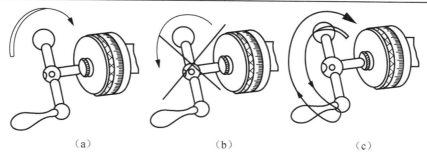

（a）　　　　　　　　（b）　　　　　　　　（c）

图 7-30　刻度盘的使用

② 每台机床的间隙都不一样，必须反复地练习，找出本台机床的特点，以便更好地控制尺寸。

③ 使用中滑板刻度时，车刀横向进给的切削深度 a_p 正好为工件直径变化量的 1/2，使用时，应特别注意刻度值与直径尺寸之间的关系。

④ 外圆车完后，应在外圆与平面的交角处用 45° 车刀倒角，倒角的大小由图样决定，如果图样未标注，也必须将锐边倒钝 0.2～0.3mm，以防锐边伤人。

7.5.2　车端面

对工件端面进行车削称为车端面。

1. 工件的装夹

车端面时，用三爪卡盘夹紧工件，工件的伸出长度不宜过长，以防止工件跳动过大，而发生打刀或其他事故。一般悬伸长度不超过工件总长的 1/3。并且应同时校正外圆与端面的跳动。

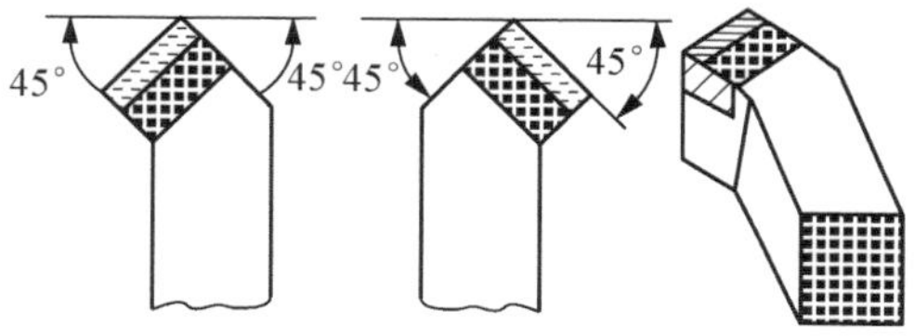

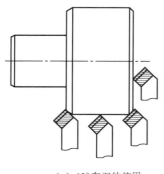

45° 右　　　45° 左　　　立体图

图 7-31　45° 车刀

2. 端面车刀的选择及安装

常用的端面车刀有 45° 车刀、90° 车刀等。

（1）45° 车刀。45° 车刀如图 7-31 所示，刀头强度和散热条件比 90° 车刀好。适用于工件直径较大、余量较多的端面车削。45° 车刀的使用，如图 7-32（a）所示。

（2）90° 车刀。对于工件直径较小且切削余量较少的，采用 90° 车刀车削端面，其安装进给方式，如图 7-32（b）所示。

（a）45° 车刀的使用　　　　　　　（b）90° 车刀横向进给

f

图 7-32　端面车刀的选择

3．车端面时切削用量的选择

切削用量选择的目的，是要在保证加工质量和刀具耐用度的前提下，使切削时间最短，劳动生产率最高，成本最低。

切削用量三要素对刀具耐用度的影响是不同的，切削速度影响最大，其次是进给量，切削深度的影响最小。

（1）切削深度 a_p 的选择。切削深度根据加工余量确定，粗加工时，在留有精加工及半精加工的余量后，应尽量使一次走刀就能切除全部粗加工余量，若余量太大一次无法切除，则每次的被吃刀量（切削深度）一般取 2～5mm，给半精车和精车留 0.3～0.5mm 的余量。

（2）进给量 f 的选择。当切削深度确定后，进给量的选择受机床和刀具的刚度和强度、工件精度、表面质量和断屑等条件限制。

粗车时，在条件许可下应选大的进给量以提高生产率，通常选 0.2mm/r 左右。精车时，选小的进给量，以提高工件的加工精度和表面质量，一般选取 0.1mm/r 左右。

（3）切削速度 v_c 的选择。在生产实际中，首先根据工件直径和初选的切削速度，然后用式（7-3）粗估算出主轴转速，最后按照车床的转速表选择最接近的一挡转速。

4．车端面的操作方法与检查

（1）操作。首先安装好工件和刀具，开动机床使主轴转动。再将刀架快速移到适当的位置，使车刀的刀尖接近工件的外圆和端面约 5mm，后手动进给使刀尖轻轻接触工件端面，中滑板退刀，小滑板进给控制切削余量，最后横向走刀。

（2）加工方法。车削端面的方法与选定的车刀种类有关，用不同的车刀车削端面的方法，如图 7-33 所示。

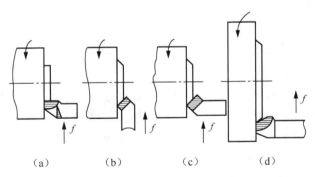

（a）　　　　（b）　　　　（c）　　　　（d）

图 7-33　用不同车刀车端面方法

当用 90°偏刀车削端面，若刀具从工件外圆向工件中心进给，则是在用刀具副切削刃切削，切削不顺利，当切削深度较大时容易产生凹面，如图 7-34（a）所示；如果从中心向外圆进刀，则是由主切削刃切削，因而不易发生凹面，如图 7-34（b）所示；若在偏刀的副切削刃上磨出前角，使其变成主切削刃来横向切削，则不会产生凹凸面，如图 7-34（c）所示。

（3）端面质量检查和分析。比较常见且简易的方法是用钢尺或平尺检查，如图 7-35 所示。产生端面不平、凹凸或工件中心留有小凸台等现象的原因如下。

① 刀具安装不正确，刀尖与工件中心不等高。

② 刀具不锋利，切削深度过大且车床滑板间隙过大。

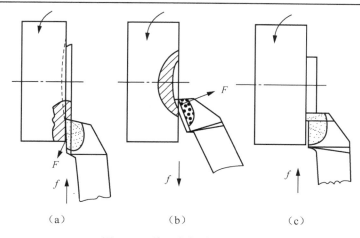

图 7-34　偏刀车削端面示意图

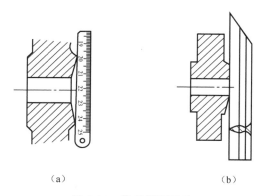

图 7-35　检查端面凹凸

端面表面粗糙度差的原因如下。

① 车刀不锋利。

② 手动进给不均匀或机动进给量选择不合理。

（4）车端面时注意事项。

① 车削较长的工件端面时，应选用较低的转速。

② 确定端面的车削余量时，应注意车削前，先测量毛坯长度，确定端面的车削余量；如工件两端面均需车削，一般先车的一端应尽可能少车，将大部分车削余量留在另一端。

③ 车端面时，要求车刀刀尖严格对准工件中心，高于或低于工件中心，都会使工件端面中心处留有凸台，并易损坏刀尖。

④ 粗车铸、锻件端面前，应先倒角，可防止表面硬皮损坏刀尖，一般第一刀切削深度要超过工件硬皮层，否则即使已倒角，但车削时刀尖仍在硬皮层，极易磨损。

⑤ 当刀尖在接近工件中心时要用手动进给，且进给量减小。

7.5.3　车台阶

（1）车刀的选用。台阶外圆用 90° 偏刀车成，偏刀的主偏角应略大于 90°，通常为 91°～93°。

（2）台阶长度的控制。常用的方法有以下两种。

　　① 刻线痕法：以已加工端面为基准面，用钢直尺量出台阶长度尺寸，用刀尖对准钢直尺的刻度处，开车，再用刀尖轻轻刻出线痕。

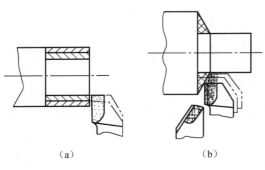

图 7-36　车台阶

　　② 床鞍刻度控制法：启动车床，移动床鞍与中滑板，使刀尖靠近工件端面，再移动小滑板，使刀尖与工件端面（基准面）轻轻接触；后横向退出车刀，将床鞍刻度盘调整至零位，当精度要求不高时可用床鞍上大滑板的刻度控制长度；当精度要求较高时，可先用床鞍上大滑板移动到接近所要求的长度后再用小滑板来精确定位，控制长度。

　　（3）车削低台阶。相邻两圆柱直径差较小为低台阶，可用 90°偏刀直接车削，如图 7-36（a）所示；但最后一次进刀时，车刀在纵向进刀结束后，须转动中滑板丝杠手柄均匀退出车刀，以确保台阶面与外圆表面垂直。

　　（4）车削高台阶。相邻两圆柱直径差较大为高台阶。通常采用分层切削，如图 7-36（b）所示，可先用 75°偏刀粗车，再用 90°偏刀半精车和精车，当车刀刀尖距离台阶位置 1～2mm 时，应停止机动进给，改用手动进给。当车至台阶位置时，车刀应横向慢慢退出。

　　（5）台阶的测量。台阶的长度，通常用钢直尺或用游标卡尺上的深度尺来测量，也可用样板检测。

　　在台阶与外圆交角处，应倒钝锐边或根据要求倒角。

7.6　切断与车槽

　　把车削完成后的工件从原材料上切割下来，这样的加工方法称为切断。

　　在外圆或轴肩部位车削沟槽，称为车槽。一般用于加工螺纹时的退刀槽或磨削时砂轮的越程槽等。

7.6.1　切断刀的选用及其安装

　　切断刀以横向进给为主，前端的刀刃为主切削刀，两侧刀刃为副切削刃，其特点是主切削刃较窄，刀头较长，所以强度较差，易被折断，在选用刀头的几何参数和切削用量时应特别注意。

1. 切断刀的种类与选用

　　常用的切断刀有高速钢切断刀，硬质合金切断刀等。切断较小直径工件。通常采用高速钢；切断较大直径或较硬的材料时，常采用硬质合金切断刀。

　　（1）高速钢切断刀及其几何角度，如图 7-37 所示。

　　前角 γ_0：切断中碳钢时一般取 20°～30°，切断铸铁时取 0°～10°。

　　后角 α_0：切断塑性材料时取大些，切断脆性材料时取小些，一般取 6°～8°。

　　副后角 α_0'：切断刀有两个对称的副后角，一般取 1°～2°。

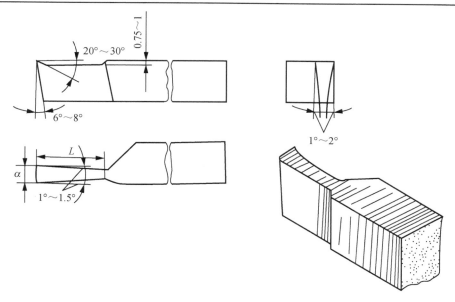

图 7-37　高速钢切断刀及其角度

　　注意，在切断时，工件端面上往往会留有一个小凸台，如图 7-38（a）所示，解决的方法是把主切削刃略磨斜些，如图 7-38（b）所示。

　　（2）硬质合金切断刀的几何角度。硬质合金切断刀与高速钢切断刀的几何角度有相同的要求，如图 7-39 所示。

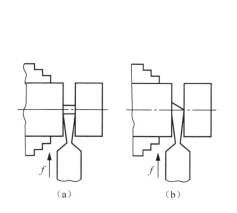

图 7-38　切断时的工件的端面

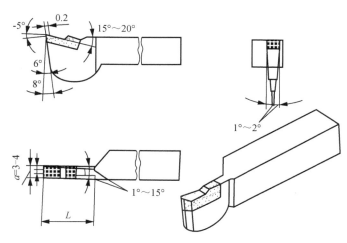

图 7-39　硬质合金切断刀及其角度

2．切断刀的安装

　　（1）刀具不要伸出过长，且刀具中心线要垂直于工件中心线，保证两个副偏角对称相等。

　　（2）在切实心工件时，主切削刃的刀尖要与主轴轴线等高，否则不能切到工件的中心，而且容易蹦刃甚至折断打刀。

　　（3）刀具的底平面应平整，以保证两个副后角对称。

7.6.2　切断、切槽时的切削用量

1．切削深度

切断切槽时的切削深度就是主切削刃的宽度。

2．进给量

切断、切槽刀的刀头强度较低，应适当减小进给量，进给量过大时容易使刀头折断；当进给量过小又会使刀具的后面和工件表面强烈摩擦，引起振动。因此，进给量的大小应根据工件和刀具材料来决定。

（1）高速钢刀具的进给量。在切削钢件时，$f=0.05\sim0.1\text{mm/r}$；在切削铸铁时，$f=0.1\sim0.15\text{mm/r}$。

（2）硬质合金刀具的进给量。在切削钢件时，$f=0.1\sim0.15\text{mm/r}$；在切削铸铁时，$f=0.15\sim0.2\text{mm/r}$。

3．切削速度

（1）高速钢刀具的切削速度。切削钢件时，$v_c=0.5\sim0.67\text{m/s}$；切削铸铁时，$v_c=0.25\sim0.42\text{m/s}$。

（2）硬质合金刀具的切削速度。切削钢件时，$v_c=1.33\sim2\text{m/s}$；切削铸铁时 $v_c=1.0\sim1.67\text{m/s}$。

7.6.3　切断、切槽的车削方法

直角沟槽可用切断刀车削，但切削刃必须平直。车削宽度不大的沟槽，可用刀头宽度等于槽宽的切断刀直进法一次车出。较宽的沟槽，用切槽刀分几次纵向进给，先把槽的大部分余量车去，但必须在槽的底部与两侧留有余量，最后根据槽的位置、宽度和深度进行精车。这样既有利于提高槽的位置尺寸精度，又降低槽的表面粗糙度数值。

1．切断、切槽前的准备

（1）工件应装夹牢固，工件伸出长度在满足切断位置的前提下应尽可能短。

（2）刀具应装夹牢固，且主切削刃应与主轴平行。

（3）中、小滑板的间隙应调小些，以减小让刀量，防止打刀。

（4）移动床鞍，用钢直尺对刀，确定切断位置并做记号（划线或用机床刻度盘）。注意工件的长度上要留有加工余量，如图 7-40 所示。

2．切断的方法

（1）切断方法有直进法与左右借刀法。工件直径较小时，可采用直进法，如图 7-41（a）所示；工件直径较大时，可采用左右借刀法，如图 7-41（b）所示。

（2）手动切断进给时，中滑板进给的速度应均匀，并要控制断屑。工件直径较大或长度较长时，一般不能直接切到工件中心，当切至离工件中心 2～3mm 时，将车刀退出，停车后用手将工件扳断。

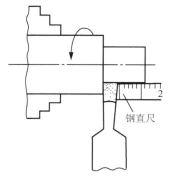

图 7-40 切断位置的确定

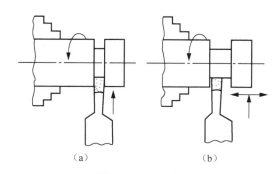

（a） （b）

图 7-41 切断的方法

3．切槽、切断时的注意事项

（1）工件的毛坯表面不圆时，应先车外圆。刚开始切入工件时，进给速度应慢些且进给均匀，以防"扎刀"。

（2）当用一夹一顶装夹工件时，不要把工件全部切断，以防工件折断后飞出。

（3）发现切断面上凹凸不平或有明显扎刀痕迹时，应及时修磨切断刀。

（4）发现车刀切不进时，应立即退刀，检查车刀是否对准工件中心或是否锋利等。

（5）如果切削中途需要停车，必须先退刀，后停车，以避免刀头折断。

（6）切断接近中心时，用手动进给，且降低进给量。

4．外沟槽的测量

外沟槽的直径可用卡钳或游标卡尺测量，其宽度可用游标卡尺、塞规或卡规来检测，如图 7-42 所示。

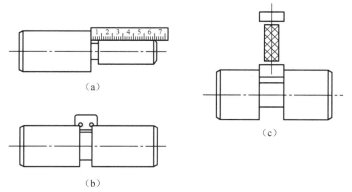

（a）

（b）

（c）

图 7-42 外沟槽的测量

7.6.4 切断刀折断的原因和防止切削振动的措施

1．切断刀折断的原因

在切断过程中，刀头进入工件越深，排屑越困难，同时被切割的直径越小，切削速度变化越大，如果前角太小或断屑槽选择不合理易造成切屑堵塞，使刀头承受的压力剧增，引起切断刀折断。

（1）切断刀的几何形状刃磨不正确，副后角、副偏角太大，主切削刃太窄，刀头过长，削弱了刀头的强度；切削刃前角过大，造成扎刀。另外，刀头歪斜，切削刃两边受力不均，也易使切断刀折断。

（2）切断刀安装不正确，两副偏角安装不对，或刀尖没有对准工件中心。

（3）进给量太大或断续切削。

2．防止切削振动的措施

由于切断刀刀头部分狭长，支承刚性和强度比较差，且切断时刀刃是沿着径向进给的，而车床恰恰是径向刚性差，这样在径向进给时往往会产生振动，使切削无法进行，甚至损坏刀具。可采用下列措施防止切削振动。

（1）机床主轴间隙及中、小滑板间隙应尽量调小。

（2）适当增大刀具前角，使切削锋利且便于排屑，适当减小后角。

（3）切断刀离卡盘的距离一般应小于被切工件的直径。

（4）适当加快进给速度或减慢主轴转速。

7.7　钻孔和车内圆

车床上加工内孔的方法有钻孔、扩孔、车孔和铰孔。钻孔、扩孔适用于粗加工；车孔用于半精加工与精加工；铰孔通常只用于精加工。

利用钻头在实体上钻出孔的方法称为钻孔，钻孔的尺寸公差等级在 IT10 以下，表面粗糙度为 $Ra12.5\mu m$，用于孔粗加工。在车床上钻孔，如图 7-43 所示。

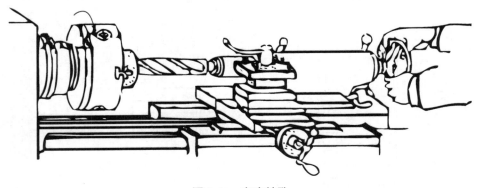

图 7-43　车床钻孔

7.7.1　麻花钻和镗孔刀具的选用及安装

1．麻花钻

麻花钻的几何形状和主要切削角度的刃磨质量会直接影响加工质量。

（1）麻花钻角度的检测方法。两主切削刃对称性的检测：可用万能角度尺直接测量。测量时，将刻度值调至121°，如图 7-44 所示，角度尺另一边检查主切削刃长度。检查时可用透光法来比较两切削刃的高低。两主切削刃高度不一致时应修磨，直至相等为止。

钻头后角的检测：钻头的后角可用目测法，如图 7-45 所示。在后刀面上主切削刃应在最高处，说明后角方向正确。后角的大小可通过观察横刃斜角的大小来判别。横刃斜角小于125°，说明后角小；反之，则说明后角大。

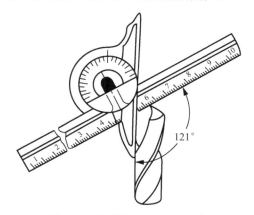

图 7-44 检测主切削刃的对称

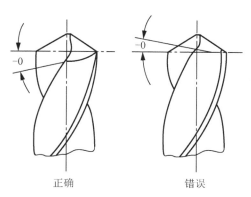

图 7-45 后角的检测

从麻花钻头部沿轴线方向观察，可以判断出顶角是否大于、等于还是小于180°。

（2）钻头的装卸。直柄麻花钻用钻夹头装夹；锥柄麻花钻用一个或数个锥形过渡套筒装夹，钻头装入尾座套筒时，必须擦净各结合面，同时应用力顶紧。

2. 镗孔刀

（1）镗孔刀的形式与选用。内孔镗刀可分为镗通孔刀与镗不通孔刀两种，如图 7-46 所示。其切削部分的几何形状与外圆车刀相似。通孔镗刀用于车通孔，其主偏角一般为 60°～75°，副偏角为 10°～20°。不通孔车刀用于车盲孔或台阶孔，其主偏角通常为 93°～95°；另外，刀尖到刀杆背面的距离 a 必须小于孔径的一半，否则，无法车平底平面。

选用内孔车刀时，刀杆应尽可能粗；刀杆工作长度应尽可能短，一般取大于工件孔长 4～10mm 即可。

（2）镗孔车刀的刃磨。镗孔车刀的刃磨与外圆车刀的刃磨相似，所不同的是镗孔车刀的后角应大些，但不能过大。因此为避免刀杆后刀面与孔壁相碰，一般磨成双重后角 α_1、α_2，如图 7-47 所示。刃磨前刀面时如需刃磨断屑槽，应注意断屑槽的刃磨方向：粗车刀，刃磨方向应平行于主切削刃刃磨；精车刀，刃磨方向应平行于副切削刃刃磨。

（3）镗孔车刀的装夹。装夹镗孔车刀，原则上刀尖高度应与工件旋转中心等高，实际加工时要适当调整。粗车时，刀尖略低于工件中心，以增加前角；精车时，可装得略高些，使工件后角稍增大些，既减少刀具与工件的摩擦，又不会"扎刀"。

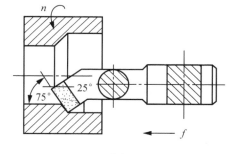

（a）

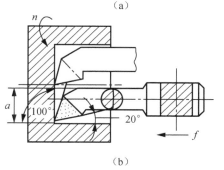

（b）

图 7-46 镗孔刀

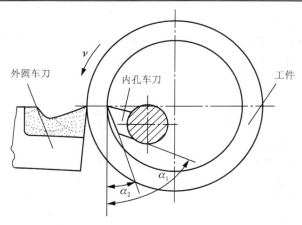

图 7-47　镗孔刀的后角

刀杆应与孔中心线平行，车刀伸出长度应尽可能短。

镗孔车刀装夹后，先不要固定刀体，应在车孔前摇动床鞍手轮使刀具在毛坯孔内来回移动一次，以检查刀具和工件有无碰撞，刀杆的伸出长短是否够，然后夹紧刀体。

7.7.2　孔加工切削用量选用

1．麻花钻切削用量

在实体工件上钻孔，吃刀深度 a_p 为钻头直径一半。通常取进给量 $f = 0.15\text{mm/r}$ 左右。用高速钢钻头钻孔时，切削速度通常取 $v_c = 0.35\text{m/s}$，钻较硬材料时应选用较小值。

2．镗孔切削用量

（1）粗镗孔。根据加工余量，确定背吃刀量与进刀次数，通常背吃刀量 $a_p = 1 \sim 3\text{mm}$，进给量 $f = 0.2\text{mm/r}$ 左右；切削速度 v_c 应比车外圆的速度低 1/3 左右。粗车后留给精车的余量通常为 $0.5 \sim 1\text{mm}$。

（2）精镗孔。精车时，最后一刀的背吃刀量以 $a_p = 0.15\text{mm}$ 左右为宜，进给量 $f = 0.1\text{mm/r}$；用高速钢车刀精车时，切削速度 $v_c = 0.05 \sim 0.1\text{m/s}$。

7.7.3　孔加工方法及注意事项

1．钻孔的操作要领

（1）钻孔前，应根据钻孔直径选择尺寸合适的钻头，工件端面须车平，中心处不得有凸台。必要时用中心钻引孔。

（2）钻头装入尾座套筒后必须校正钻头中心位置，使其与工件回转中心一致。

（3）当钻头刚切入工件端面时不可用力过大，以免钻偏或折断钻头。

（4）钻削小直径孔时应先钻定位中心孔，再钻孔。

（5）当用直径较小而长度较长的钻头钻孔时，为防止钻头晃动导致钻偏，可在刀架上夹一挡铁；当钻头与工件端面相接触时，移动床鞍与中滑板，使挡铁顶住钻头头部，如图 7-48 所示，顶紧力不可过大，不然会使钻头偏向另一边，转速要低。当钻头在工件内正常切入后，即可退出挡铁。同时，提高转速。

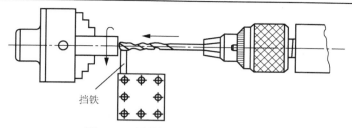

挡铁

图 7-48 用挡铁支挡防止钻头偏斜

（6）当钻入工件 2~3mm 时应及时退出钻头，停车测量孔径是否符合要求。

（7）钻较深孔时，手动进给时速度要均匀，并经常退出钻头，以清除切屑，同时，应向孔中注入充分的切削液。对于精度要求不高、长度长的工件，可采用调头钻孔的方法，先在工件一端将孔钻至大于工件长度的 1/2 后，再调头装夹校正，将另一半钻通。

（8）对于钻通孔，当孔将要钻通时钻尖部分不参加工作，切削阻力明显减少，进刀时，就会觉得很轻松，这时，应及时减慢进给速度，直至完全钻穿，待钻头完全从孔内退出后，再停车，以免钻头被咬死。

（9）对于钻盲孔，为控制钻孔深度，当钻头开始切入端面时即记下尾座套筒上的标尺刻度，或用钢直尺量出此时套筒的伸出长度，也可在钻头上做记号以控制孔深。钻入一段后，根据刻度或用钢直尺及时测量钻孔深度。当到达钻孔深度时，慢慢退出钻头。

（10）刚钻完孔的工件与钻头一般都较烫，不可用手去摸。

2. 镗孔的操作要领

镗孔时车刀在工件内部进行，不便观察，不易冷却与排屑。刀杆尺寸受孔径限制，不能制得太粗，又不能太短。对于薄壁工件车孔后易产生变形，尤其是小孔、深孔，加工难度更大，因此，镗孔比车外圆较难掌握。

（1）粗镗孔。粗镗孔与车外圆的操作方法基本相同，不同的是车内孔时中滑板进退刀的动作正好与车外圆相反，操作时必须引起重视。

控制孔径尺寸的方法与车外圆一样，也要进行试切，试切深度一般至孔口 1~3mm 内。长度尺寸的控制，在车通孔时，可采用在刀杆上作长度记号的办法。

当长度车至尺寸时，应迅速停止进给；车刀横向可不退刀，直接纵向退出，最后停车。

（2）精镗孔。精镗孔，尺寸的控制是关键。控制尺寸的方法同样采用试切法来完成，但试切时，对刀要细心、精确。

当长度车至尺寸位置时，应立即停止进给，并记下中滑板刻度，摇动中滑板手柄（注意退刀方向），使刀尖刚好离开孔壁即可，待车刀退出后再停车。

3. 注意事项

（1）车削过程中，应注意观察切削情况，如排屑不畅，应及时修正车刀的几何角度或改变切削用量，确保排屑流畅。

（2）车削过程中如发现尖叫、振动等情况，应及时停止车削退出车刀，通过修磨车刀或减小切削用量等办法来改善切削条件。

（3）粗车通孔时，由于背吃刀量与进给量都较大，因此当孔要车通时应停止机动进给，而改用手摇床鞍慢慢进给，以防崩刃。

（4）孔口应按要求倒角或去锐边。

4．镗阶梯孔

（1）镗孔刀的选用。如果台阶孔大小直径差较小，可用一把内孔车刀车削；若大小孔直径差较大，可用两把内孔车刀分别车削。一般选用盲孔镗孔车刀，即主偏角选用93°~95°。

（2）车削要领（以两台阶为例）。粗车小孔与大孔，先粗车小孔后粗车大孔，通常台阶长度尺寸由床鞍刻度来控制或划线（在刀具上划线）控制。

精车小孔到尺寸后再精车大孔，当床鞍刻度接近或将要到达孔深尺寸时，应停止自动进给，改用手动进给，并慢慢摇动中滑板手柄横向进给车台阶孔内端面至内孔圆柱面，以保证阶梯面的垂直。长度方向的尺寸一般通过大滑板粗定位后用小滑板精确控制。

5．内孔尺寸的测量

孔的尺寸精度要求低时，通常用内卡钳与游标卡尺测量，如图 7-49（a）和图 7-49（b）所示；孔的尺寸精度要求较高时，可用塞规［图 7-49（c）］或内径千分尺测量。当孔较深时，宜用内径百分表测量，如图 7-49（d）所示。

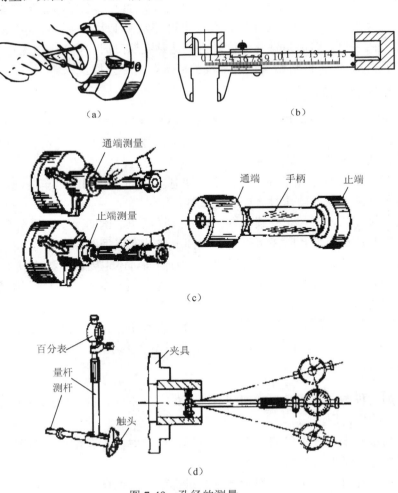

图 7-49　孔径的测量

7.8 车 圆 锥

7.8.1 圆锥的参数及其计算

1．圆锥的参数

圆锥的参数如图 7-50 所示。

（1）大端直径 D。为圆锥最大直径，简称大端直径。

（2）小端直径 d。为圆锥最小直径，简称小端直径。

（3）圆锥角 α。在通过圆锥轴线的截面内，两条素线之间的夹角称为圆锥角。

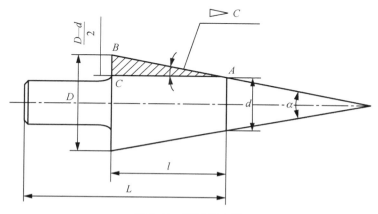

图 7-50　圆锥的参数

（4）圆锥半角 $\alpha/2$。圆锥角的一半，也就是圆锥母线和圆锥轴线之间的夹角。

（5）圆锥长度 l。圆锥大端和小端之间的垂直距离。

（6）锥度 C。圆锥大端直径与小端直径之差和圆锥长度之比称为锥度。

（7）斜度 $C/2$。圆锥大小端直径之差和圆锥长度之比的一半。

2．圆锥参数计算

一个圆锥的基本参数有 4 个：$\alpha/2$(或C)、D、d、l，只要知道其中的任意三个，即可计算出另外的一个参数。

各参数的关系式为：

$$\tan\frac{\alpha}{2} = \frac{D-d}{2l} \tag{7-5}$$

$$D = d + 2l\tan\frac{\alpha}{2} \tag{7-6}$$

$$d = D - 2l\tan\frac{\alpha}{2} \tag{7-7}$$

$$l = \frac{D-d}{2\tan\frac{\alpha}{2}} \tag{7-8}$$

7.8.2　转动小滑板角度法车削圆锥

车削长度较短、锥度较大的圆锥体，通常用转动小滑板的方法。即将小滑板按零件的要求转一定的角度，使车刀的运动轨迹和圆锥母线平行，然后手动进给，车削圆锥体。这种方法可以车削正反锥体，内外锥体，但受小滑板行程限制，不能车削较长的锥体。又由于是手动进给，表面粗糙度较难控制，需多练习。

1．车削前的准备

（1）装夹车刀。无论采用何种方法车圆锥，车刀刀尖均须严格对准工件中心，否则，会使车出的圆锥体母线不直。

（2）确定小滑板的扳转角度。根据图样给定的尺寸或工艺要求，计算出圆锥半角 $\alpha/2$，即为小滑板应扳转的角度；小滑板的扳转方向，根据圆锥的形状确定，如图 7-51 所示。

（3）调整小滑板的间隙。调整小滑板的间隙时，应边调整边转动小滑板丝杠的手柄，以手感合适为宜。

2．车削步骤与操作要领

（1）车削圆锥步骤。一般先按锥体的大端直径和锥体长度车成圆柱体，再车圆锥体，如图 7-52 所示。

（2）转动小滑板的角度。首先应根据圆锥的形状确定小滑板的转动方向，松开小滑板转盘固定螺母，按要求转动转盘至所需的刻度后再扳紧固定螺母。

（3）确定小滑板行程。先将小滑板移至锥长处，轻刻一条线，如图 7-52 所示，然后将小滑板退至行程起始位置，检查工作行程是否足够。确定行程后再固定床鞍位置。

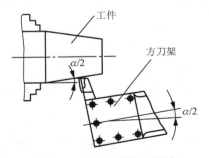

图 7-51　扳转小滑板车锥度

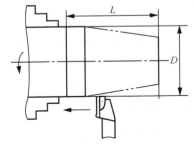

图 7-52　车锥体的步骤

（4）粗车。中滑板进刀，第一次的切削深度不能太大，以免由于转动角度误差导致工件报废。然后双手交替摇动小滑板进刀手柄，手摇速度要均匀不间断，随车削长度增大，切削深度随之减小。车完圆锥体后中滑板退出车刀，小滑板随即复位到起始位置。注意，记下未退刀时的中滑板的刻度值，床鞍不动。

（5）停车测量，调整圆锥角度。可用游标卡尺测量圆锥小端尺寸与圆锥长度。若圆锥角偏大，这时应松开小滑板固定螺母，轻轻敲动小滑板，使其转角向顺时针方向略调小一些，也可用万能角尺直接测量工件角度后再调整小滑板角度。

（6）圆锥角初调整后，在中滑板原刻度上（不能多进或少进一圈），再次进刀车锥体，车完后退出车刀，小滑板随即复位，最后停车。

（7）精车。圆锥角度找正后，应车削圆锥尺寸至工艺要求。

3. 锥体尺寸的控制和检测

（1）锥体尺寸的控制。在车削圆锥的过程中，如果锥度已经调准确，而大小端尺寸还未达到要求时，必须再进刀切削，如何确定切削深度，可以用下面的方法计算。

计算法：用钢直尺或游标卡尺量出工件小端面至锥度套规两界限面中间之间的数值 a（轴线方向），然后确定切削深度 a_p，如图 7-53 所示。切削深度 a_p 的值可用下式计算：

$$a_p = a \times \tan\frac{\alpha}{2} \tag{7-9}$$

或

$$a_p = a \times \frac{C}{2} \tag{7-10}$$

当切削深度确定后，移动中、小滑板，使刀尖在圆锥的小端处，轻轻接触后记下刻度，退出小滑板，中滑板按计算值 a_p 进刀，小滑板手动进给精车圆锥至尺寸。

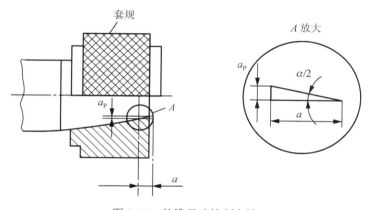

图 7-53　外锥尺寸控制方法

移动床鞍法：当量出工件端面至界限套规台阶中心面的距离为 a 时，如图 7-54（a）所示；可移动中、小滑板，将刀尖在圆锥小端处对刀后退出小滑板，中滑板不动，使车刀退至与工件端面的距离为 a，如图 7-54（b）所示；再向左移动床鞍距离为 a，如图 7-54（c）所示，使车刀与工件端面接触，再手动进给，精车圆锥，可保证圆锥尺寸合格。

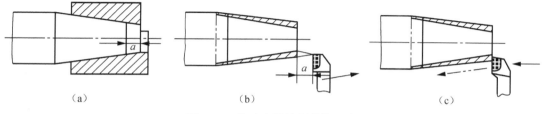

（a）　　　　　　　　　（b）　　　　　　　　　（c）

图 7-54　移动床鞍控制外锥尺寸

（2）检验圆锥角度。粗车时，务必找正圆锥角度，通常用锥度套规采用"间隙法"检验，如图 7-55 所示。

检验时，把锥度套规套在工件上，并在套规与工件接触的大端或小端作上下摇动，如发现其中大端有间隙，则说明工件圆锥角太小，如图 7-55（b）所示；若小端有间隙，则应说明工件的圆锥角太大，如图 7-55（c）所示；如大、小端都无间隙，说明圆锥角基本正确，如图 7-55（a）所示。如发现角度不对，应继续调整小滑板的扳转角度，并再次进刀试车，直至角度基本合格。

另外，也可用涂色法精确检验圆锥接触面积来测定圆锥角度。具体的方法是：用显示剂（红丹粉或印油）在工件表面顺着圆锥素线均匀地涂上 2～3 根线，要求薄而匀，如图 7-56 所示。检验时，将标准套规套在工件圆锥上，轻轻加轴向推力，并将套规转动约半周，然后取下套规，观察显示剂被擦去的情况，如果三条显示剂在工件全长上均匀被擦去，说明接触良好，锥度正确；如果显示剂只有部分被擦去，说明圆锥角度不正确或圆锥素线不直。

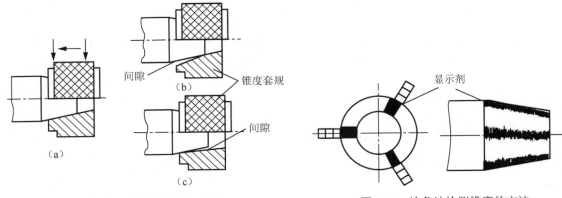

图 7-55　锥套规检测锥度的方法　　　　图 7-56　涂色法检测锥度的方法

7.8.3　其他车外圆锥方法简介

1．偏移尾座法车圆锥

对于锥体较长而锥度较小的圆锥形工件，可采用偏移尾座法进行车削。此方法可以自动走刀。车削时，工件装夹于两顶尖之间，把尾座横向移动一段距离 S，使工件回转轴线与车床主轴轴线成一个斜角，尾座的偏向取决于工件的大小。

头在两顶尖间的位置，其偏斜角度等于圆锥半角 $\alpha/2$，如图 7-57 所示。但不能车削内圆锥。

2．宽刃车刀车圆锥

用宽刃车刀车圆锥，属于成型车削，主要适用于车削短锥体。宽刃车刀的刀刃必须平直，装刀时刀刃与主轴的夹角等于圆锥斜角 $\alpha/2$。车削时，切削用量应小些，且要求车床具有较好的刚性，否则易引起振动。如果工件圆锥面长度短于切削刃时，可采用直进法直接车出，如图 7-58（a）所示；当工件圆锥长度大于切削刃时，可以采用多次接刀法加工，但接刀处必须平整，如图 7-58（b）所示。

3．靠模法车圆锥

靠模板装置是车床在加工圆锥面的附件。用于加工较长的圆锥体，且批量生产。

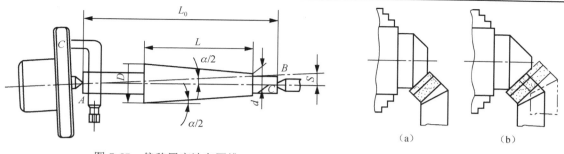

图 7-57　偏移尾座法车圆锥

图 7-58　宽刀刃车圆锥法

7.8.4　车锥度的注意事项

（1）刀尖必须严格对准工件中心。

（2）调整小滑板塞铁，使小滑板移动松紧均匀。

（3）套规检查时，内锥表面必须擦干净，外锥表面涂色应薄而均匀，转动量一般为 1/3～1/2 圈，否则易造成误判。

（4）有半精车过程，以便检测、调整和控制圆锥尺寸。

（5）精车时，切削深度不宜过大，应先校准锥度，以免工件车小而报废。

（6）精车时，手动进给均匀，不能有停顿，否则影响表面质量。

7.9　车　螺　纹

螺纹按牙型分类有三角形螺纹、梯形螺纹、矩形螺纹和锯齿形螺纹等几种，车床上可以加工各种牙型螺纹。在实际应用中，普通螺纹应用最广。

7.9.1　普通螺纹的参数

普通螺纹的参数如图 7-59 所示。

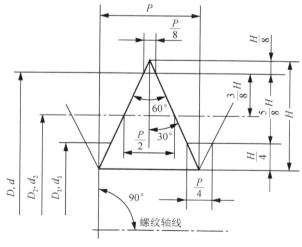

图 7-59　普通螺纹的参数

1. 牙型角 α

在螺纹的牙型上，两相邻牙侧间的夹角称为牙型角 α。普通粗牙螺纹和普通细牙螺纹的牙型角 α 均为 $60°$。

2. 螺距 P

螺距 P 是相邻两牙在中径线上对应两点间的轴向距离。在螺纹大径相同时，按螺距的大小分为粗牙螺纹和细牙螺纹，通常细牙螺纹的螺距比粗牙螺纹的螺距要小。在标注时，细牙普通螺纹不标注出螺距，若在公称直径的后面标注出螺距，则表示是细牙普通螺纹。

粗牙普通螺纹的螺距 P 可从螺距表中查出。

3. 螺纹大径 d、D

螺纹的最大直径称为大径，即螺纹的公称直径。外螺纹大径用 d 表示，内螺纹大径用 D 表示。

4. 螺纹小径 d_1、D_1

螺纹的最小直径称为小径，外螺纹大径用 d_1 表示，内螺纹大径用 D_1 表示。

5. 螺纹中径 d_2、D_2

螺纹中径是指一个螺纹上牙槽宽与牙宽相等地方的直径。它是一个假想圆柱体的直径。外螺纹大径用 d_2 表示，内螺纹大径用 D_2 表示。

6. 牙型高度 h_1

牙型高度指在垂直于螺纹轴线方向上测出的螺纹牙顶至牙底间的距离。

7.9.2　普通螺纹基本尺寸计算

1. 牙型高度 h_1 的计算

$$h_1 = \frac{5}{8}(0.866P) = 0.54125P \approx 0.5413P$$

2. 螺纹中径（d_2、D_2）的计算

$$d_2 = D_2 = d - 2 \times \frac{5}{8}H = d - 0.6495P$$

3. 螺纹小径（d_1、D_1）的计算

$$d_1 = D_1 = d - 2 \times \frac{5}{8}H = d - 1.0825P$$

7.9.3　螺纹车刀及其装夹

常用的螺纹刀具的材料有高速钢和硬质合金两类。

高速钢螺纹车刀，刃磨方便，易于锋利，而且韧性好，刀尖不宜崩裂，车出后的螺纹表面质量高。但刃磨容易退火，且不能用于高速切削。

硬质合金螺纹车刀的硬度高，耐热性好，韧性差，刃磨容易崩刃，加工后的螺纹表面质量不高，但适用于高速切削。

螺纹车刀是一种成型刀具，螺纹截形精度取决于螺纹车刀刃磨后的形状及其在车床上安装位置是否正确。

（1）普通三角形螺纹车刀的几何角度，如图 7-60 所示。

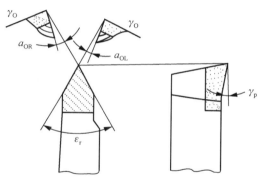

图 7-60　三角形螺纹车刀的几何角度

背前角 γ_P：粗车时 $\gamma_P = 10° \sim 25°$，精加工时 $\gamma_P = 5° \sim 10°$，精度要求较高时 $\gamma_P = 0°$。

刀尖角 ε_r：普通螺纹车刀在背前角 $\gamma_P = 0°$ 时的刀尖角等于被切螺纹牙型角，即 $\varepsilon_r = \alpha = 60°$；但当 $\gamma_P \neq 0°$ 时，其刀尖角仍等于牙型角 α，车出的螺纹牙型角会增大，所以应对螺纹车刀的刀尖角进行修正。

侧刃后角 α_{OL}、α_{OR}：螺纹车刀左右两侧切削刃的后角 α_{OL} 与 α_{OR} 由于受螺旋线升角 ψ 的影响，进给方向上的一侧刃后角应比另一侧刃后角大一个 ψ。通常两侧切削刃的工作后角 $\alpha_{O工} = 3° \sim 5°$，以车右旋螺纹为例：左侧刃后角 $\alpha_{OL} = \alpha_{O工} + \psi$，右侧刃后角 $\alpha_{OR} = \alpha_{O工} - \psi$。

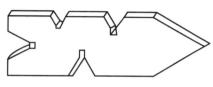

图 7-61　三角螺纹样板

（2）螺纹车刀的检验与安装。检验螺纹车刀刀尖角的正确与否决定了所加工工件的牙型角，所以刃磨时必须用螺纹样板来检验，螺纹样板的形状如图 7-61 所示，检验时把刀尖与样板贴紧，透光检测两侧边的间隙，并根据透光的情况来修磨刀具。

当刀具有较大的背向前角时，检验时样板应和车刀的底面平行，再用透光法检测，如图 7-62（a）所示，这样测量的刀尖角近似等于牙型角。不能用样板平行于刀具的切削刃，这样量出的刀尖角不正确，如图 7-62（b）所示。

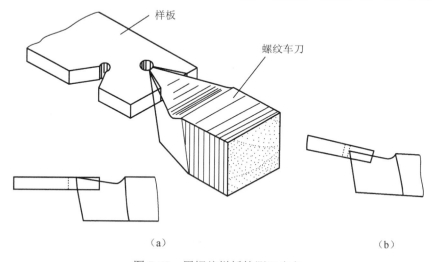

（a）　　　　　　　　　　　　　　　　　　（b）

图 7-62　用螺纹样板检测刀尖角

安装螺纹刀时，首先使刀尖与工件中心等高即对中，装高或装低都将导致切削难以进行；车刀对中后应保证刀尖角的中心线垂直于工件轴线，否则会使螺纹的牙型半角（$\alpha / 2$）不等，造成截形误差，如图 7-63 所示。对刀方法，用样板来安装螺纹车刀，如图 7-64 所示。如车刀歪斜，应轻轻松开车刀紧定螺钉，转动刀杆，使刀尖对准角度样板，符合要求后将车刀紧固，一般须复查一次。

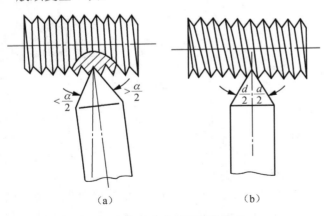

图 7-63　车刀的安装对牙型的影响

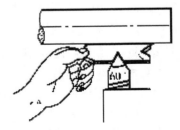

图 7-64　用样板安装螺纹车刀

7.9.4　三角螺纹的车削方法

1. 车螺纹前的准备

（1）操作方法。进退刀进给动作要协调、敏捷，是车螺纹的基本要求。操作的基本方法有两种：一种是用对开螺母法；一种是用倒顺车法。

对开螺母法：要求车床丝杠螺距与工件螺距成整倍数，否则会使螺纹产生乱扣。操作时，启动主轴，摇动床鞍，使刀尖离工件螺纹轴端约 5mm 处，中滑板进刀后右手合上对开螺母。对开螺母一旦合上后，床鞍就迅速向前或向后移动，此时右手仍须握住对开螺母手柄；当刀尖车至退刀位置时，左手迅速退出车刀，同时，右手立即提起对开螺母使床鞍停止移动。

倒顺车法：当丝杠螺距与工件螺距不成整倍数比时，必须采用倒顺车进给法。操作动作如下：移动床鞍，使车刀靠近工件右端，开动机床，合上对开螺母，左手向上提起操纵杆；当车刀进至离工件轴端 5mm 处（起始位置），操纵杆放下至中间位置，主轴停转；然后中滑板进刀，再向上提起操纵杆，进给车削。当车刀进入退刀位置时，迅速摇动中滑板，退出车刀，后向下推操纵杆，使主轴反转，车刀退向起始位置；当车刀到达起始位置时，使主轴停转。在做进退刀操作时，必须精力集中，眼看刀尖，动作果断，在刹那间先退刀后停车或提开合螺母。

车螺纹前先做空刀练习，进行退刀和倒顺车的动作练习。

（2）车螺纹前的工作。挂轮箱和进给箱的调整：在有进给箱的车床上车削螺纹时，将手柄按铭牌上标注的交换齿轮的齿数和手柄位置，进行交换和调整。

接螺纹规格车螺纹外圆及长度：精车螺纹外圆，并按要求车螺纹退刀槽；对无退刀槽的螺纹，应刻出螺纹长度终止线，如图 7-65 所示。螺纹外圆端面处必须倒角，倒角大小为 $C = 0.75P$。

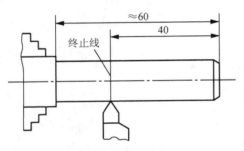

图 7-65　车外圆、倒角和终止线

　　滑板的调整：对中小滑板和床鞍的间隙要适当调整，间隙不能太紧或太松，太紧，摇动手柄吃力，操作不灵便，太松，则易"扎刀"。

　　调整主轴转速：选取合适的切削速度 v_c，一般粗车时，$v_c = 0.2\mathrm{m/s}$ 左右；精车时，$v_c < 0.1\mathrm{m/s}$。最初训练时转速选低速，同时注意左右旋手柄位置要正确。

　　开动机床：摇动中滑板，使螺纹车刀刀尖轻轻和工件接触，以确定背吃刀量的起始位置，再将中滑板刻度调整至零位。

　　开动机床（选用低速）合上对开螺母，用车刀刀尖在外圆上轻轻车出一道螺旋线，然后用钢直尺或游标卡尺检查螺距是否正确。测量时，为减少误差，应多量几牙，如检查螺距 1.5mm 的螺纹，可测量 10 牙，即为 15mm，如图 7-66（a）所示；也可用螺距规检查螺距，如图 7-67（b）所示。若螺距不正确，则应根据进给标牌检查挂轮及进给手柄位置是否正确。

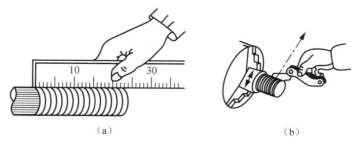

（a）　　　　　　　　　　　　（b）

图 7-66　检查螺距

2．车螺纹的方法

　　合理分配切削深度，正确选择进刀方法，是车螺纹的关键。

　　三角螺纹的车削操作方法如下。

　　（1）直进法车螺纹。车削时，中滑板只作横向垂直进给，直到把螺纹车好，如图 7-67（a）所示。特点是：可得到较正确的截形，但车刀的左右侧刃同时切削，不便排屑，螺纹表面粗糙度不易控制，当切入较深时，容易产生扎刀现象，一般适用于螺距小于 2mm 的三角螺纹。

　　切削深度的分配：按照递减的规律分配切削深度，既根据车螺纹总的切削深度 a_p，第一次切削深度 $a_{P1} \approx a_p / 4$，第二次切削深度 $a_{P2} \approx a_p / 5$，以后根据切屑情况，逐渐递减，最后留 0.2mm 左右的余量，以便精车光刀。

　　（2）斜进法车螺纹。操作时，每次进刀除中滑板作横向进给外，小滑板向同一方向作微量进给，多次进刀将螺纹的牙槽全部车去，如图 7-67（b）所示。车削时，开始一、二次进给可用直进法车削，以后用小滑板配合进刀。特点是：单刃切削，排屑方便，可采用较大的切削深度，适用于较大螺距螺纹的粗加工。

　　切削深度的分配：仍然按递减规律，每次进刀小滑板的进刀量是中滑板的 1/4，以形成梯度。粗车后留 0.2mm 作精车余量。

　　（3）左右借刀法车螺纹。进刀方法每次进刀时，除了中滑板作横向进给外，同时小滑板配合中滑板作左或右的微量进给，这样多次进刀，可将螺纹的牙槽车出，小滑板每次进刀的量不宜过大，如图 7-67（c）所示。

　　注意，在左右借刀法中要消除小滑板左右进给的间隙，其方法如下：如先向左借刀，即小滑板向前进给，然后小滑板向右借刀移动时，应使小滑板比需要的刻度多退后几格，以消除间隙，再向前移动小滑板至需要的刻度上。以后每次借刀，使小滑板手轮向一个方向转动，可有效消除间隙。

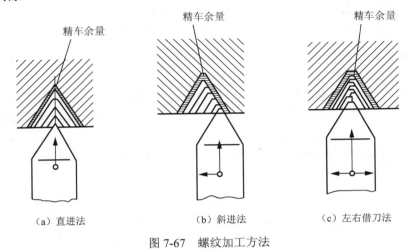

（a）直进法　　　　　　（b）斜进法　　　　　（c）左右借刀法

图 7-67　螺纹加工方法

3．螺纹的步骤

（1）开车，转动主轴，手动移动刀具，使车刀与工件表面轻轻接触，记下当前中滑板刻度值，将刀具向右退出，将中滑板的刻度盘调为"0"而中滑板不动，如图 7-68（a）所示。

（2）机床停转，合上开合螺母，排除中滑板间隙，进给至 0 线上，正转，在工件表面车出一条浅的螺旋线，横向退刀，如图 7-68（b）所示。

（3）开倒车，使刀具退至工件右端面右侧 3～5mm，停车，测量螺距是否正确，如图 7-68（c）所示。

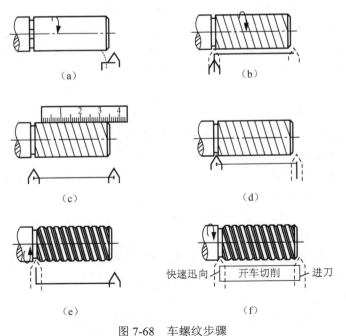

图 7-68　车螺纹步骤

（4）进给，开车切削至长度终点，如图 7-68（d）所示。

（5）横向退刀，开倒车，使刀具退至工件右端面右侧3～5mm，停车，如图 7-68（e）所示。

（6）反复操作进给、开车、退刀、开倒车、退刀至工件右端面，直至将螺纹车成形，路线如图 7-68（f）所示。

4．车削过程的对刀及背吃刀量的调整

车螺纹过程中，刀具磨损或折断后，需拆下修磨或换刀重新装刀车削时，出现刀具位置不在原螺纹牙槽中的情况，如继续车削会乱扣。这时，须将刀尖调整到原来的牙槽中方能继续车削，这一过程称为对刀。对刀方法有静态对刀法和动态对刀法。

（1）静态对刀法主轴慢转，并合上对开螺母，转动中滑板手柄，待车刀接近螺纹表面时慢慢停车，主轴不可反转。待机床停稳后，移动中、小滑板，目测将车刀刀尖移至牙槽中间，然后记下中小滑板刻度后退出。

（2）动态对刀法主轴慢转，合上开合螺母，在开车过程中移动中、小滑板，将车刀刀尖对准螺纹牙槽中间。也可根据需要，将车刀的一侧刃与需要切削的牙槽一侧轻轻接触，待有微量切屑时即刻记取中小精板刻度，最后退出车刀。为避免对刀误差，可在对刀的刻度上进行 1～2 次试切削，确保车刀对准。此法要求反应快，动作迅速，对刀精确度高。

（3）背吃刀量的重新调整重新装刀后，车刀的原先位置发生了变化，对刀前应首先调整好车刀背吃刀量的起始位置。

5．精车方法

粗车螺纹，可通过调整背吃刀量或测量螺纹牙顶宽度值来控制尺寸，并保证精车余量。精车的步骤如下。

（1）对刀：使螺纹车刀对准牙槽中间，当刀尖与牙槽底接触后，记下中小滑板刻度，并退出车刀。

（2）精车底径：分一次或二次进给，运用直进法切准牙槽底径，并记下中滑板的最后进刀刻度。

（3）精车牙槽两侧：车螺纹牙槽一侧，在中滑板牙槽底径刻度上采用小滑板借刀法车削，观察并控制切屑形状，每次借偏量为 0.02～0.05mm，车光即可，为避免牙槽底宽扩大，最后一、二次进给时，中滑板可作微量进给。用同样的方法精车另一侧面，注意螺纹尺寸，当牙顶宽接近 $P/8$，可用螺纹量规检查螺纹尺寸。

（4）螺纹车完后，牙顶上应用细齿锉修去毛刺。

7.9.5 高速车削三角外螺纹简介

1．高速车螺纹车刀

高速车三角外螺纹通常使用硬质合金车刀。

2．车削用量

（1）大径尺寸的确定。螺纹大径应比低速车时小一些，其大径车削尺寸约为

$$d_顶 = d - (0.15～0.2)P$$

（2）调整主轴转速，通常切削速度为 $v_c = 1.0\text{m/s}$。

（3）进刀方法及其背吃刀量分配　高速车螺纹时只能采用直进法进刀，其总切削深度比低速车削时稍大些，一般为 $a_p = （0.6 \sim 0.7）P$。

（4）修整用锉刀修去外圆上的毛刺，修毛刺前应脱开对开螺母。

3．注意事项

（1）高速车螺纹时，因转速高、床鞍移动快，注意力应高度集中，特别是车有台阶的螺纹时，更要注意在退刀位置及时将车刀退出。

（2）在加工前，先练习空走刀几次。

（3）车削时，切屑排出速度快，禁止直接用手清除切屑或用砂布等擦拭工件，以防被工件卷入。

（4）应调整好中小滑板的间隙，工件装夹可靠。

（5）最好采用一夹一顶装夹工件。

7.10　车成型面和滚花

7.10.1　成型回转面

在机械设备中，常遇到一些零件的表面不是简单的规则表面，而是由若干种曲面组成的，如手柄、圆球、内外圆弧槽等，这些零件的表面轴向剖面呈曲线特征称为成型回转面或特形面。

7.10.2　车削成型回转面的方法

在实际生产中，对特形面的加工，一般根据产品的结构特点、精度要求和生产规模等不同情况，分别采用成型车刀加工、双手操纵加工、靠模加工以及专用夹具等几种方法车削。

1．成型车刀车削法

成型车刀又称为样板刀，指刀具的切削部分的形状应设计得与所加工的工件表面轮廓形状相同，这样的刀具就是成型车刀。适用于批量大，工件上有大圆角、内外圆弧面等。

成型车刀按加工要求可做成三种形式，如图 7-69 所示，工件的加工精度主要靠成型车刀的曲线来保证。

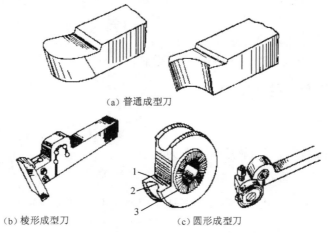

（a）普通成型刀

（b）棱形成型刀　　　　　（c）圆形成型刀

图 7-69　成型车刀类型

在切削过程中，由于成型车刀刀刃和工件接触长度较长，因而，切削力较大，且容易产生振动。因此，要求机床各部分间隙应调得小些，以提高工艺系统的刚度；选用较低的切削速度；较小的进给量；工件装夹牢靠；尽量减小切削力。

2. 双手操纵法切削成型面

当单件小批量加工特形面，可采用这种加工方法。即用右手操纵小滑板手柄、左手操纵中滑板手柄，通过双手协调动作，使车刀的运动轨迹与所要求加工零件的曲线一致，从而加工出所要求的特形面，如图 7-70 所示。

双手操纵法车削特形面所选用的车刀为圆头车刀，以免留下较深的刀痕，不利于尺寸控制和工件的表面质量的提高。

特点是：灵活方便，不需要其他辅助工具，可利用普通车床和普通刀具加工。但是，对生产者来说，必须有较高的技术和扎实的基本功。一般加工出的零件的精度不太高。

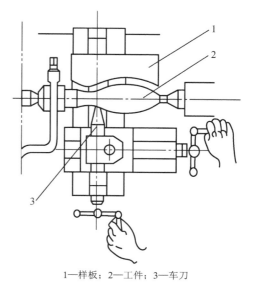

3. 靠模法车特形面

刀具按照靠模装置对工件进行加工的方法。这种方法车削成型面，劳动强度小，生产效率高，适用于数量大，质量稳定的成批量生产。

常用的装置有靠板靠模法和尾座靠模法。

1—样板；2—工件；3—车刀

图 7-70 双手操纵车特形面

7.10.3 质量检测

1. 用样板测量

测量时，必须使样板对准工件的中心，球面的准确与否，通过样板和工件间的间隙是否均匀来判断。

2. 用套环测量

用套环测量检查球面时，通过观察套环和球面间的透光情况来判断球面是否均匀、球面度是否超差。

3. 用外径千分尺测量

球面可以通过外径千分尺进行检测，测量时，应注意必须通过工件的中心，并在几个不同的方位上测量球面的直径，根据测量的结果来逐步修整球面，使其达到工件表面质量要求。

能力测试题

车工能力测试一如图 7-71 所示。

（1）合理安排工艺。

（2）选用恰当的切削用量。

（3）选用合理刀具和正确安装刀具。

（4）会检测工件各部分尺寸。

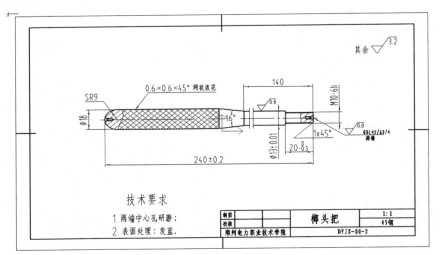

图 7-71　车工能力测试一

车工能力测试二如图 7-72 所示。

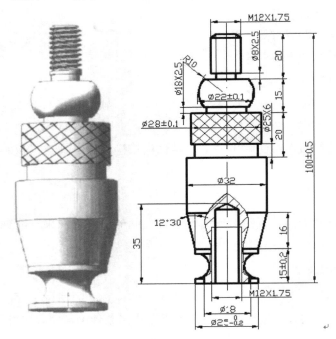

图 7-72　车工能力测试二

零件加工工艺规程：

工艺规程一：

（1）三爪卡盘夹 B 端，车削断面 A，0.5～1mm。

（2）调头夹 A 端车削断面 B，并保证总长 100mm±0.2mm。

（3）钻两端中心孔 $\phi3$A 型。

（4）划线，长度为 20mm。

（5）车削 $\phi32$ 外圆至 $\phi25$mm，长度为 20mm。

（6）交检。

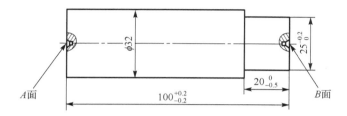

工艺规程二：

（1）调头车 A 端 $\phi32$ 外圆。

（2）车削 $\phi32$ 外圆，保证 $\phi28$mm±0.1mm，长度为 55mm±0.5mm。

（3）车削 $\phi28$ 外圆，保证 $\phi22$mm±0.1mm，长度为 35mm±0.5mm。

（4）车削 $\phi22$ 外圆，保证 $\phi12_{-0.2}^{-0.1}$mm ，长度为 20mm±0.5mm。

（5）交检。

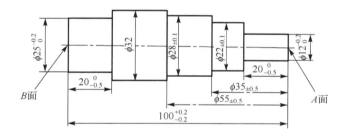

工艺规程三：

（1）三抓卡盘夹 $\phi32$ 外圆，在 $\phi28$mm±0.1mm 外圆上切槽 $\phi18$mm×2.5mm。

（2）调头。夹 $\phi32$ 外圆用 $R10$ 圆弧刀在 $\phi25_{0}^{-0.2}$mm 外圆上车削 $R10$ 圆弧，底径 $\phi18$mm±0.1mm，并保证 2mm 对称。

（3）夹 $\phi32$ 外圆。车削维度，利用转动小刀架 12°30′ 手动车削。

（4）交检。

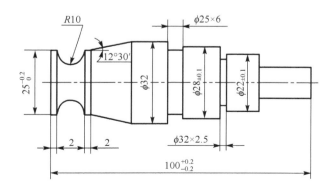

工艺流程四：

（1）三抓卡盘夹 ϕ32 外圆。在 ϕ28mm±0.1mm 外圆上滚花 0.6×0.6×45°网状花纹。

（2）夹 ϕ32 外圆。在 ϕ22mm±0.1mm 外圆上用 R10 外圆弧刀车削 R10 外圆弧。

（3）夹 ϕ32 外圆。在 ϕ12$_{-0.2}^{-0.1}$mm 外圆上用 M12×1.75 板牙套丝，手动，不能开机床。

（4）夹 ϕ32 外圆。用 ϕ10.3mm 钻头，钻孔，深 35mm。

（5）夹 ϕ32 外圆，用 M12×1.75 丝锥攻丝，手动，不能开机床。

（6）交检。

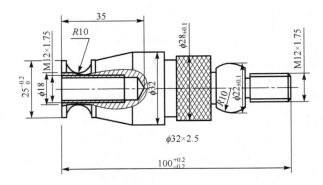

第8章 铣 工 实 习

8.1 概　　述

8.1.1 铣削加工的应用与特点

铣削是在铣床上，将毛坯固定，用高速旋转的铣刀在毛坯上走刀，切出需要的形状和特征。传统铣削较多地用于铣轮廓和槽等简单外形和特征。

铣削加工范围：平面、直槽、成型面、T形槽、燕尾槽、三维内外形状等。

铣刀的旋转为主运动，铣刀或工件沿坐标方向的直线运动或回转运动是进给运动。

铣削工艺特点：①加工生产率较高；②断续切削；③容屑和排屑；④同一个被加工表面可以采用不同的铣削方式；⑤刀齿散热条件较好；⑥切削过程不平稳；⑦铣削加工精度 IT9~8，$Ra6.3$~$1.6\mu m$，高速铣精度 IT7~6，$Ra1.6$~$0.4\mu m$。

生产率较高：使用旋转的多齿刀具加工工件，同时有数个刀齿参加切削。

容易引起机床振动：每个刀齿的切削过程是断续的，且每个刀齿的切削厚度变化，切削力相应发生变化。

要求：在结构上要求有较高的刚度和抗振性。

8.1.2 铣削要素

1. 铣削切削层（铣削用量）

（1）背吃刀量 a_p：平行于铣刀轴线测量的切削层尺寸。

（2）侧吃刀量 a_e：垂直于铣刀轴线测量的切削层尺寸。

（3）铣削速度 v_c（m/min）。

铣刀主运动的线速度

$$v_c = \frac{\pi d_o n_o}{1000}$$

式中　　d_o——铣刀直径（mm）；

　　　　n_o——铣刀转速（r/min）。

（4）进给运动速度与进给量：铣刀与工件在进给方向上的相对位移量。

2. 切削层要素

铣刀相邻 2 个刀齿在工件上形成的加工表面之间的一层金属层称为切削层，切削层剖面的形状和尺寸对铣削过程有很大的影响。

（1）切削厚度 a_c：是指相邻两个刀齿所形成的加工面间的垂直距离。铣削时，切削厚度是随时变化的。

（2）切削宽度 a_w：为主切削刃参加工作时的长度，直齿圆柱铣刀的切削宽度与铣削吃刀量 a_p 相等。

而螺旋齿圆柱铣刀的切削宽度是变化的。随着刀齿切入切出工件，切削宽度逐渐增大，然后又逐渐减小，因而铣削过程较为平稳。

（3）切削层横截面积 A_{cav}：铣刀同时有几个刀齿参加切削，切削总面积等于各个刀齿的切削面积之和。

铣削时，铣削厚度是变化的，而螺旋齿圆柱铣刀的切削宽度也是变化的，并且铣刀的同时工作齿数也在变化，所以铣削总面积是变化的。

8.1.3 铣削方式

周铣法（用圆柱铣刀加工平面）：

逆铣—铣刀切入工件时的切削速度方向与工件的进给方向相反。

顺铣—铣刀切入工件时的切削速度方向与工件的进给方向相同。

8.1.4 铣削力

铣削时每个工作刀齿都受到切削力，铣削合力应是各刀齿所受切削力相加。

主切向力 F_c：在铣刀圆周切线方向上的分力，消耗功率最多，是主切削力。

背向力 F_p：在铣刀半径方向上的分力，一般不消耗功率，但会使刀杆弯曲变形。

轴向力 F_a：在铣刀轴线方向上的分力。

8.2 铣床及附件

铣床种类很多，常用的有卧式万能铣床和立式铣床，除此外还有工具铣床、龙门铣床、仿形铣床及专用铣床等。

8.2.1 万能卧式铣床

万能卧式铣床构造如图 8-1 所示。

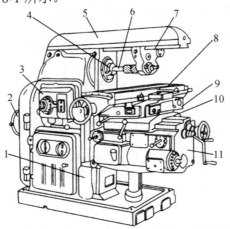

1—床身；2—电动机；3—主轴变速机构；4—主轴；5—横梁；6—刀杆；
7—吊架；8—纵向工作台；9—转台；10—横向工作台；11—升降台

图 8-1 X6132 万能卧式铣床

8.2.2　立式铣床

立式铣床构造如图 8-2 所示，主轴垂直于工作台，有的立式铣床主轴还可相对于工作台偏转一定的角度，它可利用立铣刀和端铣刀进行铣削加工，是生产中加工平面及沟槽效率较高的一种机床。

横梁：装有支架用来支撑刀杆的外端，增加刀杆的刚性。

床身：用来固定和支撑铣床各部件。床身内部装有主轴、主轴变速箱、电动机、润滑油泵。

主轴：用来安装刀杆并带动铣刀旋转。

纵向工作台：用来安装工件和夹具作纵向移动。

横向工作台：带动工作台作横向移动。

升降台：位于横向工作台的下面，调整工件到铣刀间的垂直距离。

底座：支撑铣床部件并用来盛放切削液。

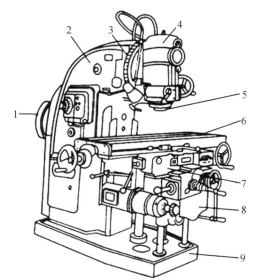

1—电动机；2—床身；3—主轴头架旋转刻度；4—主轴头架；5—主轴；
6—工作台；7—横向工作台；8—升降台；9—底座

图 8-2　X5032 立式铣床

8.3　铣　　刀

1. 铣刀的类型

（1）按用途不同可分圆柱铣刀、面铣刀、盘形铣刀、锯片铣刀、立铣刀、键槽铣刀、模具铣刀、角度铣刀、成形铣刀等。

（2）按结构不同可分整体式、焊接式、装配式、可转位式。

（3）按齿背形式可分尖齿铣刀和铲齿铣刀。

2．铣刀的应用

（1）加工平面的铣刀，如图 8-3 所示。

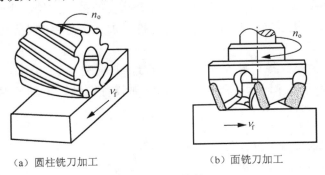

（a）圆柱铣刀加工　　　　　　　（b）面铣刀加工

图 8-3　面铣削

（2）加工沟槽的铣刀，如图 8-4 所示。

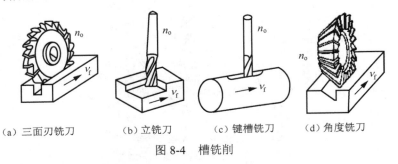

（a）三面刃铣刀　　（b）立铣刀　　（c）键槽铣刀　　（d）角度铣刀

图 8-4　槽铣削

（3）其他类型的铣刀，如图 8-5 所示。

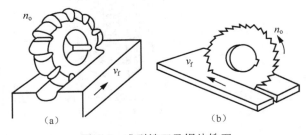

（a）　　　　　　　　　　（b）

图 8-5　成型铣刀及锯片铣刀

8.4　铣平面、斜面、台阶面

8.4.1　铣削平面

用铣削方法加工工件的平面称为铣平面。铣平面主要有周铣和端铣两种，也可以用立铣刀加工平面。

1．用圆柱铣刀铣平面

圆柱铣刀一般用于卧式铣床铣平面。铣平面用的圆柱铣刀，一般为螺旋齿圆柱铣刀。铣刀的宽度必须大于所铣平面的宽度。螺旋线的方向应使铣削时所产生的轴向力将铣刀推向主轴轴承方向。

圆柱铣刀通过长刀杆安装在卧式铣床的主轴上，刀杆上的锥柄与主轴上的锥孔相配，并用一拉杆拉紧。刀杆上的键槽与主轴上的方键相配，用来传递动力。安装铣刀时，先在刀杆上装几个垫圈，然后装上铣刀。应使铣刀切削刃的切削方向与主轴旋转方向一致，同时铣刀还应尽量装在靠近床身的地方。再在铣刀的另一侧套上垫圈，然后用手轻轻旋上压紧螺母。再安装吊架，使刀杆前端进入吊架轴承内，拧紧吊架的紧固螺钉。初步拧紧刀杆螺母，开车观察铣刀是否装正，然后用力拧紧螺母。

操作方法如下。

根据工艺卡的规定调整机床的转速和进给量，再根据加工余量的多少来调整铣削深度，然后开始铣削。铣削时，先用手动使工作台纵向靠近铣刀，而后改为自动进给；当进给行程尚未完毕时不要停止进给运动，否则铣刀在停止的地方切入金属就比较深，形成表面深啃现象；铣削铸铁时不加切削液（因为铸铁中的石墨可起润滑作用；铣削钢料时要用切削液，通常用含硫矿物油作切削液）。

用螺旋齿铣刀铣削时，同时参加切削的刀齿数较多，每个刀齿工作时都是沿螺旋线方向逐渐地切入和脱离工作表面，切削比较平稳。在单件小批量生产的条件下，用圆柱铣刀在卧式铣床上铣平面仍是常用的方法。

2．用端铣刀铣平面

端铣刀一般用于立式铣床上铣平面，有时也用于卧式铣床上铣侧面。

端铣刀一般中间带有圆孔。通常先将铣刀装在短刀轴上，再将刀轴装入机床的主轴上，并用拉杆螺丝拉紧。

用端铣刀铣平面与用圆柱铣刀铣平面相比，其特点是：切削厚度变化较小，同时切削的刀齿较多，因此切削比较平稳；再则端铣刀的主切削刃担负着主要的切削工作，而副切削刃又有修光作用，所以表面光整；此外，端铣刀的刀齿易于镶装硬质合金刀片，可进行高速铣削，且其刀杆比圆柱铣刀的刀杆短些，刚性较好，能减少加工中的振动，有利于提高铣削用量。因此，端铣既提高了生产率，又提高了表面质量，所以在大批量生产中，端铣已成为加工平面的主要方式之一。

3．确定铣削要素用量

（1）端铣时的背吃刀量 a_p 和周铣时的侧吃刀量 a_c。在粗加工时，若加工余量不大，可一次切除。精铣时，每次的吃刀量要小一些。

（2）端铣时的侧吃刀量 a_c 和周铣时的背吃刀量 a_p。端铣时的侧吃刀量一般与工件加工面的宽度相等。

（3）每齿进给量 f_z。通常取每齿进给量 f_z=0.02～0.3mm/z，粗铣时，每齿进给量要取大一些；精铣时，每齿进给量则应取小一些。

（4）铣削速度 v_c。根据工件材料及铣刀切削刃材料等的不同，所采用的铣削速度也不同。

4．对刀

在铣床上，移动工作台有手动和机动两种方法。手动移动工作台一般用于切削位置的调整和工件趋近铣刀的运动；机动移动工作台用于连续进给实现铣削。在调整工件或对刀时，如果不小心将手柄摇过位置，则应将手柄倒转一些后，一般转 1/2～1 周，再重新摇动手柄到规定位置上，从而消除了螺母丝杠副的轴向间隙，避免尺寸出现错误。

8.4.2 铣削斜面

1．斜面的表示方法

斜面是指工件上相对基准平面倾斜的平面，即与基准平面相交成所需角度的平面。斜面相对基准面倾斜的程度用斜度来衡量，在图样上有以下两种表示方法。

（1）倾斜角度的度数表示法。倾斜程度大的斜面（斜度大）用倾斜角度 α 的方法表示。如图 8-6（a）所示，其斜面和基准面的夹角为 20°。

（2）斜度 S 的比值表示法。倾斜程度小的斜面用斜度 S 的比值方法表示。如图 8-6（b）所示，在 70mm 的长度上，斜面两端至基准面的距离相差 10mm，斜度用"∠1：7"表示。斜度的符号"∠"的下横线与基准面平行，上斜线的倾斜方向应与斜面的倾斜方向一致，即斜度符号"∠"的尖端必须与图样上倾斜角的尖端相对应，不能画反。

2．斜面的铣削方法

斜面的铣削方法有工件倾斜铣斜面、铣刀倾斜铣斜面和用角度倒铣斜面三种方式。

（1）工件倾斜铣斜面

① 在单件生产中，常用划线方式校正装夹工件实现斜面的铣削，如图 8-7 所示。

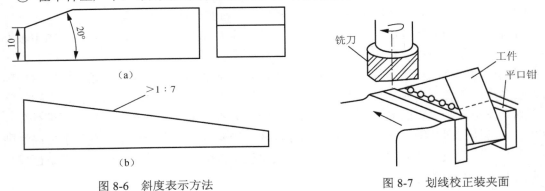

图 8-6 斜度表示方法   图 8-7 划线校正装夹面

② 利用机用虎钳钳体将工件旋转一定角度实现斜面铣削。利用虎钳时，必须校正固定钳口与主轴轴线垂直度和平行度，或与工作台纵向进给方向垂直度与平行度，然后按照角度要求将钳体转到刻度盘上的相应位置，如图 8-8 所示。

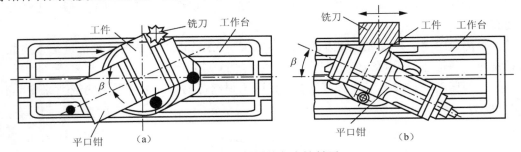

图 8-8 调转钳体角度铣斜面

③ 可以适用倾斜垫铁装夹工件加工斜面，如图 8-9 所示。

（2）铣刀倾斜铣斜面。在立铣头可以偏转的立式铣床，装有立铣头的卧式铣床、万能工具铣床上均可将铣刀按照一定的要求偏转进行斜面的铣削，如图 8-10 所示。

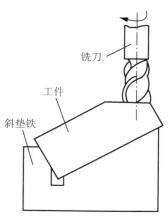

图 8-9　用倾斜垫铁装夹工件

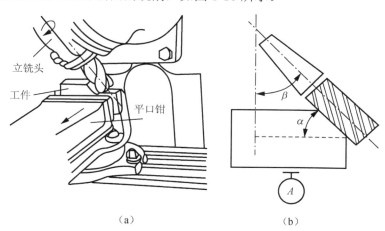

（a）　　　　　　　　　　（b）

图 8-10　铣刀偏转一定角度铣削

（3）角度铣刀铣斜面。切削刃与轴线倾斜成某一角度的铣刀称为角度铣刀，斜面的倾斜角度由角度铣刀保证。由于受到铣刀刀刃宽度的限制，用角度铣刀铣削斜面只适用于小斜面，如图 8-11 所示。

8.4.3　铣削连接面

连接面是指垂直面或平行面。典型的加工是铣削矩形工件，它是铣工与镗工必须掌握的一项基本技能，在多数情况下，都要将毛坯进行平行六面体加工处理，俗称"归方"，为后续加工做好准备。

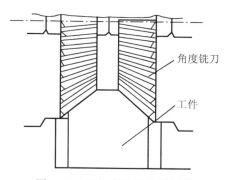

图 8-11　用角度铣刀铣削斜面

1. 周铣加工垂直面和平行面

（1）周铣加工垂直面。铣削基准面比较宽而加工面比较窄的工件时，在卧式铣床上用角铁装夹铣削垂直面。在立式铣床上用立铣刀加工垂直面，如图 8-12 所示。

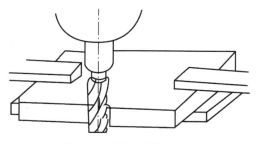

图 8-12　立铣刀铣垂直面

与基准面垂直的面称为垂直面。在卧式铣床上加工垂直面，使用机用虎钳装夹，产生垂直度误差的原因及保证垂直度的方法如下。

① 工件基准面与固定钳口不贴合。避免工件基准面与固定钳口不贴合现象的方法是修去毛刺，擦净固定钳口和基准面，在活动钳口处安置一根圆棒或者可放一条窄长而较厚的铜皮。

② 固定钳口与工作台台面不垂直。虎钳的固定钳口与工作台台面不垂直的校正：第一种方式是在固定钳口处垫铜皮或纸片。当铣出的平面与基面之间的夹角小于 90° 时，铜皮或纸片应垫在钳口的上部；反之则垫在下部。第二种

方式是在虎钳底平面垫铜皮或纸片。当铣出垂直夹角小于 90° 时则应垫在靠近固定钳口的一端；若大于 90° 则应垫在靠近活动钳口的一端。这种方法也是临时措施，但加工一批工件只需垫一次。第三种方法是校正固定钳口，利用百分表检查钳口的误差，然后用百分表读数的差值乘以钳口铁的高度再除以百分表的移动距离，将此数值厚度的铜皮垫在固定钳口和钳口铁之间。若上面的百分表读数大应垫在上面；反之则垫在下面，也可把钳口铁拆下并按误差的数值磨准。把钳口铁垫准或磨准后还需再做检查，直到准确为止。用于检查的平行垫铁要紧贴固定钳口的检查面，且固定钳口的检查面必须光洁平整。

（2）周铣加工平行面。与基准面平行的平面称为平行面。在卧式铣床上加工平行面用机用虎钳装夹，产生平行度误差的原因及保证平行度的方法如下。

① 工件基准面与机用虎钳导轨面不平行。如垫铁的厚度不相等应把两块平行垫铁在平面磨床上同时磨出。如平行垫铁的上下表面与工件和导轨之间有杂物。应用干净的棉布擦去杂物。如当活动钳口夹紧工件而受力时会使活动钳口上翘，工件靠近活动钳口的一边向上抬起。因此在铣平面时工件夹紧后须用铜锤或木榔头轻轻敲击工件顶面，直到两块平行垫铁的四端都没有松动现象为止。如工件上和固定钳口相对的平面与基准面不垂直，夹紧时应使该平面与固定钳口紧密贴合。

② 机用虎钳的导轨面与工作台面不平行。机用虎钳的导轨面与工作台台面不平行的原因是机用虎钳底面与工作台台面之间有杂物，以及导轨面本身不准。因此应注意剔除毛刺和切屑。必要时检查导轨面与工作台台面的平行度。

③ 铣刀圆柱度不准。铣平面时无论机用虎钳装夹的方向是与主轴平行还是垂直，若铣刀的圆柱度不准都会影响到平行面的平行度，故周铣平面时要选择圆柱度较高的铣刀。

2．端铣加工垂直面和平行面

（1）端铣加工垂直面。

① 在立式铣床上端铣垂直面。在立式铣床上端铣垂直面用机用虎钳装夹，与在卧式铣床上周铣垂直面的方法基本相同。不同之处在于用端铣刀端铣垂直面时影响加工面与基准面之间垂直度的主要原因是铣床主轴轴线与进给方向的垂直度误差。如果立铣头的"零位"不准确，加工平面会出现倾斜的现象。如果在不对称端铣纵向进给时，加工的平面会出现略带凹且不对称。

② 在卧式铣床上端铣垂直面。在卧式铣床上端铣垂直面，用压板装夹的方法适用于铣削较大尺寸的垂直面，如图 8-13 所示。采用升降台作垂直方向进给时由于不受工作台"零位"准确性的影响因而精度很高。

（2）端铣加工平行面。

① 在立式铣床上端铣平行面。如果端铣中、小型工件上的平行面，可选用机用虎钳装夹，需将工件基准面紧贴机用虎钳钳体导轨面或平行垫铁上；如果端铣的平行面尺寸较大或在工件上有台阶，可选用直接用压板装夹，需将其基准面与工作台台面贴合，如图 8-14 所示。

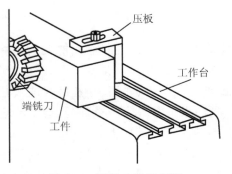

压板

工作台

端铣刀

工件

图 8-13　端铣刀铣垂直面

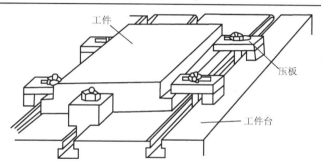

图 8-14 端铣较大平面

② 在卧式铣床上端铣平行面。在卧式铣床上端铣平行面适用于加工尺寸较大、两侧面有较高平行度要求的工件。这样的工件应先以加工后的底面为基准，铣削工件的一侧面与底面垂直，然后以这一侧面作为平行面的基准，在工作台 T 形槽里装上定位键，使工件基准面靠向定位键侧面后夹紧，再用端铣刀加工侧面的平行面，如图 8-15 所示。

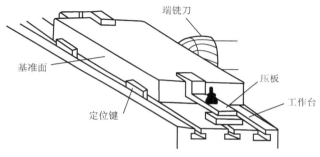

图 8-15 端铣平行面

8.5 铣 沟 槽

沟槽的铣削一般泛指台阶、直角沟槽和键槽的铣削，而沟槽的铣削量不亚于平面的铣削

8.5.1 台阶的铣削

零件上的台阶通常可在卧式铣床上采用一把三面刃铣刀或组合三面刃铣刀铣削，或在立式铣床上采用不同刃数的立铣刀铣削。

1. 三面刃铣刀铣台阶

用三面刃铣刀铣台阶，三面刃铣刀的周刃起主要切削作用，而侧刃起修光作用。由于三面刃铣刀的直径较大，刀齿强度较高，便于排屑和冷却，能选择较大的切削用量，效率高，精度好，因此通常采用三面刃铣刀铣台阶。

（1）校正铣床工作台零位。在用盘形铣刀加工台阶时，若工作台零位不准，铣出的台阶两侧将呈凹弧形曲面，且上窄下宽，使尺寸和形状不准，如图 8-16 所示。

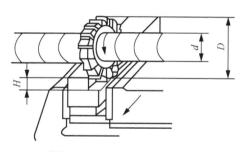

图 8-16 三面刃铣刀铣台阶

（2）校正机用虎钳。机用虎钳的固定钳口一定要校正到与进给方向平行或垂直，否则，钳口歪斜将加工出与工件侧面不垂直的台阶来。

2．组合铣刀铣台阶

成批铣削双面台阶零件时，可用组合的三面刃铣刀。铣削时，选择两把直径相同的三面刃铣刀，用薄垫圈适当调整两把三面刃铣刀内侧刃间距，并使间距比图样要求的尺寸略大些，以避免因铣刀侧刃摆差使铣出的尺寸小于图样要求。静态调好之后，还应进行动态试铣，即在废料上试铣并检测凸台尺寸，直至符合图样尺寸要求。加工中还需经常抽检该尺寸，避免造成过多的废品。

3．立铣刀铣台阶

铣削较深台阶或多级台阶时，可用立铣刀（主要有 2 齿、3 齿、4 齿）铣削。立铣刀周刃起主要切削作用，端刃起修光作用。由于立铣刀的外径通常都小于三面刃铣刀，因此，铣削刚度和强度较差，铣削用量不能过大，否则铣刀容易加大"让刀"导致的变形，甚至折断。

当台阶的加工尺寸及余量较大时，可采用分段铣削，即先分层粗铣掉大部分余量，并预留精加工余量，后精铣至最终尺寸。粗铣时，台阶底面和侧面的精铣余量选择范围通常为 0.5～1.0mm。精铣时，应首先精铣底面至尺寸要求，后精铣侧面至尺寸要求，这样可以减小铣削力，从而减小夹具、工件、刀具的变形和振动，提高尺寸精度和表面粗糙度。

8.5.2 直角沟槽的铣削

直角沟槽有敞开式、半封闭式和封闭式三种。敞开式直角沟槽通常用三面刃铣刀加工；封闭式直角沟槽一般采用立铣刀或键槽铣刀加工；半封闭直角沟槽则须根据封闭端的形式，采用不同的铣刀进行加工，如图 8-17 所示。

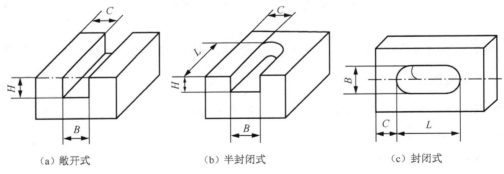

（a）敞开式　　　　　　　（b）半封闭式　　　　　　　（c）封闭式

图 8-17　直角沟槽的铣削

1．敞开式、半封闭式直角沟槽的铣削

敞开式、半封闭式直角沟槽的铣削方法与铣削台阶基本相同。三面刃铣刀特别适宜加工较窄和较深的敞开式或半封闭式直角沟槽。对于槽宽尺寸精度较高的沟槽，通常选择小于槽宽的铣刀，采用扩大法，分两次或两次以上铣削至尺寸要求。

由于直角沟槽的尺寸精度和位置精度要求一般都比较高，因此在铣削过程中应注意以下几点。

（1）要注意铣刀的轴向摆差，以免造成沟槽宽度尺寸超差。

（2）在槽宽需分几刀铣至尺寸时，要注意铣刀单面切削时的让刀现象。

（3）若工作台零位不准，铣出的直角沟槽会出现上宽下窄的现象，并使两侧面呈弧形凹面。

（4）在铣削过程中，不能中途停止进给，也不能退回工件。因为在铣削中，整个工艺系统的受力是有规律和方向性的，一旦停止进给，铣刀原来受到的铣削力发生变化，必然使铣刀在槽中的位置发生变化，从而使沟槽的尺寸发生变化。

（5）铣削与基准面呈倾斜角度的直角沟槽时，应将沟槽校正到与进给方向平行的位置再加工。

2．封闭式直角沟槽的铣削

封闭式直角沟槽一般都采用立铣刀或键槽铣刀来加工。加工时应注意以下几点。

（1）校正后的沟槽方向应与进给方向一致。

（2）立铣刀适宜加工两端封闭、底部穿通及槽宽精度要求较低的直角沟槽，如各种压板上的穿通槽等。由于立铣刀的端面切削刃不通过中心，因此，加工封闭式直角沟槽时，要在起刀位置预钻落刀孔。立铣刀的强度及铣削刚度较差，容易产生"让刀"现象或折断，使槽壁在深度方向出现斜度，所以加工较深的槽时应分层铣削，进给量要比三面刃铣刀小一些。

（3）对于尺寸较小、槽宽要求较高及深度较浅的封闭式直角沟槽，可采用键槽铣刀加工。铣刀的强度、刚度都较差时，应考虑分层铣削。分层铣削时应在槽的一端吃刀，以减小接刀痕迹。

（4）当采用自动进给功能进行铣削时，不能一直铣到头，必须预先停止，改用手动进给方式走刀，以免铣过有效尺寸，造成报废。

8.5.3 键槽的铣削

1．分层铣削法

图 8-18 所示为分层铣削法。用这种方法加工，每次铣削深度只有 0.5～1mm，以较大的进给速度往返进行铣削，直至达到深度尺寸要求。

使用此加工方法的优点是铣刀用钝后，只需刃磨端面，磨短不到 1mm，铣刀直径不受影响；铣削时不会产生"让刀"现象；但在普通铣床上进行加工时，操作的灵活性不好，生产效率反而比正常切削更低。

2．扩刀铣削法

图 8-19 所示为扩刀铣削法。将选择好的键槽铣刀外径磨小 0.3～0.5mm（磨出的圆柱度要好）。铣削时，在键槽的两端各留 0.5mm 余量，分层往复走刀铣至深度尺寸，然后测量槽宽，确定宽度余量，用符合键槽尺寸的铣刀由键槽的中心对称扩铣槽的两侧至尺寸，并同时铣至键槽的长度。铣削时注意保证键槽两端圆弧的圆度。这种铣削方法容易产生"让刀"现象，使槽侧产生斜度。

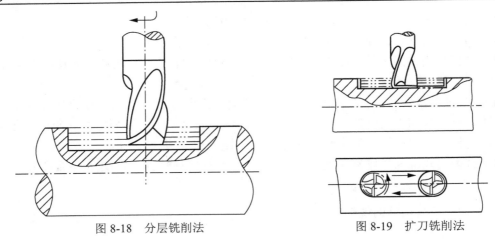

图 8-18　分层铣削法　　　　　　　图 8-19　扩刀铣削法

8.6　铣等分零件

8.6.1　铣削外花键

外花键的种类较多，按照齿廓形状可分为矩形、渐开线形、梯形、三角形等。其中以矩形花键应用最为广泛。

1. 矩形花键的工艺要求

（1）尺寸精度。

（2）表面粗糙度。

（3）形状和位置精度。外花键定心小径（或大径）与基准轴线的同轴度；键的形状精度和等分精度；键的两侧面与基准轴线的对称度和平行度。

2. 外花键的加工方法

外花键的加工方法应根据零件的数量、技术要求及设备和刀具等具体条件确定。零件数量不多时，可在普通铣床上加工。

（1）使用单刀铣削。先铣削中间槽，后铣削键侧的加工特点；先铣削键侧，后铣削槽底的加工特点。

（2）使用组合铣刀侧面刀刃铣削。铣削时应掌握以下要点：两把三面刃铣刀的直径相同，其误差应小于 0.2mm。两把铣刀侧面刀刃之间的距离应等于花键键宽。两把三面刃铣刀的内侧刃应对称于工件中心。

（3）使用组合铣刀圆柱面刀刃铣削。铣削时应掌握以下要点：两把三面刃铣刀的直径要求严格相等，最好一次磨出。利用铣床工作台的垂向移动量控制键的宽度。两把铣刀之间的距离 s 为

$$s = \sqrt{d^2 - B^2} - 1$$

两把三面刃铣刀的内侧刃对工件中心的对称度不要求十分准确。分度头主轴和尾座顶尖必须同轴，加工时尾座的顶尖应顶得比较紧，否则铣出的键宽两端尺寸会不一致。

（4）使用成型铣刀铣削。铣削时，通过调整背吃刀量来控制键的宽度。因此，首件加工须细致地调整背吃刀量，以获得精确的键宽和小径尺寸。

8.6.2 铣削离合器

矩形齿离合器也称为直齿离合器，根据离合器齿数分为奇数齿和偶数齿两种。这两种离合器齿的侧面都通过工件中心；为保证两个离合器能够正确啮合，齿形必须准确；由于是成对使用，同轴精度要求也要高；表面粗糙度值要小，Ra 值为 3.2～1.6μm；齿部要淬火具有一定的强度和耐磨性。

矩形齿离合器的齿顶面和槽底面相互平行且均垂直于轴线，沿圆周展开齿形为矩形。

1. 奇数矩形齿离合器的铣削

（1）铣刀的选择。铣奇数矩形齿离合器时选用三面刃铣刀或立铣刀。为了使离合器的小端齿不被铣伤，三面刃铣刀的宽度 L 或立铣刀的直径 D 应略小于齿槽小端的宽度 b。

（2）工件的安装和校正。工件装夹在三爪卡盘上应校正工件的径向跳动和端面跳动符合要求。如果是用心轴装夹工件，应将心轴校正后再将工件装夹在心轴上进行加工。

（3）对中心。铣削时应使三面刃铣刀的端面刃或立铣刀的周刃通过工件中心。一般情况下装夹校正工件后，在工件上划出中心线，然后按线对中心工件直径较小要用刀侧面擦外圆的方法。

（4）铣削方法。对中心铣削工件时使铣刀切削刃轻轻与工件端面接触，然后退刀。按齿高调整切削深度、将不使用的进给及分度头主轴紧固，使铣刀穿过整个端面一次铣出两个齿的各一个侧面，退刀后松开分度头紧固手柄。分度铣第二刀，以同样的方法铣完各齿，走刀次数等于奇数齿离合器的齿数，如图 8-20 所示。

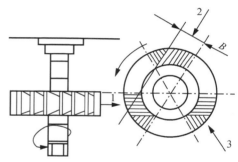

图 8-20 奇数矩形齿离合器的铣削

2. 偶数矩形齿离合器的铣削

工件的装夹、校正、划线、对中心线方法与铣奇数矩形齿离合器相同。铣偶数矩形齿离合器时，铣刀不能通过工件整端面。每次分度只能铣出一个齿的一个侧面。因此注意不要铣伤对面的齿，铣削时首先使铣刀的端面 1 对准工件中心。分度铣出齿侧 1、2、3、4，然后将工件转过一个槽角 α，再将工作台移动一个刀宽的距离，使铣刀端面 2 对准工件中心，再依次铣出每个齿的另一个侧面 5、6、7、8，如图 8-21 所示。

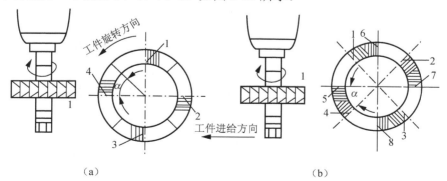

（a） （b）

图 8-21 偶数矩形齿离合器的铣削

8.7　铣螺旋槽

螺旋线可分为圆柱螺旋线、圆锥螺旋线和平面螺旋线，其中由圆柱螺旋线轨迹构成的零件最为普遍。

8.7.1　圆柱螺旋槽的铣削

圆柱螺旋线槽的铣削，可用立铣刀或三面刃铣刀铣削。要想尽量减少干涉量，获得法面形状较好的螺旋槽，当螺旋角 β 和深度确定后，还需要用直径很小的立铣刀铣削才能实现。

在卧式铣床上用三面刃铣刀铣削圆柱螺旋槽时，干涉现象比用立铣刀铣削时更严重。因此，为使螺旋槽方向和刀具旋转平面一致，必须使纵向工作台在平面内旋转一个螺旋角 β。工作台旋转角度的方向由螺旋方向决定。

8.7.2　铣削圆柱螺旋槽的注意事项

（1）主动轮挂工作台丝杠上，被动轮挂分度头侧轴上。

（2）铣削螺旋槽时，分度头主轴须随着工作台的移动而连续旋转，故必须松开分度头主轴锁紧手柄和孔盘侧面的紧固螺钉，并将定位销始终插入孔盘的孔眼中。

（3）交换齿轮之间应保持一定的啮合间隙。

（4）由于螺旋槽有左右旋之分，因此安装交换齿轮时应注意工件的转向。

（5）铣削多头螺旋槽时，在铣完一槽并退回后，应先紧固孔盘侧面的紧固螺钉，再将定位销拔出进行分度。分度后，将定位销插入孔盘，并松开紧固螺钉进行下一槽的铣削。

8.8　齿轮加工

齿轮齿形的加工方法很多，一般可分为两大类：一类是展成法；另一类是成型法。展成法是根据齿轮啮合原理，在专用机床上利用刀具和工件具有严格速比的相对运动来切制齿形，这种加工方法，精度高，效率高。因此，目前齿轮加工主要采用展成法，在滚齿机上滚齿就是展成法加工，如图 8-22（a）所示。成型法是在万能铣床上利用刀刃形状和工件齿槽形状相同的刀具来切制齿形。用此法加工齿轮，其效率和精度比展成法差，一般用于要求不高的单件修配齿轮加工，如图 8-22（b）所示。

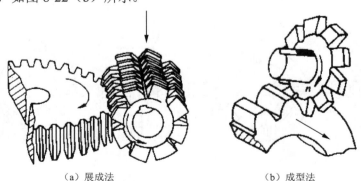

（a）展成法　　　　　　　　　　（b）成型法

图 8-22　齿轮齿形的加工方法

8.8.1　铣削的准备工作

（1）安装分度头。

（2）检查：齿坯铣削后的齿轮质量与原齿坯质量有密切的关系。

（3）装夹和找正：工件将工件装夹在专用心轴上，套入垫圈，旋上螺母，然后将心轴装上鸡心夹头，安装在分度头两顶尖之间，如图 8-23 所示。

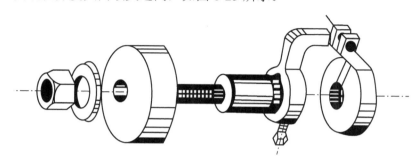

图 8-23　齿轮加工安装

（4）分度计算：计算分度手柄转数 n。

（5）选择及安装铣刀：在普通机床上采用仿形法铣削齿轮，应选用刀刃形状和齿轮齿槽形状相同的铣刀（即正齿轮铣刀）来铣削。

8.8.2　对刀方法

1．划线对中法

（1）将划针调整到接近齿坯中心高度，移动划针画出线段。

（2）将齿坯转动 180° 后，划针高度不变，并且使划针移到工件对侧，再次移动划针画出线段。

（3）将划线一侧向上翻转 90°，将铣刀调整到两线段中间完成铣刀的对中。

2．切痕对中法

目测铣刀对中心，垂向缓慢移动工作台，使轮坯与铣刀轻微接触，横向移动工作台，在轮坯上切出一椭圆刀痕。调整工作台，使铣刀处于椭圆中心，完成对刀。

3．圆柱对中法

目测铣刀对中心，铣出一条浅槽，将工件转过 90°，在齿槽中放入等于其模数的圆棒外圆，然后将工件转过 180°，用同样的方法测量，查看两次读数是否相同，若不同，按其差值的 1/2 调整横向工作台即可。

8.8.3　铣削

齿轮的铣削一般分为粗铣和精铣两步进行。若齿轮质量要求不高或者齿轮模数较小，可以一次铣出。

能力测试题

1. 铣削要素包括哪些方面？应该怎样选择？
2. 简述铣床各组成部件名称及其作用。
3. 铣刀的种类有哪些？
4. 什么是顺铣？什么是逆铣？一般应用在什么场合？
5. 什么是周铣和端铣？端铣有哪些优点？
6. 平行面的铣削方法有哪几种？如何操作？
7. 铣削斜面常用的方法有哪些？
8. 组合铣刀铣削台阶时，如何选择铣刀？
9. 应如何使用立铣刀铣削封闭槽？
10. 铣削矩形外花键前，应如何对工件进行校正？
11. 铣削螺旋槽时，为尽量减少干涉现象，应采用什么样的措施？

第9章 刨工实习

9.1 概 述

在刨床上使用单刃刀具相对于工件作直线往复运动进行切削加工的方法，称为刨削。刨削是金属切削加工中的常用方法之一，在机床床身导轨、机床镶条等较长较窄零件表面的加工中，刨削仍然占据着十分重要的地位。

9.1.1 刨削运动

在牛头刨床上刨削时的刨削运动如图 9-1 所示。刨刀的直线往复运动为主运动，工件的间歇移动为进给运动。

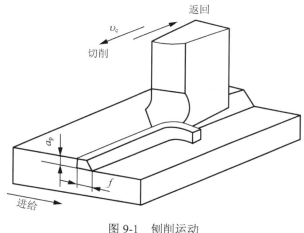

图 9-1 刨削运动

9.1.2 刨削的加工特点

1. 生产效率一般较低

刨削是不连续的切削过程，刀具切入、切出时切削力有突变将引起冲击和振动，限制了刨削速度的提高。此外，单刃刨刀实际参加切削的长度有限，一个表面往往要经过多次行程才能加工出来，刨刀返回行程时不进行工作。由于以上原因，刨削生产率一般低于铣削，但对于狭长表面（如导轨面）的加工，以及在龙门刨床上进行多刀、多件加工，其生产率可能高于铣削。

2. 刨削加工通用性好、适应性强

刨床结构较车床、铣床等简单，调整和操作方便；刨刀形状简单，和车刀相似，制造、刃磨和安装都较方便；刨削时一般不需加切削液。

9.1.3　刨削加工范围

刨削主要用于加工平面、各种沟槽和成型面等，如图9-2所示。

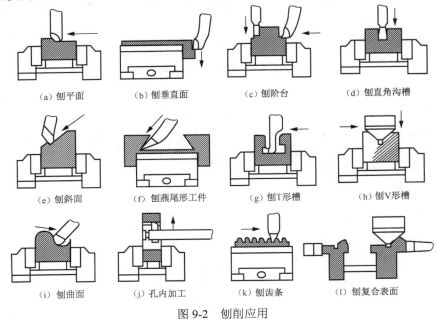

（a）刨平面　　　（b）刨垂直面　　　（c）刨阶台　　　（d）刨直角沟槽

（e）刨斜面　　（f）刨燕尾形工件　　（g）刨T形槽　　（h）刨V形槽

（i）刨曲面　　　（j）孔内加工　　　（k）刨齿条　　　（l）刨复合表面

图9-2　刨削应用

9.2　牛　头　刨　床

9.2.1　牛头刨床的组成

牛头刨床主要由床身、滑枕、刀架、工作台、横梁等部分组成，如图9-3所示。

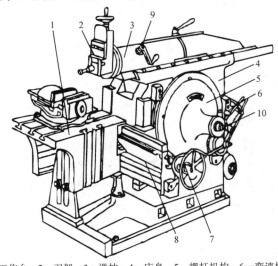

1—工作台；2—刀架；3—滑枕；4—床身；5—摆杆机构；6—变速机构；
7—进刀机构；8—横梁；9—行程位置调整手柄；10—行程长度调整方样

图9-3　牛头刨床结构

1．床身

床身用来支承和连接刨床的各部件，其顶面的水平导轨供滑枕作往复运动，前端面两侧的垂直导轨供横梁升降，床身内部中空，装有主运动变速机构和摆杆机构。

2．滑枕

滑枕的前端装有刀架，用来带动刀架和刨刀沿床身水平导轨作直线往复运动。滑枕往复运动的快慢，以及滑枕行程的长度和位置，均可根据加工需要进行调整。

3．刀架

刀架用来夹持刨刀，如图 9-4 所示。转动刀架进给手柄，滑板可沿转盘上的导轨上下移动，以此调整刨削深度，或在加工垂直面时实现进给运动。

松开转盘上的螺母、将转盘扳转一定角度后，可使刀架作斜向进给，完成斜面刨削加工。滑板上还装有可偏转的刀座，合理调整刀座的偏转方向和角度，可以使刨刀在返回行程中绕抬刀板刀座上的 A 轴向上抬起的同时，自动少许离开工件的已加工表面，以减少返程时刀具与工件之间的摩擦。

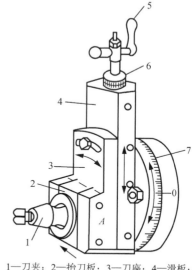

1—刀夹；2—抬刀板；3—刀座；4—滑板；
5—刀架进给手柄；6—刻度盘；7—转盘

图 9-4　牛头刨床刀架

4．横梁与工作台

牛头刨床的横梁上装有工作台及工作台进给丝杠，丝杠可带动工作台沿床身导轨升降运动。工作台用于装夹工件，可带动工件沿横梁导轨作水平方向的连续移动或作间断进给运动，并可随横梁作上下调整。

9.2.2　牛头刨床传动系统

1．摇臂机构

摇臂机构是牛头刨床的主运动机构，其作用是把电动机的旋转运动变为滑枕的往复直线运动，以带动刨刀进行刨削。图 9-5 所示为牛头刨床的传动结构。

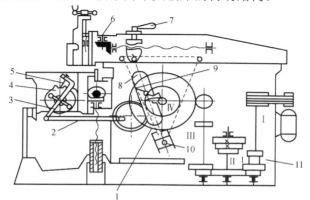

1—摆杆机构；2—连杆；3—摇杆；4—棘轮；5—棘爪；6—行程位置调整方样；
7—滑枕锁紧手柄；8—摆杆；9—滑块；10—卡支点；11—变速机构

图 9-5　牛头刨床传动结构

图 9-5 中传动齿轮带动摇臂齿轮转动，固定在摇臂齿轮上的滑块可以在摆杆的槽内滑动并带动摇臂前后摆动，于是带动滑枕做往复直线运动。

2．进给系统

工作台安装在横梁的水平导轨上，用来安装工件。依靠进给机构（棘轮机构）工作台可在水平方向做自动间歇进给。

3．减速机构

电机转速，通过皮带、滑动齿轮摇臂齿轮减速。

9.2.3　牛头刨床的调整

1．滑枕行程长度、起始位置、速度的调整

刨削时，滑枕行程的长度一般应比零件刨削表面的长度长 30～40mm，滑枕的行程长度调整方法是通过改变摆杆齿轮上偏心滑块的偏心距离，其偏心距越大，摆杆摆动的角度就越大，滑枕的行程长度也就越长；反之，则越短。

松开滑枕内的锁紧手柄，转动丝杠，即可改变滑枕行程的起始点，使滑枕移到所需要的位置。

调整滑枕速度时，必须在停车之后进行，否则将打坏齿轮。可以通过变速机构来改变变速齿轮的位置，使牛头刨床获得不同的转速。

2．工作台横向进给量的大小、方向的调整

牛头刨床的进给运动是由棘轮机构实现的。

工作台横向进给量的大小，可通过改变棘轮罩的位置，从而改变棘爪每次拨过棘轮的有效齿数来调整。棘爪拨过棘轮的齿数较多时，进给量大；反之则小。此外，还可通过改变偏心销的偏心距来调整，偏心距小，棘爪架摆动的角度就小，棘爪拨过的棘轮齿数少，进给量就小；反之，进给量则大。若将棘爪提起后转动 180°，可使工作台反向进给。当把棘爪提起后转动 90°时，棘轮便与棘爪脱离接触，此时可手动进给。

9.3　刨　　刀

9.3.1　刨刀的分类

刨刀按用途可分为平面刨刀、偏刀、切刀、弯切刀、角度刀、样板刀等。其作用如下：

（1）平面刨刀主要用于刨削水平面，有直头刨刀和弯头刨刀。

（2）偏刀主要用于刨削台阶面、垂直面和外斜面等。

（3）切刀主要用于刨削直角槽和切断工件等。

（4）弯切刀主要用于刨削 T 形槽和侧面直槽。

（5）角度刀主要用于刨削燕尾槽和内斜面等。

（6）样板刀主要用于刨削 V 形槽和特殊形面。

9.3.2　刨刀的结构

刨刀的结构、几何形状均与车刀相似，但由于刨削属于断续切削，刨刀切入时受到较大的冲击力，刀具容易损坏，所以刨刀刀体的横截面一般比车刀大 1.2～1.5 倍。刨刀的前角 γ_0 比车刀稍小，刀倾角 λ_s 取较大的负值以增强刀具强度。

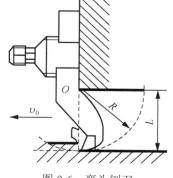

刨刀一般做成弯头形式，这是刨刀的又一个显著特点。图 9-6 所示为弯头刨刀和白头刨刀的比较：弯头刨刀的刀尖位于刀具安装平面的后方，直头刨刀的刀尖位于刀具安装平面的前方。由图 9-6 可知，在刨削过程中，当弯头刨刀遇到工件上的硬点使切削力突然变大时，刀杆绕 O 点向后上方产生弹性弯曲变形，使切削深度减小，刀尖不至于啃入工件的已加工表面，加工比较安全;而直头刨刀突然受强力后，刀杆绕 O 点向后下方产生弯曲变形，使切削深度进一步增大，刀尖向右下方扎入工件的已加工表面，将会损坏刀刃及已加工表面。

图 9-6　弯头刨刀

9.3.3　刨刀的安装

安装刨刀时，将转盘对准零线，以便准确控制背吃刀量，刀头不要伸出太长，以免产生振动和折断。直头刨刀伸出长度一般为刀杆厚度的 1.5～2 倍，弯头刨刀伸出长度可稍长些，以弯曲部分不碰刀座为宜。装刀或卸刀时，应使刀尖离开零件表面，以防损坏刀具或者擦伤零件表面，必须一只手扶住刨刀，另一只手使用扳手，用力方向自上而下，否则容易将抬刀板掀起，碰伤或夹伤手指。

刨刀安装示意图如图 9-7 所示。

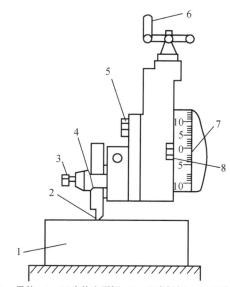

1—零件；2—刀头伸出要短；3—刀夹螺钉；4—刀夹；
5—刀座螺钉；6—刀架进给手柄；7—转盘对准零线；8—转盘螺钉

图 9-7　刨刀安装示意图

9.4　刨平面和沟槽

9.4.1　刨削平面

1. 刨削水平面

水平面既可以是零件所需要的加工表面，又可以用作精加工基准面。

水平面粗刨采用平面刨刀，精刨采用圆头精刨刀。刨削用量一般为：刨削深度 a_p 为 0.2～0.5mm，进给量 f 为 0.33～0.66mm/str，切削速度 v 为 15～50m/min。粗刨时刨削深度和进给量可取大值，切削速度取低值；精刨时切削速度取高值，切削深度和进给量取小值。

对于两个相对平面有平行度要求，两相邻平面有垂直度要求的矩形工件。设矩形 4 个平面按逆时针方向分别为 1、2、3、4 面。一般刨削方法是先刨出一个较大的平面 1 为基准面，然后将该基准面贴紧平口钳钳口一面，用圆棒或斜垫夹入基准面对面的钳口中，刨削第 2 个平面，再刨削第 2 个平面相对的第 4 个面，最后刨削第 1 个面相对的第 3 个面。

在水平面刨削时，切削深度由手动控制刀架的垂直运动决定，进给量由进给运动手柄调整。

2. 刨削垂直面

工件上如有不能或不便用水平面刨削方法加工的平面，可将该平面与水平面成垂直，然后用刨垂直面的方法进行加工，如加工台阶面和长工件的端面。图 9-8 所示为刨削垂直面。

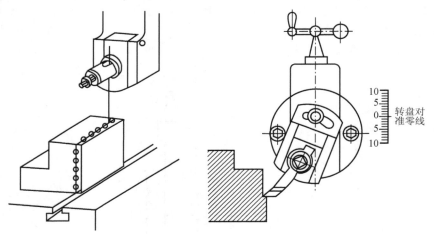

图 9-8　刨削垂直面

垂直面的刨削由刀架作垂直进给运动实现。刨削前，先将刀架转盘刻度线对准零线，以保证加工面与工件低平面垂直，转动刀架手柄，从上往下加工工件。手动进给刀架时保证刨刀是作垂直进给运动；再将刀座转动至上端，偏离要加工垂直面 10°～15°左右，使抬刀板回程时，能带动刨刀抬离工件的垂直面，减少刨刀磨损及避免划伤已加工表面。

应注意刀座推偏时，偏刀的主刀刃应指向所加工的垂直面，不能将刨刀所偏方向及推偏方向选错。另外，安装偏刀时，刨刀伸出的长度应大于整个刨削面的高度。在垂直面刨削时，切削深度由工作台水平手动控制，进给量由刀架转动手柄调整。

3．刨削斜面

工件上的斜面有内斜面和外斜面两种，如 V 形槽、燕尾槽由内斜面组成；V 形楔、燕尾榫由外斜面组成。内斜面和外斜面均可由倾斜刀架法加工。图 9-9 所示为刨削斜面。

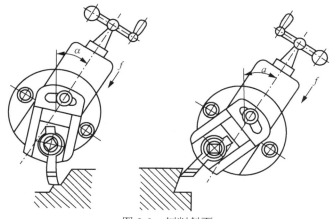

图 9-9　刨削斜面

刨削前，先将转盘与刀座一起转动一定角度，再将刀座转动至上端偏离所需加工的斜面 12°左右，然后从上往下转动刀架手柄刨削斜面。

注意应针对是内斜面还是外斜面来选择左角度偏刀或右角度偏刀。一般内斜面左斜用左角度偏刀，外斜面左斜用右角度偏刀；内斜面右斜或外斜面右斜时则刚相反。角度偏刀伸出长度也应大于整个刨削斜面的宽度。

在进行斜面刨削时，切削深度与进给量的控制及调整同刨削垂直面一样，但要注意刨斜面时，切削深度不可选得过大。

9.4.2　刨削沟槽

1．刨削直槽

刨直槽时，如果沟槽不宽，则可用宽度相当的直槽刀直接刨到所需宽度。如果沟槽较宽，则可移动工作台，分几次刨削将宽槽刨出。为了保证槽底平整，槽底面需留有余量，单独安排一次刨削加工。刨直槽时的垂直进给由刀架的移动来完成。图 9-10 所示为刨削直槽。

2．刨削 V 形槽

（1）先在工件上划出 V 形槽的加工参照线，用直槽刀先刨底部的直槽。

（2）换上偏刀，并倾斜刀架，偏转刀座，用刨斜面的方法分别刨出两侧面。

图 9-11 所示为刨削 V 形槽。

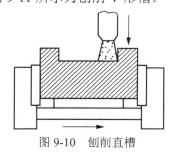

图 9-10　刨削直槽

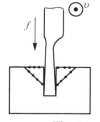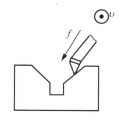

图 9-11　刨削 V 形槽

3．刨削燕尾槽

刨刀：使用左、右偏刀。

方法：根据加工参照线，先刨直槽，再用左、右偏刀分别加工左、右侧。

注意：加工过程中粗、精加工应分开。

图 9-12 所示为刨削燕尾槽。

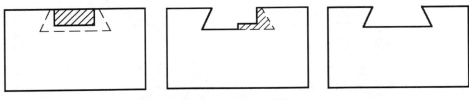

图 9-12　刨削燕尾槽

4．刨削 T 形槽

刨刀：使用直槽刀，左、右弯切刀和倒角刀。

方法：先根据参照线，用直槽刀刨出直槽，再用左、右弯切刀刨出两侧横槽，最后用 $K_r = 45°$ 的尖头刀倒角。

图 9-13 所示为刨削 T 形槽。

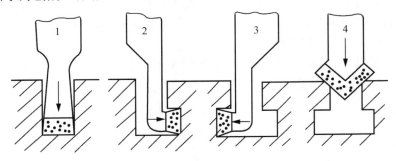

图 9-13　刨削 T 形槽

9.5　龙门刨床和插床

9.5.1　龙门刨床

龙门刨床因有个"龙门"式框架结构而得名。龙门刨床主要由床身、立柱、横梁、工作台、两个垂直刀架、两个侧刀架等组成。图 9-14 所示为龙门刨床的结构。

龙门刨床在加工时，工件装在工作台上，工作台沿床身导轨做直线往复运动为主运动，横梁上垂直刀架和立柱上的侧刀架做垂直或水平间歇进给。垂直刀架可以转动一定角度，用来加工斜面，横梁可以沿柱上下移动，以适应不同高度表面加工。

龙门刨床主要用于加工大型零件上的大平面或长而窄的平面，也常用于同时加工多个中小型零件的平面。

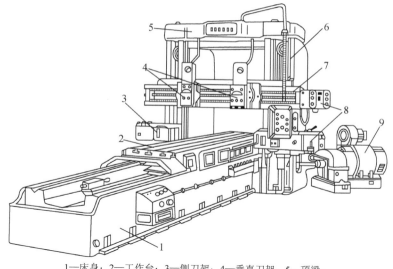

1—床身；2—工作台；3—侧刀架；4—垂直刀架；5—顶梁；

6—立柱；7—横梁；8—进给箱；9—电机

图 9-14 龙门刨床结构

9.5.2 插床

插床又称为立式刨床，其主运动是滑枕带动插刀所做的上下往复直线运动。图 9-15 所示为插床的结构。插削加工时，插刀安装在滑枕的下面，它的结构原理与牛头刨床属同一类型，只是在结构形式上略有区别。其主运动为滑枕的上下往复直线运动，进给运动为工作台带动工件做纵向、横向或圆周方向间歇进给，上托板可以做横向进给，下托板也可以做横向进给，圆工作台可以带动工件回转。

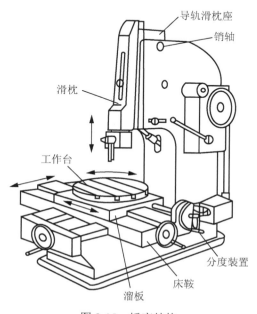

图 9-15 插床结构

插床的生产率较低，一般只在单件、小批生产时，插削直线的成型内、外表面，如内孔键槽、多边形孔和花键孔等，尤其是能加工一些不通孔或有障碍台阶的内花键槽。

能力测试题

1．刨削加工特点是什么？
2．刨削加工范围有哪些？
3．牛头刨床结构是什么，各组成部分有什么作用？
4．刨刀种类有哪些，怎样选择？
5．平面刨削方法有几种，应该如何操作？
6．不同沟槽在刨削处理上有何不同？
7．简述龙门刨床的加工特点。
8．插床应用在哪些方面？

第10章　磨 工 实 习

10.1　概　　述

10.1.1　磨削加工及其分类

用磨料切除工件多余材料，使其在形状、精度和表面粗糙度等方面都符合预定要求的加工方法，称为磨削加工。它是一种高速、多刃、微量的切削加工过程，设计多种复杂因素。随着工业的不断发展，磨削加工正朝着自动化方向发展。

1. 分类

磨削加工通常情况是按照磨削工具的类型分类的，分为固定磨粒加工和游离磨粒加工两类。通常所谓的磨削，主要是指用砂轮进行磨削。图 10-1 所示为各种磨削加工方式。

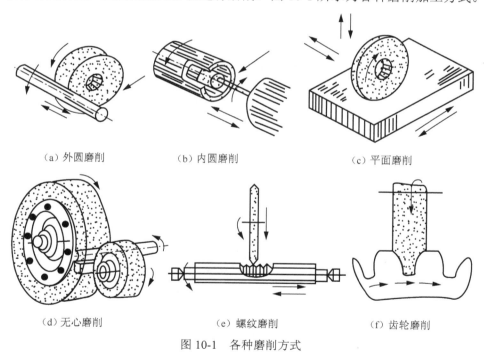

（a）外圆磨削　　　　　（b）内圆磨削　　　　　（c）平面磨削

（d）无心磨削　　　　　（e）螺纹磨削　　　　　（f）齿轮磨削

图 10-1　各种磨削方式

2. 常用的砂轮磨削方式

一般旋转表面按其夹紧和驱动工件的方法，可分为中心磨削和无心磨削；按进给方向相对于加工表面的关系，可分为纵向进给和横向进给磨削；按砂轮工作表面类型，可分为周边磨、端面磨和周边一端面磨；考虑磨削形成之后砂轮相对工件的位置，分为通磨和定程磨。

10.1.2　磨削加工的特点

（1）加工余量少，加工精度高。一般磨削可获得 IT5～7 级精度，表面粗糙度可达 $Ra0.2$～1.6um。

（2）磨削加工范围广，适用于加工各种表面：内外圆表面、圆锥面、平面、齿面、螺旋面；对于材料的使用范围同样很多：普通塑性材料、铸件等脆材材料、淬硬钢、硬质合金、宝石等高硬度难切削材料。

（3）磨削速度高、耗能多，切削效率低，磨削温度高，工件表面易产生烧伤、残余应力等缺陷。

（4）砂轮有一定的自锐性。

10.2　磨　　床

10.2.1　磨床的主要类型

（1）外圆磨床，主要有普通外圆磨床、端面外圆磨床、无心外圆磨床等。

（2）内圆磨床，包括普通内圆磨床、行星内圆磨床、无心内圆磨床等。

（3）平面磨床，包括卧轴矩台平面磨床、立轴矩台平面磨床、卧轴圆台磨床、立轴圆台磨床等。

（4）工具磨床，包括工具曲轴磨床、钻头沟槽磨床等。

（5）专门化磨床，包括花键轴磨床、曲轴磨床、齿轮磨床、螺纹磨床等。

（6）其他磨床，如研磨机、砂带磨床、超精加工机床等。

10.2.2　磨床的组成和作用

1．磨床的组成

图 10-2 所示为 M1432A 磨床的结构。

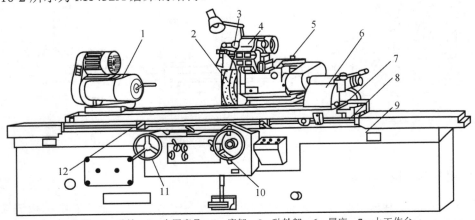

1—头架；2—砂轮；3—内圆磨具；4—磨架；5—砂轮架；6—尾座；7—上工作台；
8—下工作台；9—床身；10—横向进给手轮；11—纵向进给手轮；12—换相档块

图 10-2　M1432A 磨床结构

（1）床身。用来支承各部件，上部有工作台和砂轮架，内部有液压系统。

（2）工作台。工作台装有头架和尾架。工作台有两层，下工作台可在床身导轨上作纵向往复运动，上工作台相对下工作台在水平面内能偏转移动的角度，以便磨削圆锥面。

（3）头架。头架内的主轴由单独的电机经变速机构带动旋转，可得 6 种转速。主轴端部可安装顶尖、拨盘或卡盘。工件可支承在头架顶尖和尾架顶尖之间，也可用卡盘安装。

（4）砂轮架。用于安装砂轮，并有单独的电机带动砂轮高速旋转，砂轮架可在床身后部的导轨上作横向进给。进给的方法有自动周期进给、快速引进或退出、手动三种，前两种靠液压系统来实现。

（5）尾架。尾架上安装顶尖，用于支承工件。

2．磨床的作用

主要用于磨削圆柱形或圆锥形的外圆和内孔，也能磨削阶梯轴的轴肩和端面。它的应用范围较广，操作方便，但磨削效率不高，自动化程度也较低，适用于工具、机修车间和单件、小批量生产。

10.3　砂　　　轮

10.3.1　砂轮的特性及其选择

砂轮是磨削加工中最常用的工具。它是由结合剂将磨料颗粒黏结而成的多孔体。掌握砂轮的特性，合理选择砂轮，是提高磨削质量和磨削效率、控制磨削加工成本的重要措施。砂轮特性取决于磨料、粒度、结合剂、硬度和组织。图 10-3 所示为砂轮磨削。

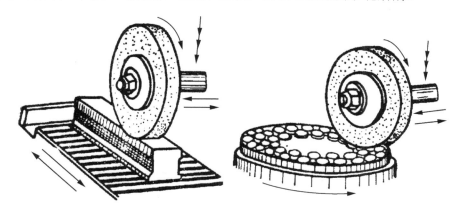

图 10-3　砂轮磨削

1．磨料

磨料即砂轮中的硬质颗粒。常用的磨料主要是人造磨料，其性能及适用范围如表 10-1 所示。

表 10-1 砂轮磨料

磨料名称		原代号	新代号	成分	颜色	力学性能	反应性	热稳定性	适用磨削范围
刚玉类	棕刚玉	GZ	A	$Al_2O_3$95% TiO_2 2%～3%	棕褐色	硬度 高 ↓ 强度 高 ↑	稳定	2100℃ 熔融	碳钢、合金钢、铸铁
	白刚玉	GB	WA	Al_2O_3>99%	白色				淬火钢、高速钢
碳化硅类	黑碳化硅	TH	C	SiC>95%	黑色		与铁有反应	>1500℃汽化	铸铁、黄铜、非金属材料
	绿碳化硅	TL	GC	SiC>99%	绿色				硬质合金等
高硬度磨料类	立方氮化硼	JLD	CBN	B、N	黑色	高硬度	高温时与水、碱有反应	<1300℃稳定	高强度钢、耐热合金等
	人造金刚石	JR	D	碳结晶体	乳白色			>700℃石墨化	硬质合金、光学玻璃等

2．粒度

粒度表示磨料颗粒的尺寸大小。磨料的粒度可分为两大类，基本颗粒尺寸大于 $40\mu m$ 的磨料，用机械筛选法来决定粒度号，其粒度号数就是该种颗粒正好能通过筛子的网号。网号就是每英寸（25.4mm）长度上筛孔的数目。因此粒度号数越大，颗粒尺寸越小；反之，颗粒尺寸越大。当颗粒尺寸小于 $40\mu m$ 的磨料用显微镜分析法来测量，其粒度号数是基本颗粒最大尺寸的微米数，以其最大尺寸前加 W 来表示。

3．结合剂

结合剂的作用是将磨粒黏合在一起，使砂轮具有必要的形状和强度。结合剂的性能对砂轮的强度、耐冲击性、耐腐蚀性及耐热性有突出的影响，并对磨削表面质量有一定影响。

（1）陶瓷结合剂（V），化学稳定性好、耐热、耐腐蚀、价廉，占90%，但性脆，不宜制成薄片，不宜高速，线速度一般为 35m/s。

（2）树脂结合剂（B），强度高弹性好，耐冲击，适于高速磨或切槽切断等工作，但耐腐蚀耐热性差（300℃），自锐性好。

（3）橡胶结合剂（R），强度高弹性好，耐冲击，适于抛光轮、导轮及薄片砂轮，但耐腐蚀耐热性差（200℃），自锐性好。

（4）金属结合剂（M）青铜、镍等，强度韧性高，成型性好，但自锐性差，适于金刚石、立方氮化硼砂轮。

4．硬度

砂轮的硬度是指磨粒在磨削力的作用下，从砂轮表面脱落的难易程度。砂轮硬即表示磨粒难以脱落；砂轮软，表示磨粒容易脱落。所以，砂轮的硬度主要由结合剂的黏结强度决定，而与磨粒本身的硬度无关。

砂轮的硬度分为七大级（超软、软、中软、中、中硬、硬、超硬），16 小级。

选用砂轮时，应注意硬度选得适当。若砂轮选得太硬，会使磨钝了的磨粒不能及时脱落，因而产生大量磨削热，造成工件烧伤；若选得太软，会使磨料脱落得太快而不能充分发挥其切削作用。

砂轮硬度选择原则如下。

（1）磨削硬材，可选择较软砂轮；磨削软材，可选择较硬砂轮。

（2）磨导热性差的材料，不易散热，一般选择较软砂轮以免工件烧伤。

（3）砂轮与工件接触面积大时，通常选择较软的砂轮。

（4）精磨时，可选择较硬砂轮；粗磨时一般选择较软的砂轮。

5. 组织

砂轮的组织是指磨粒在砂轮中占有体积的百分数（即磨粒率）。它反映了磨粒、结合剂、气孔三者之间的比例关系。磨粒在砂轮总体积中所占的比例大，气孔小，即组织号小，则砂轮的组织紧密；反之，磨粒的比例小，气孔大，即组织号大，则组织疏松。砂轮上未标出组织号时，即为中等组织。一般可将砂轮分为紧密、中等、疏松三类 13 级。

紧密组织成型性好，加工质量高，适于成形磨削、精密磨削和强力磨削。中等组织适于一般磨削工作，如淬火钢、刀具刃磨等。疏松组织不易堵塞砂轮，适于粗磨、磨软材、磨平面、内圆等接触面积较大时，磨热敏性强的材料或薄件。

10.3.2 砂轮的形状与尺寸

砂轮的形状、代号及用途，标志顺序如下：磨具形状、尺寸、磨料、粒度、硬度、组织、结合剂和最高线速度。

常用形状有平形（P）、碗形（BW）、碟形（D）等，砂轮的端面上一般都有标志。表 10-2 所示为常用砂轮形状、代号及用途。

表 10-2　常用砂轮形状、代号及用途

砂轮名称	代号	简图	主要用途
平行砂轮	1		外圆磨、内圆磨、平面磨、无心磨、工具
薄片砂轮	41		切断及切槽
筒形砂轮	2		端磨平面
碗形砂轮	11		刃磨刀具、磨导轨
蝶形 1 号砂轮	12a		磨铣刀、铰刀、拉刀、磨齿轮
双斜边砂轮	4		磨齿轮及螺纹
杯形砂轮	6		磨平面、内圆、刃磨刀具

10.3.3 砂轮的使用和修整*

1. 砂轮的安装

磨削时砂轮高速旋转，且由于制造误差，其重心不与安装的法兰盘中心线相重合，会产生不平衡的离心力，导致砂轮轴承的磨损加剧。因此，如果砂轮安装不当，不但会降低磨削工件的质量，还会突然碎裂造成较严重的事故。

（1）检查。砂轮安装前可先进行外观检查并用敲击法检查其是否有裂纹。

（2）平衡试验。将砂轮装在心轴上，放在平衡架轨道的刀口上。如果砂轮不平衡，较重的部分总是转在下面，通过改变法兰盘端面环形槽内的若干个平衡块的位置平衡后，再进行检查。如此反复进行，直到砂轮可以在刀口上的任意位置都能静止（也即砂轮的重心与其回转中心重合）。一般进行两次平衡试验，先粗平衡，然后装在磨床上修整后取下再进行精平衡。一般直径大于 125mm 的砂轮，安装前必须进行平衡试验。

（3）安装。安装时要求砂轮不松不紧地套在砂轮主轴上，在砂轮两端面与法兰盘之间垫上弹性垫片（一般厚为 1～2mm）。

2. 砂轮修整

砂轮工作一段时间以后，磨粒逐渐变钝，工作表面的空隙被堵塞，正确的几何形状被改变。砂轮必须进行修整，以恢复其切削能力和精度，否则引起振动、Ra 值增大、表面烧伤或裂纹等。砂轮常用金刚石刀修整，且修整时要用大量切削液，以避免因温升损坏金刚石刀。

常用修整工具是单颗粒金刚石。修整用量包括修整导程 f_x（磨粒平均尺寸）和修整深度 a_p（粗磨 0.01～0.03mm），修整时应使用充足的切削液。

10.4 磨 平 面

10.4.1 平面磨削的形式

1. 周边磨削

周边磨削又称为圆周磨削，是用砂轮的圆周面进行磨削的方式。在刀具磨床上磨削小平面或沟槽底平面，也是周边磨削，如图 10-4（a）与图 10-4（b）所示。

砂轮周边为磨削工作面，接触面小，发热小，排屑及冷却条件好，工件受热变形小，砂轮磨损均匀，加工精度高，生产效率低。

2. 端面磨削

用砂轮的端面磨削工件上的平面，如图 10-4（c）与图 10-4（d）所示。其特点是砂轮与工件的接触面积大、排屑及冷却条件比较差、工件的发热量大、砂轮磨损不均匀等；所以加工质量较低，但砂轮刚性好，磨削效率高。一般用于粗磨及形状简单的工件。为改善磨削条件和提高磨削精度，可以选用大粒度、低硬度的杯形或碗形砂轮及镶块砂轮等。

端磨：立轴圆台，加工精度低，表面质量差，但效率高，用于粗加工代替铣、刨。

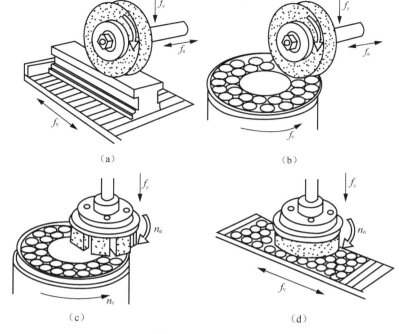

图 10-4 磨削平面

3. 周边—端面磨削

同时用砂轮的圆周面和端面进行磨削。磨削台阶面时,若台阶不深,可在卧轴矩台平面磨床上,用砂轮进行周边—端面磨削。

10.4.2 端面磨削的方法

1. 横向磨削法

横向磨削在磨削时,当工作台纵向行程终了时,砂轮主轴或工作台作一次横向进给,这时砂轮所磨削的金属层厚度就是实际背吃刀量,待工件上第一层金属磨去后,砂轮重新作垂向进给,磨头换向继续作横向进给,磨去工件第二层金属余量,如此往复多次磨削,直至切除全部余量为止。

横向磨削法适用于磨削长而宽的平面,因其磨削接触面积小,排屑、冷却条件好,因此砂轮不易堵塞,磨削热较小,工件变形小,容易保证工件的加工质量,但生产效率较低,砂轮磨损不均匀,磨削时须注意磨削用量和砂轮的选择。

2. 深度磨削法

磨削时砂轮只作两次垂直进给。第一次垂直进给量等于粗磨的全部余量,当工作台纵向行程终了时,将砂轮或工件沿砂轮轴线方向移动 3/4～4/5 的砂轮宽度,直至切除工件全部粗磨余量;第二次垂直进给量等于精磨余量,其磨削过程与横向磨削法相同。也可采用切入磨削法,磨削时,砂轮先作垂向进给,横向不进给,在磨去全部余量后,砂轮垂直退刀,并横向移动 4/5 的砂轮宽度,然后再作垂向进给,先分段磨削粗磨,最后用横向法精磨。

　　深度磨削法的特点是生产效率高，适用于批量生产或大面积磨削。磨削时须注意工件装夹牢固，且供应充足的切削液冷却。

3．台阶磨削法

　　根据工件磨削余量的大小，将砂轮修整成阶梯形，使其在一次垂直进给中采用较小的横向进给量把整个表面余量全部磨去。

　　用台阶磨削法加工时，由于磨削用量较大，为了保证工件质量和提高砂轮的使用寿命，横向进给应缓慢一些。台阶磨削法生产效率较高，但修整砂轮比较麻烦，且机床须具有较高的刚度，所以在应用上受到一定的限制。

10.4.3　磨削用量的选择

　　（1）砂轮的速度。
　　（2）工作台纵向进给量，工作台为矩形时，纵向进给量选为 $1\sim12m/min$。
　　（3）砂轮垂直进给量，其大小是依据横向进给量的大小来确定。

10.4.4　工件的装夹

　　平面磨削的装夹方法应根据工件的形状，尺寸和材料而定，常用方法有电磁吸盘装夹、精密平口钳装夹等。

1．电磁吸盘及其使用

　　主要用于钢、铸铁等磁性材料制成的有两个平行面的工件装夹。
　　（1）电磁吸盘的工作原理和结构。电磁吸盘的外形有矩形和圆形两种，分别用于矩形工作台平面磨床和圆形工作台平面磨床。
　　（2）电磁吸盘装夹工件的特点。工件装卸迅速方便，并可以同时装夹多个工件；工件的定位基准面被均匀地吸紧在台面上，能很好地保证平行平面的平行度公差；装夹稳固可靠。

2．垂直面磨削时工件的装夹

　　（1）用侧面有吸力的电磁吸盘装夹。
　　（2）导磁直角铁装夹。
　　（3）精密平口钳装夹。
　　（4）用精密角铁装夹。
　　（5）用精密 V 形块装夹。
　　（6）垫纸法。

3．倾斜面磨削时工件的装夹

　　（1）用正弦精密平口钳装夹。
　　（2）用正弦电磁吸盘装夹。
　　（3）用导磁 V 形块装夹。

10.5 磨外圆、内圆和圆锥面

10.5.1 磨外圆

1. 外圆磨削的基本方法

（1）轴向磨削法。磨削时砂轮左旋转运动和径向进给运动，工件做低速转动（圆周进给）并与工作台一起作直线往复进给运动（轴向进给），当每一次轴向形成或往复行程终了时，砂轮按要求的磨削深度做一次径向进给，磨削余量要在多次往复行程中磨去，如图 10-5 所示。在工件两端时砂轮要超越工件两端的长度，一般取 1/2～1/3B（B 为砂轮宽度）。

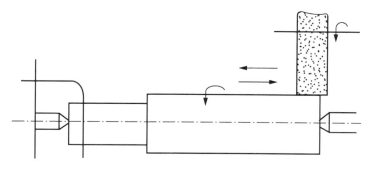

图 10-5 轴向磨削外圆

轴向磨削外圆的特点在于其工作表面分工，轴向进给起主要切削作用，磨削质量好，但磨削的效率一般较低，因此适用于磨削外圆长度大于砂轮宽度的工件，特别适合加工细长轴。

（2）径向磨削法。磨削时砂轮做旋转运动且以很慢的速度连续或间断向工件做径向进给运动，工作台无轴向往复运动，工件做旋转运动，如图 10-6 所示。

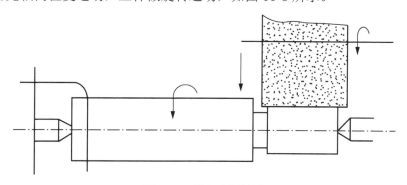

图 10-6 径向磨削外圆

径向磨削外圆的特点在于由于无轴向进给，磨粒在工件表面上会留下重合痕迹，径向连续进给排屑困难，需要经常修整砂轮，其磨削质量差，但是径向磨削属于连续进给，故而磨削效率高，一般适用于磨削外圆长度小于砂轮宽度的工件，特别适用于外圆两旁都有阶台的轴颈和成型表面磨削。

（3）阶段磨削法。阶段磨削法是将工件分成若干小段，用径向磨削法逐段进行粗磨，留有精磨余量 0.03～0.04mm，再用轴向磨削法精磨工件至要求尺寸，如图 10-7 所示。分段磨削时，相邻两段间应留有 5～15mm 的重叠，以保证各段外圆能衔接好。

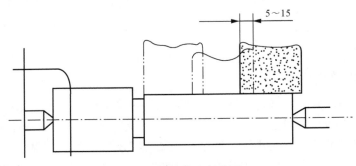

图 10-7　阶梯磨削外圆

　　阶段磨削外圆既有径向磨削法的生产效率高的优点，又有轴向磨削法加工精度高的优点，故而磨削质量较好，工件在精磨后可以获得较高的尺寸精度和较小的表面粗糙度值。阶段磨削适用于磨削余量大且刚度较好的工件，不适合用于长度过长的工件，一般加工表面长度是砂轮宽度的 2～3 倍较合适。

　　（4）深度磨削法。深度磨削法是一种高效率的磨削方法，这种方法是将砂轮磨成阶梯状，采用较大的磨削深度，较小的轴向进给量，在一次轴向进给中将工件的全部磨削余量切除。

　　砂轮阶梯的前部分起主要切削作用，后部起精磨作用。该方法磨削工件磨削质量好，同时磨削效率高，但对于机床、砂轮等要求较高，一般适用于磨削余量多、刚性好的工件的批量生产。

2．工件的装夹

　　（1）用顶尖装夹。顶尖装夹是外圆磨床最常用的方法，其特点为装夹迅速方便，定位精度高。工作时把工件装夹在前、后顶尖间，由头架上的拨盘、拨销、尖头带动工件旋转，其旋转方向与砂轮旋转方向相同。注意磨床上的后顶尖不随工件旋转，俗称死顶尖，否则会由于主轴轴承制造误差等因素导致工件磨削精度下降。

　　（2）用卡盘装夹工件。两端无中心孔的工件可用三爪卡盘装夹，外形不规则的工件可用四爪卡盘装夹。

　　（3）用卡盘和顶尖装夹工件。工件比较长且只有一段有中心孔时，可以采用这种方法装夹。

10.5.2　磨内圆

1．内圆磨削的基本方法

　　（1）中心内圆磨削。在普通内圆磨床、万能外圆磨床上磨孔，如图 10-8 所示。中心内圆磨削的方法特点在于工件都绕自身轴线回转，砂轮的旋转方向与工件的旋转方向相反，这种方式适用于形状规则、便于回转的零件，如各种法兰盘、套筒、齿轮等，应用广泛。

　　（2）无心内圆磨削。一般在无心磨床上进行，用以磨削工件外圆。磨削时，工件不用顶尖定心和支承，而是放在砂轮与导轮之间，由其下方的托板支承，并由导轮带动旋转，如图 10-9 所示。

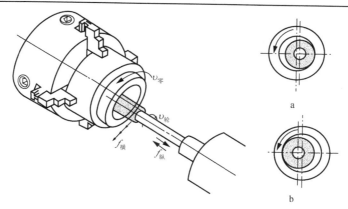

图 10-8 中心内圆磨削

（3）行星式内圆磨削。磨削时工件不转动，砂轮绕自身轴线高速旋转，同时绕所磨孔的中心以低速做行星运动。但这种方式主要用于磨削体积大，工件笨重或形状不对称以及不便于旋转的零件。在目前生产中应用较少。

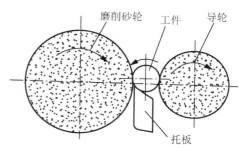

（4）内圆磨削的特点。与外圆磨削相比较，内圆磨削的砂轮直径小，砂轮转速收到内圆磨具的限制，故砂轮的圆周速度一般为 30～35m/s。内圆磨削的砂轮主轴转速要比外圆磨削时的砂轮主轴转速高

图 10-9 无心内圆磨削

十几倍，其磨粒很容易磨钝。内圆磨削砂轮因其直径较小，从而导致其刚性很差，往往限制了磨削用量的提高，其产生的磨削力和磨削热很大，散热条件和排屑条件均较差，磨屑容易堵塞砂轮。因此，内孔磨削需要合理选用砂轮和接长轴，同时要正确安装工件和选择磨削用量，注意改进操作工艺。

2．工件的装夹

（1）用三爪自定心卡盘装夹工件。三爪自定心卡盘的精度较低，工件夹紧后的径向圆跳动误差为 0.08mm 左右。三爪自定心卡盘还可根据工件要求调换卡爪方向。

（2）用四爪单动卡盘装夹工件。四爪单动卡盘上有四个卡爪，每个卡爪都由单独一个螺杆来控制移动，可以达到很高的定心精度，但校正比较麻烦。目前在小批量生产中主要用于装夹尺寸较大或外形不规则的工件及定心精度要求高的工件。

10.5.3 磨圆锥面

1．转动工作台磨圆锥

磨削时，把工件装夹在两顶尖之间，再根据工件圆锥半角 $\alpha/2$ 的大小，将上工作台相对下工作台逆时针转过 $\alpha/2$ 即可，如图 10-10 和图 10-11 所示。这种方法大多用于锥度小，锥面较长的工件。

2．转动头架磨圆锥

当工件的圆锥半角超过工作台所能回转的角度时，可采用转动头架的方法来磨削圆锥。

这种方法是把工件装夹在头架卡盘中，再根据工件圆锥半角 $\alpha/2$，将头架逆时针转过同样大小的角度 $\alpha/2$，然后进行磨削，如图 10-12 所示。

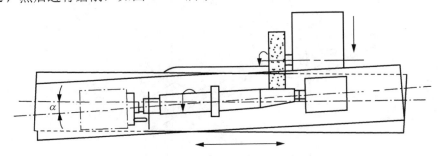

图 10-10 转动工作台磨外圆锥

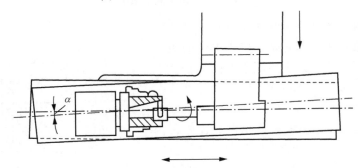

图 10-11 转动工作台磨内圆锥

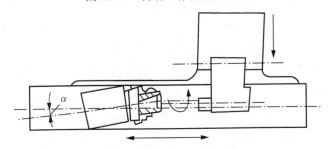

图 10-12 转动头架磨圆锥

能力测试题

1. 磨削的加工质量怎样？它的加工范围是什么？
2. 平面磨削有哪些方法？适用于什么情况？
3. 磨削加工有何特点？磨削外圆时，砂轮和工件须做哪些运动？磨削用量如何表示？
4. 砂轮有何特性？如何选择？
5. 磨削外圆的方法有几种？它们各有何特点？
6. 常采用什么方法磨外圆锥面？磨外圆与磨内孔有何不同？为什么？
7. 在平面磨床上磨削平面时，哪类工件可直接安装在工作台上？为什么？
8. 平面磨削时，周磨法与端磨法有何区别和优缺点？
9. 新型的磨削方法有哪些？它们各有何用途？

第11章 数控机床加工实习

11.1 数控机床概述

11.1.1 数控机床的分类

目前，数控机床品种已经基本齐全，规格繁多，据不完全统计已有 400 多个品种规格。可以按照多种原则来进行分类。但归纳起来，常见的分类方法有以下 3 种。

1. 按工艺用途分类

（1）一般数控机床。这类机床和传统的通用机床种类一样，有数控的车、铣、镗、钻、磨床等，而且每一种又有很多品种，例如数控铣床中就有立铣、卧铣、工具铣、龙门铣等。这类机床的工艺性能和通用机床相似，所不同的是它能加工复杂形状的零件。

（2）数控加工中心机床。这类机床是在一般数控机床的基础上发展起来的。它是在一般数控机床上加装一个刀库（可容纳 10～100 多把刀具）和自动换刀装置而构成的一种带自动换刀装置的数控机床［又称为多工序数控机床或镗铣类加工中心，习惯上简称加工中心（Machining Center）］。这使数控机床更进一步地向自动化和高效化方向发展。

（3）特种数控机床。特种数控机床是通过特殊的数控装置自动进行特种加工的机床，其特种加工的含义主要是指加工手段特殊、零件的加工部位特殊、加工的工艺性能要求特殊等。常见的特种数控机床有数控线切割机床、数控激光加工机床、数控火焰切割机床及数控弯管机床等。

2. 按数控机床的运动轨迹分类

按照能够控制的刀具与工件间相对运动的轨迹，可将数控机床分为点位控制数控机床、点位直线控制数控机床、轮廓控制数控机床等。现分述如下。

（1）点位控制数控机床。这类机床的数控装置只能控制机床移动部件从一个位置（点）精确地移动到另一个位置（点），仅控制行程最终点的坐标值，在移动过程中不进行任何切削加工，至于两相关点之间的移动速度及路线则取决于生产率。为了在精确定位的基础上有尽可能高的生产率，所以两相关点之间的移动先是以快速移动到接近新的位置，然后降速 1～3 级，使之慢速趋近定位点，以保证其定位精度。

这类机床主要有数控坐标镗床、数控钻床、数控冲床和数控测量机等，其相应的数控装置称为点位控制装置。

（2）点位直线控制数控机床。这类机床工作时，不仅要控制两相关点之间的位置（即距离），还要控制两相关点之间的移动速度和路线（即轨迹）。其路线一般都由与各轴线平行的直线段组成。它和点位控制数控机床的区别在于：当机床的移动部件移动时，可以沿一个坐标轴的方向（一般也可以沿 45°斜线进行切削，但不能沿任意斜率的直线切削）进行切削加工，而且其辅助功能比点位控制的数控机床多，例如，要增加主轴转速控制、循环进给加工、刀具选择等功能。

这类机床主要有简易数控车床、数控镗铣床和数控加工中心等。相应的数控装置称为点位直线控制装置。

（3）轮廓控制数控机床。这类机床的控制装置能够同时对两个或两个以上的坐标轴进行连续控制。加工时不仅要控制起点和终点，还要控制整个加工过程中每点的速度和位置，使机床加工出符合图纸要求的复杂形状的零件。它的辅助功能也比较齐全。

这类机床主要有数控车床、数控铣床、数控磨床和电加工机床等。其相应的数控装置称为轮廓控制装置（或连续控制装置）。

3. 按伺服系统的控制方式分类

数控机床按照对被控制量有无检测反馈装置可以分为开环和闭环两种。在闭环系统中，根据测量装置安放的位置又可以将其分为全闭环和半闭环两种。在开环系统的基础上，还发展了一种开环补偿型数控系统。

（1）开环控制数控机床。在开环控制中，机床没有检测反馈装置（图 11-1）。

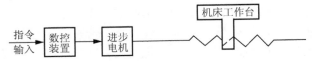

图 11-1　开环控制系统框图

数控装置发出信号的流程是单向的，所以不存在系统稳定性问题。也正是由于信号的单向流程，它对机床移动部件的实际位置不作检验，所以机床加工精度不高，其精度主要取决于伺服系统的性能。工作过程是：输入的数据经过数控装置运算分配出指令脉冲，通过伺服机构（伺服元件常为步进电机）使被控工作台移动。

这种机床工作比较稳定、反应迅速、调试方便、维修简单，但其控制精度受到限制。它适用于一般要求的中、小型数控机床。

（2）闭环控制数控机床。由于开环控制精度达不到精密机床和大型机床的要求，因此必须检测它的实际工作位置，为此，在开环控制数控机床上增加检测反馈装置，在加工中时刻检测机床移动部件的位置，使之和数控装置所要求的位置相符合，以期达到很高的加工精度。闭环控制系统框图如图 11-2 所示。图 11-2 中 A 为速度测量元件，C 为位置测量元件。当指令值发送到位置比较电路时，此时若工作台没有移动，则没有反馈量，指令值使得伺服电机转动，通过 A 将速度反馈信号送到速度控制电路，通过 C 将工作台实际位移量反馈回去，在位置比较电路中与指令值进行比较，用比较的差值进行控制，直至差值消除时为止，最终实现工作台的精确定位。这类机床的优点是精度高、速度快，但是调试和维修比较复杂。其关键是系统的稳定性，所以在设计时必须对稳定性给予足够的重视。

（3）半闭环控制数控机床。半闭环控制系统的组成框图如图 11-3 所示。

这种控制方式对工作台的实际位置不进行检查测量，而是通过与伺服电机有联系的测量元件，如测速发电机 A 和光电编码盘 B（或旋转变压器）等间接检测出伺服电机的转角，推算出工作台的实际位移量，用此值与指令值进行比较，用差值来实现控制。由于工作台没有完全包括在控制回路内，因而称为半闭环控制。这种控制方式介于开环与闭环之间，精度没有闭环高，调试却比闭环方便。

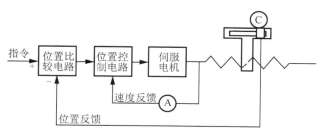

图 11-2　闭环控制系统框图

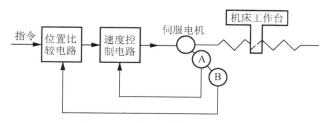

图 11-3　半闭环控制系统框图

（4）开环补偿型数控机床。将上述三种控制方式的特点有选择地集中起来，可以组成混合控制的方案。这在大型数控机床中是人们多年研究的题目，现在已成为现实。因为大型数控机床需要高得多的进给速度和返回速度，又需要相当高的精度。如果只采用全闭环的控制，机床传动链和工作台全部置于控制环节中，因素十分复杂，尽管安装调试多经周折，仍然困难重重。为了避开这些矛盾，可以采用混合控制方式。在具体方案中它又可分为两种形式：一是开环补偿型；一是半闭环补偿型。这里仅将开环补偿型控制数控机床加以介绍。图 11-4 为开环补偿型控制方式的组成框图。它的特点是：基本控制选用步进电机的开环控制伺服机构，附加一个校正伺服电路。通过装在工作台上的直线位移测量元件的反馈信号来校正机械系统的误差。

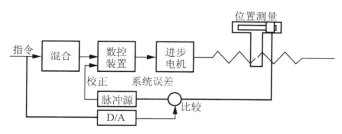

图 11-4　开环补偿型控制系统框图

11.1.2　数控机床的组成及加工特点

1．数控机床的组成

数控机床的基本组成包括控制介质、数控装置、伺服系统、反馈装置及机床本体。

（1）控制介质。数控机床工作时，不要需人去直接操作机床，但又要执行人的意图，这就必须在人与数控机床之间建立某种联系，这种联系的中间媒介物称为控制介质。

在普通机床上加工零件时，由工人按图样和工艺要求进行加工。在数控机床加工时，控制介质是存储数控加工所需要的全部动作和刀具相对于工件位置等信息的信息载体，它记载着零件的加工工序。数控机床中，常用的控制介质有穿孔纸带、穿孔卡片、磁带和磁盘或其他可存储代码的载体，至于采用哪一种，则取决于数控装置的类型。早期时，使用的是 8 单位（8 孔）穿孔纸带，并规定了标准信息代码 ISO（国际标准化组织制定）和 EIA（美国电子工业协会制定）两种代码。

（2）数控装置。数控装置是数控机床的核心。其功能是接收输入装置输入的数控程序中的加工信息，经过数控装置的系统软件或逻辑电路进行译码、运算和逻辑处理后，发出相应的脉冲送给伺服系统，使伺服系统带动机床的各个运动部件按数控程序预定要求动作。一般由输入输出装置、控制器、运算器、各种接口电路、CRT 显示器等硬件以及相应的软件组成。数控装置作为数控机床"指挥系统"，能完成信息的输入、存储、变换、插补运算以及实现各种控制功能。

（3）伺服系统。伺服系统由伺服驱动电动机和伺服驱动装置组成，它是数控系统的执行部分。驱动机床执行机构运动的驱动部件，包括主轴驱动单元（主要是速度控制）、进给驱动单元（主要有速度控制和位置控制）、主轴电动机和进给电动机等。一般来说，数控机床的伺服驱动系统，要求有好的快速响应性能，以及能灵敏且准确地跟踪指令功能。数控机床的伺服系统有步进电动机伺服系统、直流伺服系统和交流伺服系统，现在常用的是后两者，都带有感应同步器、编码器等位置检测元件，而交流伺服系统正在取代直流伺服系统。

（4）反馈装置。反馈装置是闭环（半闭环）数控机床的检测环节，该装置可以包括在伺服系统中，它由检测元件和相应的电路组成，其作用是检测数控机床坐标轴的实际移动速度和位移，并将信息反馈到数控装置或伺服驱动中，构成闭环控制系统，检测装置的安装、检测信号反馈的位置，决定于数控系统的结构形式。无测量反馈装置的系统称为开环系统。

（5）机床本体。数控机床中的机床，在开始阶段沿用普通机床，只是在自动变速、刀架或工作台自动转位和手柄等方面作些改变。随着数控技术的发展，对机床结构的技术性能要求更高，在总体布局、外观造型、传动系统结构、刀具系统以及操作性能方面都已经发生很大的变化。

因为数控机床除切削用量大、连续加工发热多等影响工件精度外，还由于在加工中自动控制，不能由人工进行补偿，所以其设计要求比通用机床更完善，制造要求比通用机床更精密。数控机床本体包括床身、主轴、进给机构等机械部件，以及辅助运动装置、液压气动系统、冷却装置等部分。

2. 数控机床加工的特点及应用

（1）自动化程度高，可以减轻操作者的体力劳动强度。数控加工过程是按输入的程序自动完成的，操作者只需起始对刀、装卸工件、更换刀具，在加工过程中，主要是观察和监督机床运行。但是，由于数控机床的技术含量高，操作者的脑力劳动相应提高。

（2）加工零件精度高、质量稳定。数控机床的定位精度和重复定位精度都很高，较容易保证一批零件尺寸的一致性，只要工艺设计和程序正确合理，加之精心操作，就可以保证零件获得较高的加工精度，也便于对加工过程实行质量控制。

（3）生产效率高。数控机床加工是能在一次装夹中加工多个加工表面，一般只检测首件，所以可以省去普通机床加工时的不少中间工序，如划线、尺寸检测等，减少了辅助时间，而且由于数控加工出的零件质量稳定，为后续工序带来方便，其综合效率明显提高。

（4）便于新产品研制和改型。数控加工一般不需要很多复杂的工艺装备，通过编制加工程序就可把形状复杂和精度要求较高的零件加工出来，当产品改型或更改设计时，只要改变程序，而不需要重新设计工装。所以，数控加工能大大缩短产品研制周期，为新产品的研制开发、产品的改进、改型提供了捷径。

（5）可向更高级的制造系统发展。数控机床及其加工技术是计算机辅助制造的基础。

（6）初始投资较大。这是由数控机床设备费用高，首次加工准备周期较长，维修成本高等因素造成。

（7）维修要求高。数控机床是技术密集型的机电一体化的典型产品，需要维修人员既懂机械方面的知识，又要懂微电子维修方面的知识，同时还要配备较好的维修装备。

综上所述，对于单件、中小批量生产、形状比较复杂、精度要求较高的零件加工及产品更新频繁、生产周期要求短的加工，大都采用数控机床，可以提高生产质量，降低生产成本，满足用户要求，获得很好的经济效益。

11.1.3　编程概述

1. 数控机床的坐标系统

（1）机床坐标系。为了确定机床的运动方向与运动距离，以描述刀具与工件之间的位置与变化关系，需要建立机床坐标系。确认机床坐标系应遵循的基本原则如下。

① 刀具相对于静止零件运动原则。

② 机床坐标系采用右手直角笛卡儿坐标系。右手的大拇指、食指和中指互垂直时，拇指的方向为 X 轴的正方向，食指为 Y 轴的正方向，中指为 Z 轴的正方向。以 X、Y、Z 坐标轴线或以与 X、Y、Z 坐标轴平行的坐标轴线为中心旋转的圆周进给坐标轴分别以 A、B、C 表示，其正方向由右手螺旋法则确定，如图 11-5 所示。

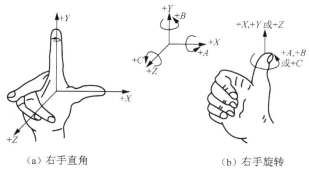

(a) 右手直角　　　　　　　(b) 右手旋转

图 11-5　机床坐标系

机床坐标系各坐标轴确定顺序如下。

① 先确定 Z 轴。与主轴轴线平行或重合的坐标轴为 Z 轴，以刀具远离工件的方向为正向。

② 再确定 X 轴。平行于工件装夹面，与 Z 轴垂直的水平方向的坐标轴为 X 轴，刀具远离工件方向为正。

③ 最后确定 Y 轴，当 X 轴和 Z 轴确定以后，利用右手法则确定 Y 轴及其正方向。图 11-6（a）和图 11-6（b）所示分别为卧式车床、卧式铣床的坐标轴及运动方向。

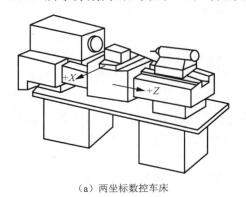

（a）两坐标数控车床　　　　　　　　　　　　　　（b）三坐标数控铣床

图 11-6　数据车床和铣床

（2）工件坐标系。工件坐标系是由编程者制定的，以工件上某一个固定点为原点的右手直角坐标系，又称为编程坐标系。其坐标轴的名称和方向与机床坐标系相同，并平行于机床坐标系，它们之间的差别在于原点的位置不同。由于机床坐标系的原点不在工件上，利用机床坐标系去编程是非常困难的。为了有利于编程，需要建立工件坐标系，编程时所有的坐标值都是假设刀具的运动轨迹点在工件坐标系中的位置，而不必考虑工件毛坯在机床上的实际装夹位置。

（3）机床原点与机床参考点。机床坐标系是机床上固有的坐标系，其原点称为机床原点，由厂家设定位置，不允许用户更改。而机床参考点是机床位置测量系统的基准点，一般位于机床各坐标轴正向极限位置的附近，与机床原点的距离是固定的。通常机床原点与参考点重合，每次机床开机后要进行回参考点的操作，目的就是为了确定机床原点的位置，同时建立机床坐标系。

2．数控加工程序结构

（1）程序的组成。由于每种数控机床的控制系统不同，生产厂家会结合机床本身的特点及编程的需求规定一定的程序格式。因此，编程人员必须严格按照机床说明书的规定格式进行编程。一个完整的程序，一般由程序名、程序内容和程序结束三部分组成。例如：

```
O0011（程序名）
N10  T0101;
N20  M03 S400;（程序内容）
N30  G00 X40 Z2;
N40  M30;（程序结束）
```

① 程序名。系统可以存储多个程序，为相互区分，在程序的开始必须冠以程序名。根据采用的标准和数控系统的不同，程序名也不相同。在 FANUC 系列数控系统中，程序名用英文字母 "O" 后加 4 位数字表示，原则上只要不与存储在存储器中的程序名相同，编程人员可任意确定。在 SIEMENS 系列数控系统中，程序名开始两个字符必须是字母。

② 程序内容。程序内容是整个程序的核心，由许多程序段组成，它包括加工前机床状态要求和道具加工零件时的运动轨迹。

③ 程序结束。程序结束可以用 M02 和 M30 表示，它们代表零件加工主程序的结束。此外，M99 和 M17（SIEMENS 常用）也可以用做程序结束标记，但它们代表的是子程序的结束。

（2）程序段格式。数控机床的加工程序，以程序字作为最基本的单位，程序字的集合构成了程序段。程序段的集合构成了完整的加工程序。加工零件不同，数控加工程序也不同，但有的程序段（或程序字）是所有程序都必不可少的，有的却可以根据需要选择使用。程序段的格式如表 11-1 所示。

表 11-1　程序段的格式

1	2	3	4	5	6	7	8	9	10	11
N	G	X U Q	Y V P	Z W R	IJKR	F	S	T	M	EOB
顺序号	准备功能	坐标字			进给功能	主轴功能	刀具功能	辅助功能	结束符号

① 程序段序号。程序段序号简称顺序号，通常由字母 N 后缀加若干数字组成，如 N05。

在绝大多数的系统中，程序段序号的作用仅仅是作为"跳转"或"程序检索"的目标位置指示，因此它的大小顺序可颠倒，也可以省略，在不同的程序内还可以重复使用。但是在同一程序内，程序段序号不可重复使用。当程序段序号省略时，该程序段将不能作为"跳转"或"程序检索"的目标程序段。

② 准备功能。准备功能简称 G 功能，由地址 G 和其后的 2 位数字组成，该指令的作用是指定数控机床的加工方式，为数控装置的辅助运算、刀补运算、固定循环等做好准备。由于国际上使用 G 代码的标准化程度较低，只有若干个指令在各类数控系统中基本相同，因此必须严格按照具体机床的编程说明书进行编程。一般从 G00 到 G99 共 100 种，有的数控系统也用到了 00～99 之外的数字，如 SIEMENS 系统中的 G500（表示取消可设定零点偏置）。

G 代码分为模态代码（又称为续效代码）和非模态代码。所谓的模态代码是指该代码一经指定一直有效，直到被同组的其他代码所取代。例如：

```
N10 G00 X25 Z0;
N20 X13 Z2;（G00 有效）
N30 G01 X13 Z -17 F0.1;（G01 有效）
```

上面程序中，G00 和 G01 为同组的模态 G 代码，N20 程序段中的 G00 可以省略不写，保持有效。N30 程序段中 G01 取代 G00。

③ 坐标字。坐标字是由坐标地址符和数字组成的，按一定的顺序进行排列，各组数字必须具有作为地址代码的字母开头。各坐标轴的地址按下列顺序排列：

X，Y，Z，U，V，W，Q，R，A，B，C，D，E

④ 进给功能。进给功能由地址符 F 和数字组成，数字表示所选定的刀具进给速度，F 指令为模态指令，即模态代码。有两种方式表示：每分钟进给 F（mm/min）即刀具每分钟移动的距离。

FANUC 系统车床通过 G98 指令来指定，西门子系统通过 G94 指令来指定；每转进给 F（mm/r）即主轴每转一圈，刀具沿进给方向移动的距离。FANUC 系统车床通过 G99 指令来指定，西门子系统通过 G95 指令来指定。

⑤ 主轴转速功能。主轴转速功能由地址符 S 和若干数字组成，有两种方式表示。角速度 S 表示主轴角速度，单位为 r/min。线速度 S 表示切削点的线速度，单位为 m/min。详见数控车床编程部分。

⑥ 刀具功能。数控机床上，把选择或指定刀具功能称为刀具功能，即 T 功能。T 功能由地址符 T 及后缀数字组成。用于指令加工中所用刀具号及自动补偿编组号，其自动补偿内容主要是刀具的刀位偏差及刀具半径补偿，主要用于数控车床及带有刀库的加工中心。该指令后接两位或四位数字，前半部分为刀具号，后半部分为刀具补偿号，如 T0202，第一个 02 表示 2 号刀，第二个 02 表示 2 号刀补。

⑦ 辅助功能。在数控机床上，把控制机床辅助动作的功能称为辅助功能，简称 M 功能。M 功能由地址符 M 及后级数字组成。表 11-2 为常用的 M 代码。

表 11-2　常用的 M 代码

代码	功能	说明
M00	程序暂停	执行完 M00 指令后，机床所有动作均被切断。重新按下自动循环启动按钮，使程序继续运行
M01	计划暂停或者选择暂停	与 M00 作用相似，但 M01 可以用机床"任选停止按钮"选择是否有效；只有当机床操作面板上的"任选停止"按钮置于接通位置时，才执行该功能。执行完 M01 指令后自动停止
M03	主轴顺时针转	主轴顺时针转
M04	主轴逆时针转	主轴逆时针转
M05	主轴旋转停止	主轴旋转停止
M06	自动换刀	该指令用于自动换或显示待换刀号。自动换刀数控机床换刀有两种：一种是由刀架或多主轴转塔头转位实现换刀，换刀指令可实现主轴停止、刀架脱开、转位等动作。另一种是带有"机械手-刀库"的换刀，换刀过程为换刀、选刀的两类动作。换刀是将刀具从主轴上取下，换上所选刀具。
M08	冷却液开	冷却液开
M09	冷却液关	冷却液关
M02	主程序结束	执行指令后，机床便停止自动运转，机床处于复位状态
M30	主程序结束并返回	执行 M30 后，返回到程序开头，而 M02 可用参数设定不返回到程序开头，程序复位到起始位置
M98	调用子程序	调用子程序
M99	子程序返回	子程序结束，返回主程序

⑧ 程序结束。FANUC 系统中常用";"作为结束符，SIEMENS 系统中常用"LF"作为结束符。

11.1.4　对刀基本操作

1．车床对刀基本操作

编制数控程序采用工件坐标系，对刀的过程就是建立工件坐标系与机床坐标系之间关系的过程。

下面具体说明车床对刀的方法。其中将工件右端面中心点设为工件坐标系原点。

将工件上其他点设为工件坐标系原点的对刀方法与此类似。

（1）试切法设置 G54～G59

试切法对刀是用所选的刀具切削零件的外圆和右端面，经过测量和计算得到零件端面中心点的坐标值

① 以卡盘底面中心为机床坐标系原点。刀具参考点在 X 轴方向的距离为 X_T，在 Z 轴方向的距离为 Z_T。

将操作面板中旋钮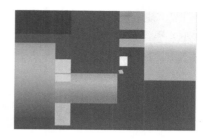切换到 JOG 上。单击 MDI 键盘的 POS 按钮，此时 CRT 界面上显示坐标值，利用 ，将机床移动到如图 11-7 所示的位置。

单击 SPINDLE 中的"FOR"或"REV"按钮，使主轴

图 11-7　移动机床位置

转动，单击 Z 按钮，用所选刀具切削工件外圆，如图 11-8 所示。单击 MDI 键盘上的 POS 按钮，使 CRT 界面显示坐标值，按"ALL"软键，如图 11-12 所示，读出 CRT 界面上显示的 MACHINE 的 X 的坐标（MACHINE 中显示的是相对于刀具参考点的坐标），记为 X1（应为负值）。

单击 Z 按钮，将刀具退至如图 11-9 所示的位置，单击 按钮，试切工件右端面，如图 11-10 所示。记下 CRT 界面上显示的 MACHINE 的 Z 的坐标（MACHINE 中显示的是相对于刀具参考点的坐标），记为 Z1；

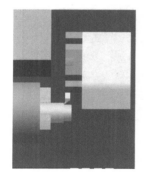

图 11-8　切削工件外圆

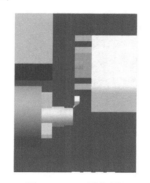

图 11-9　刀具位置

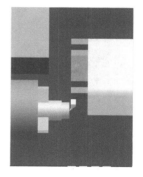

图 11-10　试切工件右端面

单击 SPINDLE 中的"Stop"按钮，使主轴停止转动，单击菜单"测量/坐标测量"如图 11-11 所示，单击试切外圆时所切削部位，选中的线段由红色变为橙色。记下如图 11-12 所示的对话框中对应的 X 的值（即工件直径）。把坐标值 X1 减去"测量"中读出的直径值，再加上机床坐标系原点到刀具参考点在 X 方向的距离 X_T 的结果记为 X。

把 Z1 加上机床坐标系原点到刀具参考点在 Z 方向的距离 Z_T 记为 Z。

(X, Z) 即为工件坐标系原点在机床坐标系中的坐标值。

② 以刀具参考点为机床坐标系原点。将操作面板中旋钮 切换到 JOG 上。单击 MDI 键盘的 POS 按钮，此时 CRT 界面上显示坐标值，利用 ，将机床移动到如图 11-7 所示的位置。

单击 SPINDLE 中的"FOR"或"REV"按钮，使主轴转动。单击 Z 按钮，用所选刀具切削工件外圆，记下此时 MACHINE 中的 X 坐标，记为 X1，如图 11-8 所示。

单击 Z ，将刀具退至如图 11-9 所示的位置，单击 按钮，切削工件端面，记下此时 MACHINE 中的 Z 坐标值，记为 Z1，如图 11-10 所示。

单击中的"Stop"按钮,使主轴停止转动,单击菜单"测量/坐标测量"如图 11-11 所示,单击外圆切削部位,选中的线段由红色变为橙色。记下如图 11-12 所示的对话框中对应的 X 的值(即直径),记为 X2。

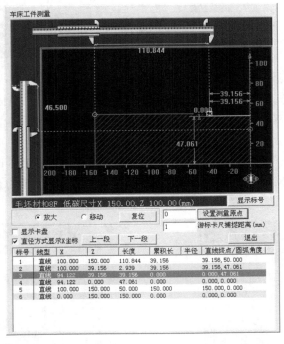

图 11-11　坐标测量

图 11-12　显示坐标值

把坐标值 X1 减去"测量"中读取的直径值的结果记为 X。

把坐标值 Z1 减去端面的 Z 轴坐标的结果记为 Z。

(X, Z)即为工件坐标系原点在机床坐标系中的坐标值。

(2)设置刀具偏移值

在数控车床操作中经常通过设置刀具偏移的方法对刀。但是在使用这个方法时不能使用 G54~G59 设置工件坐标系。G54~G59 的各个参数均设为 0。

设置刀具偏移如下。

① 先用所选刀具切削工件外圆,然后保持 X 轴方向不移动,沿 Z 轴退出,再单击中的"Stop"按钮,使主轴停止转动,单击菜单"测量/坐标测量",得到试切后的工件直径,记为 X1

单击 MDI 键盘上的 按钮,进入形状补偿参数设定界面,将光标移到与刀位号相对应的位置后输入"MXX1",单击 按钮,系统计算出 X 轴长度补偿值后自动输入到指定参数。

② 试切工件端面,保持 Z 轴方向不移动,沿 X 轴退出。把端面在工件坐标系中的 Z 坐标值记为 Z1(此处以工件端面中心点为工件坐标系原点,则 Z1 为 0)。

单击 MDI 键盘上的 按钮,进入形状补偿参数设定界面,将光标移到与刀位号相对应的位置后输入"MZZ1",单击 按钮,系统计算出 Z 轴长度补偿值后自动输入到指定参数。

（3）设置多把刀具偏移值

车床的刀架上可以同时放置多把刀具，需要对每把刀进行对刀操作。采用试切法或自动设置坐标系法完成对刀后，可通过设置偏置值完成其他刀具的对刀，下面介绍在使用 G54～G59 设置工件坐标系时多把刀具对刀方法。

首先，选择其中一把刀为标准刀具，按试切法介绍的完成对刀。然后按以下步骤操作：单击 pos 按钮，使 CRT 界面显示坐标值。单击 PAGE ↓ 按钮，切换到显示相对坐标系（图 11-13）。用选定的标准刀接触工件端面，保持 Z 轴在原位将当前的 Z 轴位置设为相对零点（单击 ↓W 按钮，再单击 can 按钮，则当前 Z 轴位置设为相对零点）。把需要对刀的刀具转到加工刀具位置，让它接触到同一端面，读此时的 Z 轴相对坐标值，这个数值就是这把刀具相对标准刀具的 Z 轴长度补偿。把这个数值输入到形状补偿界面中与刀号相对应的参数中。

再用标准刀接触零件外圆，保持 X 轴不移动时将当前 X 轴的位置设为相对零点（单击 U 按钮，再单击 can 按钮），此时 CRT 界面如图 11-13 所示。

换刀后，将刀具在外圆相同位置接触，此时显示的 X 轴相对值，即为该刀相对于标准刀具的 X 轴长度补偿。把这个数值输入到形状补偿界面中与刀号相对应的参数中。为保证刀尖准确接触，可采用增量进给方式或手轮进给方式，此时 CRT 界面如图 11-14 所示，所显示的值即为偏置值。

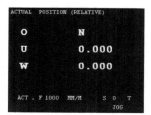

图 11-13　切换到显示相对坐标系

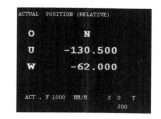

图 11-14　CRT 界面显示坐标系

2. 铣床及加工中心对刀基本操作

数控程序一般按工件坐标系编程，对刀的过程就是建立工件坐标系与机床坐标系之间关系的过程。

下面将具体说明立式加工中心对刀的方法。将工件上表面中心点设为工件坐标系原点。

将工件上其他点设为工件坐标系的原点与对刀方法类似。

立式加工中心在选择刀具后，刀具被放置在刀架上。对刀时，首先要使用基准工具在 X、Y 轴方向对刀，再拆除基准工具，将所需刀具装载在主轴上，在 Z 轴方向对刀。

（1）刚性靠棒 X、Y 轴对刀

刚性靠棒采用检查塞尺松紧的方式对刀，具体过程如下（采用将零件放置在基准工具的左侧（正面视图）的方式）。

单击菜单"机床/基准工具"，在弹出的"基准工具"对话框中，左边的是刚性靠棒基准工具，右边的是寻边器，如图 11-15 所示。

X 轴方向对刀如下。

单击操作面板中的"手动"按钮 ꟿ，手动状态灯亮 ◎，进入"手动"方式。

单击 MDI 键盘上的 pos 按钮，使 CRT 界面上显示坐标值；借助"视图"菜单中的动态旋转、动态放缩、动态平移等工具，适当单击 X 、 Y 、 Z 按钮和 + 、 − 按钮，将机床移动到如图 11-16 所示的大致位置。

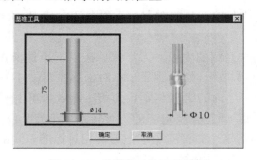

图 11-15 "基准工具"对话框

图 11-16 移动机床位置

移动到大致位置后，可以采用手轮调节方式移动机床，单击菜单"塞尺检查/1mm"，基准工具和零件之间被插入塞尺。在机床下方显示如图 11-17 所示的局部放大图。

单击操作面板上的"手动脉冲"按钮 或 ，使手动脉冲指示灯变亮 ，采用手动脉冲方式精确移动机床，单击 显示手轮 ，将手轮对应轴旋钮 置于 X 挡，调节手轮

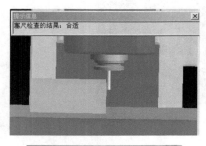

进给速度旋钮 ，在手轮 上单击鼠标左键或右键精确移动靠棒。使得提示信息对话框显示"塞尺检查的结果：合适"，如图 11-17 所示。

记下塞尺检查结果为"合适"时 CRT 界面中的 X 坐标值，此为基准工具中心的 X 坐标，记为 X_1；将定义毛坯数据时设定的零件的长度记为 X_2；将塞尺厚度记为 X_3；将基准工件直径记为 X_4（可在选择基准工具时读出）。

则工件上表面中心的 X 的坐标为基准工具中心的 X 的坐标减去零件长度的一半减去塞尺厚度减去基准工具半径，记为 X。

Y 方向对刀采用同样的方法。得到工件中心的 Y 坐标，记为 Y。

完成 X、Y 方向对刀后，单击菜单"塞尺检查/收回塞尺"将塞尺收回，单击"手动"按钮 ，手动灯亮 ，

图 11-17 塞尺检查

机床转入手动操作状态，单击 Z 和 + 按钮，将 Z 轴提起，再单击菜单"机床/拆除工具"拆除基准工具。

注意：塞尺有各种不同尺寸，可以根据需要调用。本系统提供的塞尺尺寸有 0.05mm、0.1mm、0.2mm、1mm、2mm、3mm、100mm（量块）。

（2）寻边器 X、Y 轴对刀

寻边器由固定端和测量端两部分组成。固定端由刀具夹头夹持在机床主轴上，中心线与主轴轴线重合。在测量时，主轴以 400rpm 旋转。通过手动方式，使寻边器向工件基准面移动靠近，让测量端接触基准面。在测量端未接触工件时，固定端与测量端的中心线不重合，两

者呈偏心状态。当测量端与工件接触后，偏心距减小，这时使用点动方式或手轮方式微调进给，寻边器继续向工件移动，偏心距逐渐减小。当测量端和固定端的中心线重合的瞬间，测量端会明显的偏出，出现明显的偏心状态。这是主轴中心位置距离工件基准面的距离等于测量端的半径。

X 轴方向对刀如下。

单击操作面板中的"手动"按钮 ▦，手动灯亮 ▦，系统进入"手动"方式。

单击 MDI 键盘上的 POS 按钮，使 CRT 界面显示坐标值；借助"视图"菜单中的动态旋转、动态放缩、动态平移等工具，适当单击操作面板上的 X 、 Y 、 Z 和 + 、 − 按钮，将机床移动到如图 11-16 所示的大致位置。

在手动状态下，单击操作面板上的 ▣ 或 ▣ 按钮，使主轴转动。未与工件接触时，寻边器测量端大幅度晃动。

移动到大致位置后，可采用手动脉冲方式移动机床，单击操作面板上的"手动脉冲"按钮 ▣ 或 ◉，使手动脉冲指示灯变亮 ◉，采用手动脉冲方式精确移动机床，单击 ▣ 按钮显示手轮控制面板 ◉，将手轮对应轴旋钮 ◉ 置于 X 挡，调节手轮进给速度旋钮 ◉，在手轮 ◉ 上单击鼠标左键或右键精确移动寻边器。寻边器测量端晃动幅度逐渐减小，直至固定端与测量端的中心线重合，如图 11-18 所示，若此时用增量或手轮方式以最小脉冲当量进给，寻边器的测量端突然大幅度偏移，如图 11-19 所示。即认为此时寻边器与工件恰好吻合。

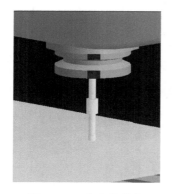

图 11-18　中心线重合

图 11-19　寻边器的测量端偏移

记下寻边器与工件恰好吻合时 CRT 界面中的 X 坐标，此为基准工具中心的 X 坐标，记为 X_1；将定义毛坯数据时设定的零件的长度记为 X_2；将基准工件直径记为 X_3（可在选择基准工具时读出）。

则工件上表面中心的 X 的坐标为基准工具中心的 X 的坐标减去零件长度的一半减去基准工具半径，记为 X。

Y 方向对刀采用同样的方法。得到工件中心的 Y 坐标，记为 Y。

完成 X、Y 方向对刀后，单击 Z 和 + 按钮，将 Z 轴提起，停止主轴转动，再单击菜单"机床/拆除工具"拆除基准工具。

（3）装刀

立式加工中心装刀有两种方法：一是选择"机床/选择刀具"，在"选择铣刀"对话框内将刀锯添加刀主轴；二是用 MDI 指令方式将刀具放在主轴上。下面介绍使用 MDI 指令方式装刀。

　　单击操作面板上的 MDI 按钮 ，使系统进入 MDI 运行模式。

　　单击 MDI 键盘上的 按钮，CRT 界面如图 11-20 所示。

　　利用 MDI 键盘输入 "G28Z0.00"，单击 按钮，将输入域中的内容输到指定区域，此时 CRT 界面如图 11-21 所示。

图 11-20　CRT 界面显示情况 1

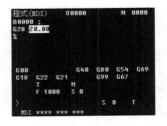

图 11-21　CRT 界面显示情况 2

　　单击 按钮，主轴回到换刀点，机床如图 11-22 所示。

　　利用 MDI 键盘输入 "T01M06"，单击 按钮，将输入域中的内容输到指定区域。

　　单击 按钮，一号刀被装载在主轴上，如图 11-23 所示。

图 11-22　主轴回到换刀点

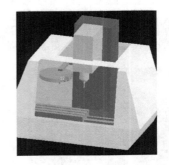

图 11-23　一号刀被装载在主轴上

　　（4）塞尺法 Z 轴对刀

　　立式加工中心 Z 轴对刀时采用实际加工时所要使用的刀具。

　　单击菜单 "机床/选择刀具" 或单击工具栏上的小图标 ，选择所需刀具。

　　装好刀具后，单击操作面板中的 "手动" 按钮 ，手动状态指示灯亮 ，系统进入 "手动" 方式。

　　利用操作面板上的 X 、 Y 、 Z 按钮和 + 、 − 按钮，将机床移到如图 11-24 的大致位置。

　　类似在 X、Y 方向对刀的方法进行塞尺检查，得到 "塞尺检查：合适" 时 Z 的坐标值，记为 Z_1，如图 11-25 所示。则坐标值为 Z_1 减去塞尺厚度后数值为 Z 坐标原点，此时工件坐标系在工件上表面。

　　（5）试切法 Z 轴对刀

　　单击菜单 "机床/选择刀具" 或单击工具栏上的小图标 ，选择所需刀具。

　　装好刀具后，利用操作面板上的 X 、 Y 、 Z 按钮和 + 、 − 按钮，将机床移到如图 11-24 的大致位置。

　　选择菜单 "视图/选项" 中 "声音开" 和 "铁屑开" 选项。

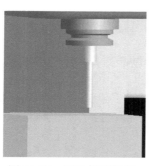

图 11-24　移动机床位置

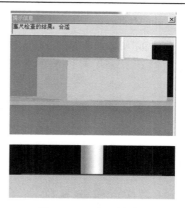

图 11-25　塞尺检查

单击操作面板上 [⊙] 或 [⊙] 按钮使主轴转动；单击操作面板上的 [Z] 和 [－] 按钮，切削零件的声音刚响起时停止，使铣刀将零件切削小部分，记下此时 Z 的坐标值，记为 Z，此为工件表面一点处 Z 的坐标值。

通过对刀得到的坐标值（X，Y，Z）即为工件坐标系原点在机床坐标系中的坐标值。

11.2　数　控　车　床

11.2.1　数控车床概述

数控车床是指用计算机数字控制的车床，主要用于轴类和盘类回转体零件的加工，能够通过程序控制自动完成内外圆柱面、圆锥面、圆弧面、螺纹等的切削加工，并可进行切槽、钻、扩、铰孔和各种回转曲面的加工。数控车床加工效率高，精度稳定性好，劳动强度低，特别适应于复杂形状的零件或中、小批量零件的加工。数控机床是按所编程序自动进行零件加工的，大大减少了操作者的人为误差，并且可以自动地进行检测及补偿，达到非常高的加工精度。

1. 数控车床的加工对象

数控车床加工精度高，能作直线和圆弧插补，还有部分车床数控装置具有某些非圆曲线插补功能以及在加工过程中能自动变速等特点，因此其工艺范围较普通车床宽得多。

它是目前国内使用极为广泛的一种数控机床，约占数控机床总数的 25%。与常规的车削加工相比，数控车削加工对象还包括：轮廓形状特别复杂或难于控制尺寸的回转体零件；精度要求高的零件；特殊螺纹和蜗杆等螺旋类零件等。

2. 数控车床的结构特点

与普通车床相比较，数控车床结构仍由主轴箱、进给传动机构、刀架、床身等部件组成，但结构功能与普通车床比较，具有本质上的区别。数控车床分别由两台电动机驱动滚珠丝杠旋转，带动刀架作纵向及横向进给，不再使用挂轮、光杠等传动部件，传动链短、结构简单、传动精度高，刀架也可作自动回转。有较完善的刀具自动交换和管理系统。零件在车床上一次安装后，能自动完成或接近完成零件各个表面的加工工序。

数控车床的主轴箱结构比普通车床要简单得多，机床总体结构刚性好，传动部件大量采用轻拖动构件，如滚珠丝杠副、直线滚动导轨副等，并采用间隙消除机构，进给传动精度高、灵敏度及稳定性好。采用高性能的主轴部件，具有传递功率大、刚度高、抗震性好及热变形小等优点。

另外，数控车床的机械结构还有辅助装置，主要包括刀具自动变换机构、润滑装置、切削液装置、排屑装置、过载与限位保护装置等部分。

数控装置是数控车床的控制核心，其主体是具有数控系统运行功能的一台计算机（包括（CPU、存储器等）。

11.2.2　数控车床的编程基础

1. 数控车床的坐标系

在编写零件加工程序时，首先要设定坐标系。数控车床坐标系统包括机床坐标系和零件坐标系（编程坐标系）。两种坐标系的坐标轴规定如下：与车床主轴轴线平行的方向为 Z 轴，且规定从卡盘中心至尾座顶尖中心的方向为正方向。与车床主轴轴线垂直的方向为 X 轴，且规定刀具远离主轴旋转中心的方向为正方向。

机床坐标系是以机床原点 O 为坐标系原点建立的由 Z 轴与 X 轴组成的直角坐标系 XOZ，如图 11-26 所示。而有的机床将机床原点直接设在参考点处。

零件坐标系是加工零件所使用的坐标系，也是编程时使用的坐标系，所以又称为编程坐标系。数控编程时，应该首先确定零件坐标系和零件原点。通常把零件的基准点作为零件原点。以零件原点 O_p 为坐标原点建立的 X_p、Z_p 轴直角坐标系，称为零件坐标系，如图 11-27 所示。

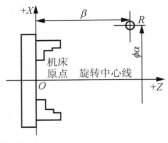

图 11-26　直角坐标系

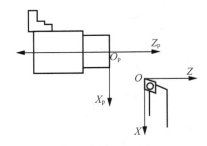

图 11-27　零件坐标系

2. 典型数控车削系统的 G 代码

G 代码虽然已经国际标准化，但是各厂家数控系统 G 代码含义并不完全相同，在编写程序前应参阅系统编程说明书。表 11-3 及表 11-4 给出了 SIEMENS 及 FANUC 车削系统的 G 代码含义。供读者学习参考。

表 11-3　SIEMENS 系统 G 代码

代码	功能	代码	功能
G00	快速移动	G02	顺时针圆弧插补
G01	直线插补	G03	逆时针圆弧插补

代码	功能	代码	功能
G04	暂停时间	G60	准确定位
G05	中间点圆弧插补	G64	连续路径方式
G09	准确定位，单程序段有效	G70	英制尺寸
G17	X/Y 平面	G71	公制尺寸
G18	Z/X 平面	G74	回参考点
G22	半径尺寸	G75	回固定点
G23	直径尺寸	G90	绝对尺寸
G25	主轴转速下限	G91	增量尺寸
G26	主轴转速上限	G94	进给率 F，单位 r/min
G33	恒螺距螺纹切削	G95	主轴进给率 F，单位 r/rad
G40	取消刀具半径补偿	G96	恒定切削速度
G41	刀尖半径左补偿		取消恒定切削速度
G42	刀尖半径右补偿	G158	可编程的偏置
G53	程序段方式取消可设定零点偏置	G450	圆弧过度
G54	第一可设定零点偏置	G451	等距线的交点
G55	第二可设定零点偏置	G500	取消可设定零点偏置
G56	第三可设定零点偏置	G601	在 G60、G09 方式下精确定位
G57	第四可设定零点偏置	G602	在 G60、G09 方式下粗准确定位

表 11-4　FANUC 系统 G 代码

代码	分组	功能	代码	分组	功能
G00		快速定位	G57		选择零件坐标系 4
G01		直线插补	G58	14	选择零件坐标系 5
G02	01	顺时针圆弧插补	G59		选择零件坐标系 6
G03		逆时针圆弧插补	G65	00	调用宏程序
G04		暂停	G66	12	调用模态宏程序
G10	00	用程序输入数据	G67		取消调用模态宏程序
G11		取消用程序输入数据	G70	00	精加工复合循环
G20	06	英制输入	G71		外圆粗加工复合循环
G21		米制输入	G72		端面粗加工复合循环
G28		返回参考点	G73		固定形状粗加工复合循环
G29	00	从参考点返回	G74		端面钻孔复合循环
G31		跳步功能	G75		外圆切槽复合循环
G32	01	螺纹切削	G76		螺纹切削复合循环
G40		取消刀具半径补偿	G90		外圆切削循环
G41	07	刀尖半径左补偿	G92	01	螺纹切削循环
G42		刀尖半径右补偿	G94		端面切削循环
G50	00	①设定坐标系 ②限制主轴最高转速	G96	02	主轴恒速控制
G54		选择零件坐标系 1	G97		取消主轴恒限速控制
G55	14	选择零件坐标系 2	G98	05	每分钟进给
G56		选择零件坐标系 3	G99		每转进给

（1）直径与半径编程。由于数控车床加工的零件通常是横截面为圆形的轴类零件，因此数控车床的编程可用直径和半径两种编程方式，用哪种方式可事先通过参数设定或指令来确定。

① 直径指定编程。直径指定是指把图样上给出的直径值作为 X 轴的值来指定。

② 半径指定编程。半径指定是指把图样上给出的半径值作为 X 轴的值来指定。

（2）绝对值与增量值编程。指令刀具运动的方法，有绝对指令和增量指令两种。

① 绝对值编程。绝对值编程是指用刀具移动的终点位置坐标值来编程的方法。

② 增量值编程。增量值编程是指直接用刀具移动量编程的方法。

（3）米制与英制编程。数控车床的程序输入方式有米制输入和英制输入两种。我国一般使用米制尺寸，所以机床出厂时，车床的各项参数均以米制单位设定。采用哪种制式编程输入，必须在坐标系确定之前指定，且在一个程序内，不能两种指令同时使用。英制或米制指令断电前后一致，即停机前使用的英制或米制指令，在下次开机时仍有效，除非再重新设定。

11.2.3　数控车床的基本编程方法

本节主要以 SIEMENS 和 FANUC 系统为例阐述数控车床的编程方法。

1．快速定位（G00）

该功能使刀具以机床规定的快速进给速度移动到目标点，也称为点定位。

指令格式：G00X（U）__Z（W）__；

说明：X__Z__为绝对编程时刀具移动的终点坐标值。U__W__为增量编程时刀具移动的终点相对于始点的相对位移量。

执行该指令时，机床以由系统快进速度决定的最大进给量移向指定位置。它只是快速定位，而无运动轨迹要求，不需规定进给速度。

2．直线插补（G01）

该指令用于直线或斜线运动。可使数控车床沿 X、Z 方向执行单轴运动，也可沿 XZ 平面内任意斜率的直线运动。

指令格式：G01 X（U）__Z（W）__F___；

说明：X__Z__为绝对指令时刀具移动终点位置的坐标值。U__W___为增量移动时刀具的位移量。F__为刀具的进给速度。

刀具用 F 指令的进给速度沿直线移动到被指令的点，即进给速度由 F 指令决定。F 指令也是模态指令，它可以用 G00 指令取消。

3．圆弧插补（G02．G03）

G02 顺时针圆弧插补，C03 逆时针圆弧插补。该指令使刀具从圆弧起点，沿圆弧移动到圆弧终点。圆弧顺、逆方向的判断符合直角坐标系的右手定则，如图 11-28 所示。沿（XZ）平面的垂直坐标轴的负方向（-Y）看去，顺时针方向为 G02，逆时针方向为 G03。

（1）指定圆心的圆弧插补。

指令格式：C02/G03X（U）__Z（W）__I_K_F__；

说明：X__Z__为圆弧终点坐标。U__W__为圆弧终点相对圆弧起点的距离。L__K__为圆心。

在 X、Z 轴方向上相对始点的坐标增量。I、K 的数值是从圆弧始点向圆弧中心看的矢量。用增量值指定。请注意 I、K 会因始点相对圆心的方位不同而带有正、负号。

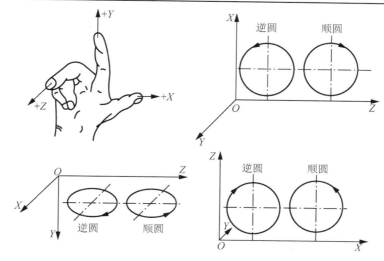

图 11-28　右手定则

（2）指定半径的圆弧插补。

指令格式：G02/G03 X（U）__Z（W）__R__F__；

说明：X__Z__为圆弧终点坐标。U__W__为圆弧终点相对圆弧起点的距离。R__为圆弧半径。在 SIEMENS 系统中圆弧半径用 CR 表示。

4．返回参考点

（1）在 FANUC 系统中使指令轴经过中间点自动地返回参考点或经过中间点移动到被指定的位置的移动，称为返回参考点，返回参考点结束后指示灯亮，如图 11-29 所示。

指令格式：G28 X（U）__Z（W）___；

说明：X（U）__Z（W）___为中间点的位置指令。

注意：使用 G28 指令时，须预先取消刀具补偿量（T0000），否则会发生不正确的动作。

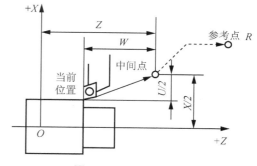

图 11-29　返回参考点

（2）在 SIEMENS 系统中用 G74 指令实现 NC 程序中回参考点功能，每个轴的方向和速度存储在机床数据中。

G74 需要一独立程序段，并按程序段方式有效。

在 G74 之后的程序段中原先"插补方式"组中的 G 指令（G00，G01，G02，…）将再次生效。例如，N10 G74 X0 Z0 程序段中 X 和 Z 下编程的数值不识别。

5．程序延时（G04）

（1）在 FANUC 系统中所谓程序延时就是程序暂停。用程序延时指令，经过被指令时间的暂停之后，再执行下一个程序段：

指令格式：G04 X__；G04 U__；G04 P__；

说明：X＿＿为暂停时间，单位为 s（可使用小数点）。U＿＿为暂停时间，单位为 s（可使用小数点）。P＿＿为暂停时间，单位为 ms（不能使用小数点）。

（2）在 SIEMENS 系统中通过在两个程序段之间插入一个 G04 程序段，可以使加工中断给定的时间，如自由切削。G4 程序段（含地址 F 或 S）只对自身程序段有效，并暂停所给定的时间。在此之前程序的进给量 F 和主轴转速 S 保持存储状态。

指令格式：G04 F＿＿；G04 S＿＿，

说明：F＿＿＿为暂停时间（秒），S＿＿＿为暂停主轴转数。

6．刀具补偿

（1）刀具几何补偿与磨损补偿又称为刀具位置补偿或刀具偏移补偿。在数控系统换刀时，采用刀具补偿功能。刀具补偿功能由程序中指定的 T 代码来实现，T 代码后的 4 位数码中，前两位为刀具号，后两位为刀具补偿号。刀具补偿号实际上是刀具补偿寄存器的地址号，该寄存器中放有刀具的几何偏置量和磨损偏置量。刀具补偿号可以是 00～32 中的任一个数，刀具补偿号为 00 时，表示不进行刀具补偿或取消刀具补偿。

但需要注意以下两点。

① 刀具补偿程序段内必须有 G00 或 G01 功能才有效。而且偏移量补偿必须在一个程序的执行过程中完成，这个过程是不能省略的。例如，G00 X30.0　Z15.0 T0202 表示调用 2 号刀具，且有刀具补偿，补偿量在 02 号存储器中。

② 在调用刀具时，必须在取消刀具补偿状态下调用刀具。

（2）刀尖半径补偿。根据刀具轨迹的左右补偿，刀尖半径补偿的指令有如下几种。

① 刀尖半径左补偿。顺着刀具运动方向看，刀具在零件的左侧，称为刀尖半径左补偿。用 G41 代码编程。

② 刀尖半径右补偿。顺着刀具运动方向看，刀具在零件的右侧，称为刀尖半径右补偿。用 G42 代码编程。

③ 取消刀尖左右补偿。如需要取消刀尖半径左右补偿，可编入 C40 代码。这时，使假想刀尖轨迹与编程轨迹重合。

指令格式：G41/G42/G40 G01/G00 X（U）＿＿Z（W）＿＿；

说明：X（U）＿＿＿Z（W）＿＿＿为建立或取消刀具补偿段中刀具移动的终点坐标。G41 为激活刀具半径左补偿。G42 为激活刀具半径右补偿。

7．循环指令

（1）FANUC 系统。

① 螺纹切削循环指令 G92。螺纹切削循环指令 G92 为简单螺纹循环，其作用为简化编程。该指令用于对圆锥或圆柱螺纹的切削循环。

指令格式：G92 X（U）＿＿＿Z（W）＿＿＿I＿＿F＿＿；

说明：X，Z 为螺纹终点（点 C）的坐标值。U、W 为螺纹终点坐标相对于循环起点的增量坐标。I 为圆锥螺纹起点和终点的半径差，加工圆柱螺纹时 I 为零，可省略。F 为导程（单头螺纹螺距等于导程）。

② 内（外）径粗车复合循环指令 G71。运用复合循环指令，只需指定精加工路线和粗加工的背吃刀量，系统会自动计算粗加工路线和走刀次数。

无凹槽加工时，G71 指令的程序段格式为：

G71 U（Δd） R（r） P（ns） Q（nf） X（Δx） Z（Δz） F（f） S（s） T（t）

该指令执行如图 11-29 所示的粗加工和精加工路线。其中：

Δd：背吃刀量（每次切削深度），指定时不加符号，方向由矢量 AA′决定。

r：每次退刀量。

ns：精加工路径第一程序段的顺序号。

nf：精加工路径最后程序段的顺序号。

Δx：X 方向精加工余量。

Δz：Z 方向精加工余量。

f，s，t：粗加工时 G71 中编程的 F、S、T 有效，而精加工时处于 ns 到 nf 程序段之间的 F、S、T 有效。

精加工余量为 X 方向的等高距离，外径切削时为正，内径切削时为负。

（2）SIEMENS 系统。循环是指用于特定加工过程的工艺子程序，如用于钻削、坯料切削或螺纹切削等。循环在用于各种具体加工过程时只要改变参数就可以。系统中装有车削所用到的以下几个标准环。

LCYC82 钻削，沉孔加工

LCYC83 深孔钻削

LCYC840 带补偿夹具内螺纹切削

LCYC85 镗孔

LCYC93 切槽切削

LCYC94 退刀槽切削（E 型和 F 型，按 DIN 标准）

LCYC95 毛坯切削（带根切）

LCYC97 螺纹切削

循环中所使用的参数为 R100、…、R249。调用一个循环之前必须已经对该循环的传递参数赋值。循环结束以后传递参数的值保持不变。现以 LCYC95 及 LCYC97 为例讲解循环程序的应用。

① 毛坯切削循环 LCYC95。用此循环可以在坐标轴平行方向加工由程序编程的轮廓，可以进行纵向和横向加工，也可选择进行内外轮廓的加工。可以选择不同的切削工艺方式：粗加工、精加工或者综合加工。只要刀具不会发生碰撞，可以在任意位置调用此循环。调用循环之前，必须在所调用的程序中已经激活刀具补偿参数。循环 LCYC95 的参数如表 11-5 所示。

表 11-5 循环 LCYC95 的参数

参数	含义及数值范围
R105	加工类型数值 1、…、12
R106	精加工余量，无符号
R108	切入深度，无符号
R109	粗加工切入角，在端面加工时该值必须为零
R110	粗加工时的退刀量
R111	粗切进给率
R112	精切进给率

② 螺纹切削循环 LCYC97。用螺纹切削循环可以按纵向或横向加工形状为圆柱体或圆锥体的外螺纹或内螺纹，并且既能加工单头螺纹也能加工多头螺纹。切削进刀深度可自动设定。左旋螺纹/右旋螺纹由主轴的旋转方向确定，它必须在调用循环之前的程序中编入。在螺纹加工期间，进给修调开关和主轴修调开关均无效。循环 LCYC97 的参数如表 11-6 所示。

表 11-6　循环 LCYC97 的参数表

参数	含义及数值范围
R100	螺纹起始点直径
R101	纵向轴螺纹起点
R102	螺纹终点直径
R103	纵向轴螺纹终点
R104	螺纹导程值
R105	加工类型：外螺纹、内螺纹
R106	精加工余量
R109	空刀导入量
R110	空刀退出量
R111	螺纹深度半径方式
R112	起点偏移
R113	粗切数
R114	螺纹头数
R120	退刀距离（X 轴：半径方式）
R121	Z 轴方向的螺纹退尾距离
R122	X 轴方向的螺纹退尾距离
R123	螺纹类型：公制、英制

11.2.4　车削加工实例

1. 零件分析

该零件是手柄，零件的最大外径是 28mm，所以选取毛坯为 30mm 的圆棒料，材料为 45号钢，如图 11-30 所示。

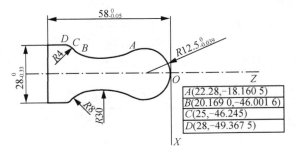

| A(22.28, −18.160 5) |
| B(20.169 0, −46.001 6) |
| C(25, −46.245) |
| D(28, −49.367 5) |

图 11-30　手柄

2. 工艺分析

该零件分三个工步来完成加工，先全部粗车，再进行表面精车，然后切断。安装时料伸出三爪卡盘 70mm 装卡工件。单边粗车吃刀量 1.4mm，精车余量 0.5mm。

3. 工件坐标系的设定

选取工件的右端面的中心点为工件坐标系的原点。

4. 编制加工程序

（1）FANUC 系统编制的程序如下：

选择 01 号外圆车刀（粗车），02 号外圆车刀（精车），03 号切槽刀三把。

```
O0046
N10  G50 X100 Z100        （对刀点，也是换刀点）
N20  T0101 M03 S600 F0.2 M08  （F0.2 是每转进给）
N30  G00 X32 Z2
N40  G01 Z0
N50  X-1
N60  G00 X32 Z2
N70  G73 U7 R5
N80  G73 P90 Q150 U0.5 F0.2
N90  G01 X0 F0.2
N100 Z0
N110 G03 X22.29 Z-18.161 R12.48
N120 G02 X20.169 Z-43.001 R30
N130 G02 X25 Z-46.245 R8
N140 G03 X27.983 Z-49.368 R4 （保证直径 28 的公差值）
N150 G01 Z-60
N160 G04 X120       （暂停，复位，测量，设定磨耗补偿量）
N170 M03 S1000      （把光标移到 M03 下方，按启动按钮，精加工外圆）
N180 G00 X100 Z10
N190 T0202
N200 G70 P90 Q150
N210 G00 X100 Z100
N220 S500 T0303     切断
N230 G00 X32 Z-（57.975＋切槽刀宽）（保证 58 长度的公差）
N240 G01 X-1 F0.05
N250 G00 X32
N260 G00 X100 Z100
N270 M05 M09
N280 M30
```

（2）SIEMENS 系统编制的程序如下：

选择 01 号外圆车刀和 02 号切槽刀共两把刀。

```
SK70. MPF
N10  G54 C90 M42 M03 M08 S500 T01 F0.3
N20  G8 Z50
N30  G00 X32  Z0
N40  G01 X0
N50  G00 X26.2 Z2
N60  G01 Z0
N70  L70 P26
```

```
N80 M03 S1000
N90 G01 X1
N100 L70 P1
N110 G00 X50 Z100
N120 T02 M03 S300
N130 G00 X32 Z-（57.975＋切槽刀宽）
N140 G01 X-1
N150 G00 X100 Z100
N160 M05
N170 M02

L70. SPF
N10 G91
N20 G01 X-1 Z0
N30 G03 X22.29 Z-18.161 CR=12.5
N40 G02 X-2.121 Z-24.81 CR=30
N50 G02 X4.831 Z3.243 CR=8
N60 G03 X3 Z-3.123 CR=4
N70 G01 Z-8.632
N80 G00 X2
N90 Z58
N100 X-30
N110 G90
N120 M17
```

11.3　数控铣床程序的编制

11.3.1　数控铣床常用的 G 代码及 M 代码

数控铣床常用的 G 代码及 M 代码如表 11-7 和表 11-8 所示。

表 11-7　数控铣床常用 G 代码表

代码	功能	说明
G00	快速定位	后续地址字 X, Z
G01	直线插补	后续地址字 X, Z
G02	顺圆插补	后续地址字 X, Z, I, K, R
G03	逆圆插补	后续地址字 X, Z, I, K, R
G04	暂停	参数 P
G90	绝对编程	
G91	相对编程	
G41	左刀补	
G42	右刀补	
G40	取消刀补	
G43	刀具长度补偿	
G04	暂停	

表 11-8　辅助功能常用 M 代码

M 指令	模态	功能	M 指令	模态	功能
M00	非模态	程序暂停	M07	模态	切削液开
M02	非模态	主程序结束	M09	模态	切削液关
M03	模态	主轴正转启动	M30	非模态	主程序结束返回程序起点
M04	模态	主轴反转启动	M98	非模态	调用子程序
M05	模态	主轴停转	M99	非模态	子程序调用结束
M06	非模态	换刀			

11.3.2　数控铣床编程实例

考虑刀具半径补偿，编如图 11-12 所示的零件加工程序，要求建立如图 11-31 所示的工件坐标系，按箭头所示的路径进行加工，设加工开始时刀具距离工件上表面 50mm，切削深度为 10mm。

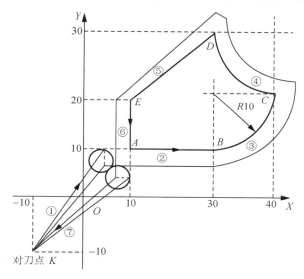

图 11-31　零件轮廓图及走刀路径

1．工艺分析

由于图 11-12 是由直线和圆弧组成的，立铣刀中心轨迹路线从对刀点开始，经过路线为 A-B-C-D-E-A，再回到对刀点。

2．注意

（1）加工前应先用手动方式对刀，将刀具移动到相对于编程原点（-10，-10，50）的对刀点上。

（2）图中带箭头的粗实线为编程轮廓，不带箭头的细实线为刀具中心的实际路线。

3．编制程序

```
O1002
N10 G92 X-10  Y-10 Z50
N20 G90 G17
```

```
N30 G42 G00 X4 Y10 D01
N40 Z2 M03 S900
N50 G01 Z-10 F800
N60 X30
N70 G03 X40 Y20 I0 J10
N90 G02 X30 Y30 I0 J10
N90 G01 X30 Y30 I0 J10
N100 G01 X10 Y20
N1101 Y5
N120 G00 Z50 M05
N130 G40 X-10 Y-10
N140 M02
N150 M05
N160 M30
```

【例 13-1】编制如图 11-32 所示的零件加工程序。

```
% 2000
N01 G54 G90 G40 G49 G80
N02 M03 S600
N03 G00 X10  Y60
N04 G00  Z10
N05 G01 Z-5 F200
N06 G01 G42 D01 Y50 F200
N07 G03 Y-50 J-50
N08 G03 X18.856 Y-36.667 R20.0
N09 G01 X28.284  Y-10.0
N10 G03 X28.284 Y10.0 R30.0
N11 G01 X18.856 Y36.667
N12 G03 X0 Y50  R20
N13 G01 X-10
N14 G01 G40 Y60
N15 G00 Z100
N16 M05
N17 M30
```

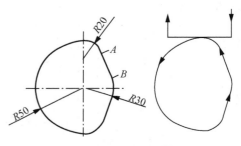

图 11-32　零件轮廓图

【例 13-2】编制如图 11-33 所示的零件加工程序。

T1 球头铣刀 ϕ12。

操作方法:

(1)对工件零点。寻边器测量工件零点或在工件大小设置里直接设置。

(2)编程序。

```
N10 G90 G00 G54 X0 Z0 Y0 S100 M03
N20 G41 X25.0 Y55.0 D1
N30 G01 Y90.0 F150
N40 X45.0
N50 G03 X50.0 Y115.0 R65.0
```

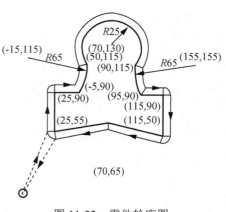

图 11-33　零件轮廓图

```
N60 G02 X90.0 R-25.0
N70 G03 X95.0 Y90.0 R65.0
N80 G01 X115. 0
N90 Y55.0
N100 X70.0 Y65.0
N110 X25.0 Y55.0
N120 G00 G40 X0 Y0 Z100
N130 M05
N140 M30
```

能力测试题

1. 数控车床加工编程

刀具：90°硬质合金外圆车刀，编号为 T01；45°硬质合金端面车刀，编号为 T02；4mm 刀宽的切槽刀，编号为 T03；60°普通螺纹硬质合金车刀，编号为 T04（刀具根据加工需要自选）。

材料：45 号钢。

以零件右端面中心作为坐标原点建立编程坐标系；换刀点按通常要求设置。

刀具切削参数按通常要求自行设定。

（1）毛坯尺寸：$\phi45\times100$。

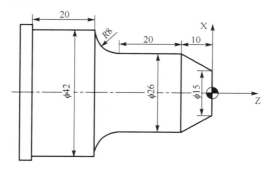

（2）毛坯尺寸：$\phi40\times110$。

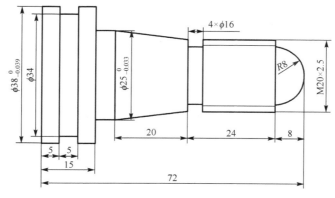

（3）毛坯尺寸：$\phi32\times65$，左端不加工。

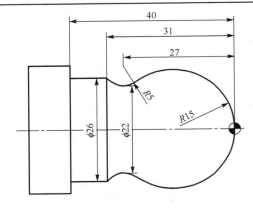

（4）毛坯尺寸：$\phi45\times80$。

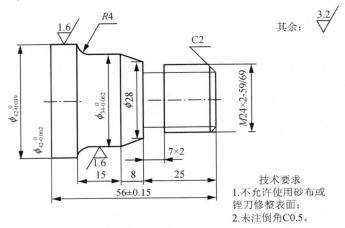

其余：$\overset{3.2}{\triangledown}$

技术要求
1.不允许使用砂布或
锉刀修整表面；
2.未注倒角C0.5。

2. 数控铣床加工编程

（1）在数控铣床上按图示的走刀路径铣削工件外轮廓，编制加工程序。

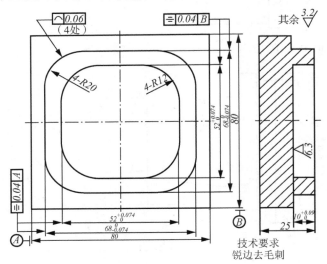

其余：$\overset{3.2}{\triangledown}$

技术要求
锐边去毛刺

（2）在数控铣床上按图示的走刀路径铣削工件外轮廓，编制加工程序。

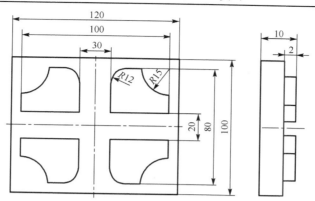

（3）加工图示零件，数量为 1 件，毛坯为 $\phi20\times105\times85$，45 号钢。要求设计数控加工工艺方案，编制机械加工工艺过程卡、数控加工工序卡、数控铣刀具调整卡、数控加工程序卡，进行加工，优化走刀路线和程序。

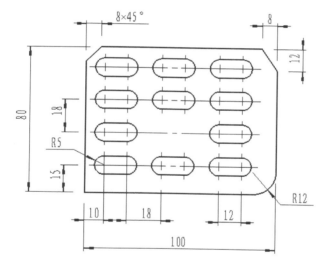

（4）在数控铣床上按图示的走刀路径铣削工件外轮廓，编制加工程序。

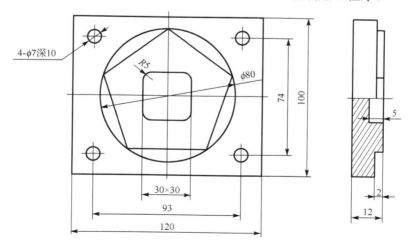

3．加工中心编程

（1）在加工中心上按图示的走刀路径铣削工件外轮廓，编制加工程序。已知立铣刀直径 ϕ16mm，半径补偿号为 D01。（精加工）

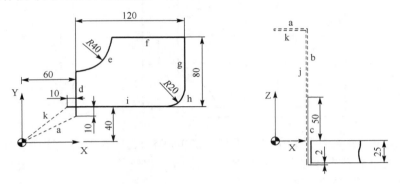

（2）加工图示的四个孔，用 G82 编程

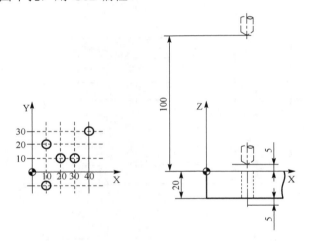

（3）加工图示零件，该零件材料为 08A。毛坯在普通机床加工到尺寸 210mm×210mm×50mm。外轮廓深 50mm，凸缘深 30mm，4 个小孔深 50mm。中间挖槽深 20mm。

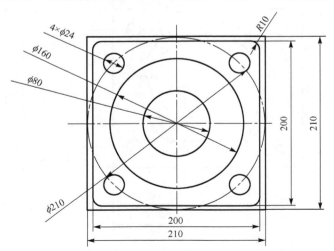

（4）加工图示零件，数量为 1 件，毛坯为$\phi20\times165\times125$，45 号钢。要求设计数控加工工艺方案，编制机械加工工艺过程卡、数控加工工序卡、数控铣刀具调整卡、数控加工程序卡，进行加工，优化走刀路线和程序。

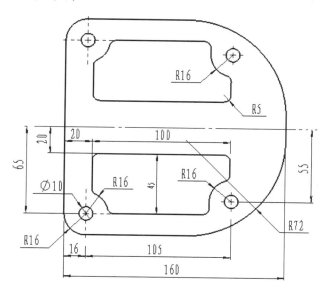

第 12 章　电火花线切割加工实习

12.1　电火花线切割加工概述

12.1.1　电火花加工

电火花加工是指在一定的介质中，通过工具正、负电极和工件电极之间在脉冲放电时产生的电腐蚀作用对导电材料进行加工，使工件的尺寸、形状和表面质量达到技术要求的一种加工方法。常用的电火花加工方法有电火花成型加工和电火花线切割两种。

12.1.2　电火花成型加工

1. 加工原理

在电火花成型加工时，脉冲发生器（即脉冲电源）会产生一连串脉冲电压，施加在浸入工作液（一种绝缘液体，一般用煤油）中的工具电极和工件之间。脉冲电压一般为直流 100V 左右，由于工具电极和工件的表面凹凸不平，因此当两极之间的间隙很小时，极间某些点处的电场强度急剧增大，引起绝缘液体的局部电离，形成放电通道。在电场力的作用下，通道内的电子高速奔向阳极，正离子奔向阴极，产生火花放电。火花的温度高达 5 000℃ 左右，使电极表面局部金属迅速熔化甚至汽化。由于一个脉冲时间极短，因此熔化和汽化的速度都非常快，甚至具有爆炸效果。在这样的高压力作用下，已经熔化和汽化的材料就从工件表面迅速地被抛离。如此反复地使工件表面被蚀除，从而达到成型加工的目的。其加工原理如图 12-1 所示。

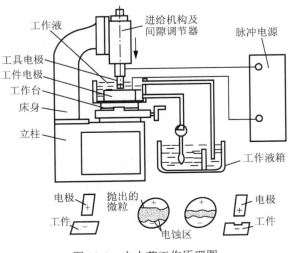

图 12-1　电火花工作原理图

2．加工特点

电火花成型加工具有如下优点。

（1）电火花成型加工时不会产生任何切削力，不会对工件产生额外的负担，因此有利于小孔、薄壁、窄槽以及各种复杂形状的零件的加工，也适合于精密微细加工。

（2）脉冲参数可任意调节，可以在不更换机床的情况下连续进行粗加工、半精加工、精加工，并且精加工后精度比普通加工方法高。

（3）加工范围非常广，可以加工任何硬、脆、较高熔点的导电材料，在一定条件下，甚至可以加工半导体和非导电材料。

（4）当脉冲宽度不大时，对于整个工件而言，几乎不受热力影响，因此可以减少热影响层，提高加工后的表面质量，也适合于加工热敏感的材料。

（5）可以在淬火后进行加工，因而免除了淬火变形对工件尺寸和形状的影响。

电火花加工的缺点有如下几项。

（1）只能加工金属等导电材料。

（2）加工速度较慢。

（3）有电极损耗，影响加工精度。

3．电火花成型加工的应用

（1）型腔加工和曲面加工。电火花成型加工可以加工各类型腔模和各种复杂的型腔零件，如压铸模、落料模、复合壁及挤压模等型腔，还可以加工叶轮、叶片等各种曲面，如图 12-2 和图 12-3 所示。

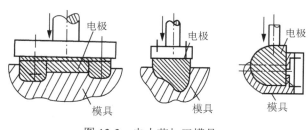

图 12-2　电火花加工模具

图 12-3　加工的油壶吹塑模具

（2）穿孔加工。利用电火花成型加工可加工各种圆孔、方孔、多边形孔等型孔和弯孔、螺旋孔等曲线孔以及直径在 0.01～1 mm 之间的微细小孔等。在进行电火花成型加工时，只需要将工具电极持续进给直至打穿工件，即为穿孔加工，如图 12-4 所示。

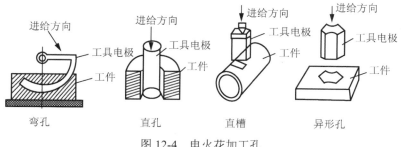

图 12-4　电火花加工孔

12.1.3　电火花线切割

　　线切割也是电火花加工，只不过工具电极是采用线电极而已。工具电极不用自己制造，购买即可，但加工原理更复杂一些。

　　数控线切割，尤其是高速走丝线切割发展迅速，设备造价低廉，使用方便，应用特别广泛，线切割数控技术在我国推广最早，具有中国特色，这对普及与推广特种加工起了非常重要的作用，但工艺水平一般。

　　目前，线切割机床已占电加工机床数量的 60%以上。

1.　电火花线切割的基本原理

　　被切割的工件作为工件电极，接脉冲电源正极；电极丝作为工具电极，接脉冲电源负极。电火花线切割原理如图 12-5 所示，脉冲电源一极接工件，另一极接金属丝。金属丝穿过工件上预先加工出的小孔，经导轨由丝筒带动作正、反向往复交替移动。电极丝与工件始终保持在 0.01 mm 左右的放电间隙，其间注入工作液。工作台带动工件在水平面的 X、Y 两个坐标方向各自作进给运动，以加工零件。

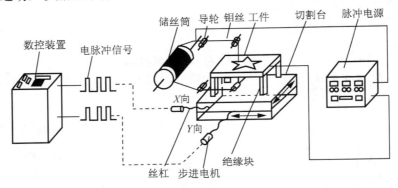

图 12-5　电火花线切割原理

　　当脉冲电源发出一个电脉冲时，在电极丝和工件之间产生一次火花放电，放电通道中的温度可达 5000℃以上。瞬时高温可以使金属局部熔化甚至汽化。这些汽化后的工作液和金属蒸气迅速热膨胀，并具有微爆炸的特性。当电极丝向前移动时，形成切割痕迹。

2.　电火花线切割的主要特点

　　电火花线切割的主要特点有如下几项。

　　（1）加工时不需要制造成型电极，从市场上买来电极丝即可。

　　（2）电极丝的直径微细，一般为 0.06～0.18mm，可加工微细的工件。

　　（3）能加工各种冲模、凸轮、样板等复杂精密零件，尺寸精度为达 1.6μm。可切割带斜的模具或工件。主轴带 U-V 轴的机床，可以加工空间曲面。

　　（4）切缝很窄，可以节省材料特别是贵重金属。

　　（5）可以加工任何导电的材料。

　　（6）自动化程度高，操作方便，劳动强度低。

　　（7）加工周期短，成本低。

（8）维修需要较高的综合技术。

3．适用范围

电火花线切割加工的零件精度较高，尺寸精度可达到 0.02～0.01mm，表面粗糙值 Ra 可达到 1.6μm 或者更小。线切割加工主要应用于模具型孔、型面和窄缝的加工。电火花线切割冷冲压凹模如图 12-6 所示。

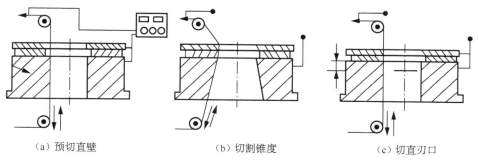

（a）预切直壁　　　　　　（b）切割锥度　　　　　　（c）切直刃口

图 12-6　电火花线切割冷冲压凹模

4．数控电火花机床

为了控制电极丝的运动轨迹，线切割机床一般都带有数控系统。根据不同数控系统，其编程格式一般有以下 4 种。

（1）ISO 系统格式，和大部分数控车床、数控铣床相同，不再赘述。

（2）3B 格式。

（3）4B 格式。

（4）EIA（美国电子工业协会）格式，一部分数控机床如数控铣床等也采用。

12.2　数控电火花线切割加工

12.2.1　手工编程

CNC 数控系统可以通过 CAD/CAM 系统通过 CAD 图直接转为程序代码执行加工，也可以通过键盘输入手工编程。下面介绍 3B 代码的手工编程。

在目前实践中，利用计算机可选择 3B 语言编程，或者用 XOY 语言自动编程后，通过计算机自动转换为 3B 语言。3B 格式如表 12-1 所示。

表 12-1　3B 五指令程序格式表

N	B	X	B	Y	B	J	G	Z
序号	分隔符	X 坐标值	分隔符	Y 坐标值	分隔符	计算长度	计算方向	加工指令

（1）分隔符号。式中的三个 B 称为分隔符号，它在程序单上起把 X、Y 和 J 数值分隔开的作用。

（2）X、Y 坐标值。X、Y 坐标值是指被加工线上某一特征点的坐标值。当加工直线段时，X、Y 值一般情况下是指被加工直线段终点对其起点的坐标值，但在编程中直线的 X、Y 值允许把它们同时放大或缩小相同的倍数，只要其比值保持不变即可。当加工圆或圆弧时，X、Y 必须是指圆或圆弧起点对其圆心的坐标值。

（3）加工指令。"Z"加工指令用来指令加工线的种类。Z 是指加工指令的总称。

① 直线。对于加工直线段的加工指令用 L 表示，L 后面的数字表示该直线段所在的象限，如图 12-7 所示。当直线段与坐标轴重合时，规定在 X 轴正半轴上为 L1，Y 轴正半轴上为 L2，X 轴负半轴上为 L3，Y 轴负半轴上为 L4，如图 12-8 所示。

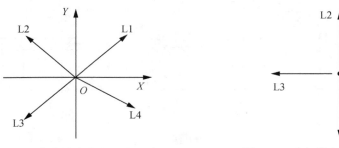

图 12-7　直线指令按象限表示法　　　　　图 12-8　坐标轴上直线指令表示法

② 圆或圆弧。当加工圆或圆弧时，人们习惯把它们分成两类：顺圆或顺圆弧用 SR 表示；逆圆或逆圆孤用 NR 表示。SR 或 NR 后面的数字表示圆或圆弧起点所在的坐标象限。如图 12-9 所示，当圆或圆弧起点与坐标轴重合时，其起点所属象限应取该起点的切线方向所指的象限。

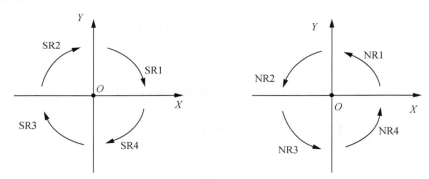

图 12-9　圆或圆弧指令按象限表示法

（4）计算方向 G 和计算长度 J。为了保证所加工的线能按要求的长度加工出来，线切割机床一般是通过控制从起点到终点某个拖板进给的总长度来达到的。因此，在计算机中设立一个计算器 J 来进行计算，即把加工该线段的拖板进给总长度 J 的值预先置入计算器 J 中。加工时，当被确定为计算长度坐标的拖板每进给一步，计算器 J 的数值就减小 1。当计算器 J 里的数值减为零时，则表示该线段已加工到终点。当起点在 X 或 Y 坐标轴上时，用哪个坐标来作计算长度呢？这个选择称为计算方向 G 的选择，依图形的特点而定。

① 计算方向 GX 或 GY 的选择。加工直线段时，必须把进给距离较远的一个方向用做进给长度控制的方向，即加工直线段时应选择靠近的坐标轴为计算方向，当被加工直线段终点到两坐标轴距离相等时，一般情况下可任选一坐标轴为计算方向，但从理论上分析，最后一步进给是哪个坐标轴，即选该轴为计算方向。从这个观点考虑，Ⅰ、Ⅱ象限应选取 GY，而Ⅲ、Ⅳ象限选取 GX，才能保证到达终点。加工圆或圆弧时，计算方向的选择从理论上分析也应是

当加工圆或圆弧到达终点时，最后一步的是哪一个坐标，就选该坐标为计算方向，所以，加工圆或圆弧时应选终点远离的坐标轴为计算方向，当圆或圆弧终点到两坐标轴距离相等时，因不易准确分析到达终点时最后是哪一个坐标，所以可按习惯任选取一坐标轴为计算方向，如图 12-10 所示。

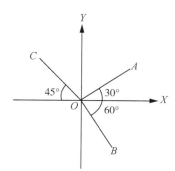
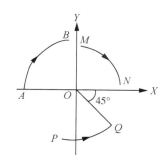

加工直线 OA，取 X 轴，记作 GX　　　　加工圆弧 AB，取 X 轴，记作 GX

加工直线 OB，取 Y 轴，记作 GY　　　　加工圆弧 MN，取 Z 轴记作 GY

加工直线 OC，取 X 或 Y 轴，记作 GX 或 GY　　加工圆弧 PQ，取 X 轴，记作 GX（GY）

图 12-10　计算方向命令确定方法

② 计算长度 J 的计算。当计算方向确定后，计算长度 J 应取在计算方向上从起点到终点拖板移动的总距离，也就是取圆弧在计数方向上线段投影的总长度。

例如，对于如图 12-11 所示的直线，图 12-11（a）中 G 选取 CY 计算长度 $J=Y_e$，图 12-11（b）中 G 选取 GX 计算长度 $J=X_e$。

当加工圆或圆弧时，如图 12-12 所示，其中图 12-12（a）计算方向应先取 GX，计算长度 $J=J_{x1}+J_{x2}$，图 12-12（b）中计算方向 G 应先取 GY，计算长度 $J=J_{y1}+J_{y2}+J_{y3}$

（5）X、Y 和 J 数值的单位。由于拖板每移动一步，工作台就进给 1μm，因此 X、Y 和 J 的单位是 μm。当 X、Y 和 J 不够 6 位数值时，应用 0 在高位补足 6 位数。但用微机控制的机床，X、Y 和 J 不足 6 位数时，不必补足 6 位数。当直线与坐标轴重合时，X、Y 值可不给出。

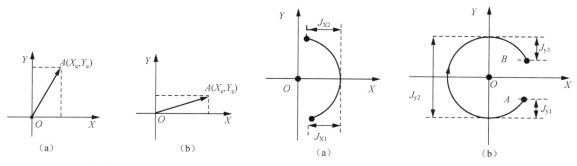

图 12-11　直线加工计算长度的确定　　　　　图 12-12　线切割圆弧计算长度的确定

12.2.2　线切割工件手工编程实例

编程时，应将加工图形分解成各圆弧与各直线段，然后按加工顺序编写程序。如图 12-13 所示，它由 3 段直线和 3 段圆弧组成，所以分成如下 6 段来编程序。

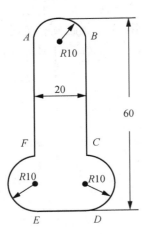

图 12-13　线切割工件

（1）加工圆弧 AB，用该圆弧圆心。为坐标原点，经计算圆弧起点 A 的坐标为 $X=-10$，$Y=0$。

程序为：B10000B0B20000GYSR2

（2）加工直线段 BC，以起点且为坐标原点，AB 与 Y 轴负轴重合。

程序为：B0B3000830000CYL4

（3）加工圆弧 CD，以该圆心 O 为坐标原点，经计算圆弧起点 C 点坐标为 $X=0$，$Y=0$

程序为：B0B10000B20000GXSR1

（4）加工直线段 DE，以起点 D 为坐标原点，DE 与 X 轴负轴重合。

程序为：B20000B0B20000GXL3

（5）加工圆弧 EF，以该圆弧圆心为坐标原点，经过计算圆弧起点正对圆心的坐标为 $X=0$，$Y=-10$。

程序为：B0B10000B20000GXSR3

（6）加工直线段 FA，以起点 F 为坐标原点，FA 与 Y 轴正轴重合。

程序为：B0B30000B30000GYL2

加工程序单整理如下所示：

序号	B	X	B	Y	B	J	G	Z
1	B	10000	B	0	B	20000	GY	SR2
2	B	0	B	30000	B	30000	GY	LA
3	B	0	B	10000	B	20000	GX	SRI
4	B	20000	B	0	B	20000	GX	L3
5	B	0	B	10000	B	20000	GX	SR3
6	B	0	B	30000	B	30000	GY	L2
7	E							

能力测试题

编制如图 12-14 所示凹模的线切割程序，电极丝为 $\phi0.2$ 的钼丝，单边放电间隙为 0.01mm。

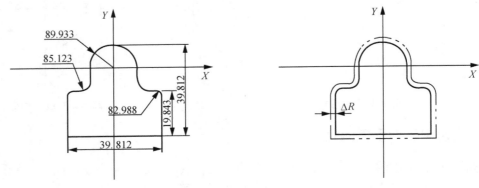

图 12-14　凹模

参 考 文 献

[1] 栾振涛. 金工实习[M]. 北京：机械工业出版社，2001.

[2] 沈剑标. 金工实习[M]. 北京：机械工业出版社，1999.

[3] 徐永礼，田佩林. 金工实训[M]. 广州：华南理工大学出版社，2006.

[4] 魏峥. 金工实习教程[M]. 北京：清华大学出版社，2004.

[5] 丁德全. 金属工艺学[M]. 北京：机械工艺出版社，2000.

[6] 逯萍. 钳工工艺学[M]. 北京：机械工业出版社，2008.

[7] 郁兆昌. 金属工艺学实习[M]. 北京：高等教育出版社，2001.

[8] 郭炯凡. 金属工艺学实习教材[M]. 北京：高等教育出版社，1989.

[9] 陈宏钧. 钳工实习技术[M]. 北京：机械工业出版社，2002.

[10] 技工学校机械类通用教材编审委员会. 钳工工艺学[M]. 北京：机械工业出版社，1980.

[11] 沈阳电力学校. 钳工工艺基础[M]. 北京：电力工业出版社，1980.

[12] 贺锡生. 金工实习[M]. 南京：东南大学出版社，1996.

[13] 徐冬元. 钳工工艺与技能训练[M]. 北京：高等教育出版社，1998.

[14] 王俊勃. 金工实习教程[M]. 北京：科学出版社，2007.

[15] 陈文. 磨工操作技术要领图解[M]. 山东：山东科技出版社，2005.

[16] 孙召瑞. 铣工操作技术要领图解[M]. 山东：山东科技出版社，2005.

反侵权盗版声明

电子工业出版社依法对本作品享有专有出版权。任何未经权利人书面许可，复制、销售或通过信息网络传播本作品的行为；歪曲、篡改、剽窃本作品的行为，均违反《中华人民共和国著作权法》，其行为人应承担相应的民事责任和行政责任，构成犯罪的，将被依法追究刑事责任。

为了维护市场秩序，保护权利人的合法权益，我社将依法查处和打击侵权盗版的单位和个人。欢迎社会各界人士积极举报侵权盗版行为，本社将奖励举报有功人员，并保证举报人的信息不被泄露。

举报电话：（010）88254396；（010）88258888

传　　真：（010）88254397

E-mail：　dbqq@phei.com.cn

通信地址：北京市万寿路 173 信箱

　　　　　电子工业出版社总编办公室

邮　　编：100036